环境经济研究进展

Progress on Environmental Economics

（第一卷）

中国环境科学学会环境经济学分会
马　中　　葛察忠　　张世秋　主编

中国环境科学出版社·北京

图书在版编目（CIP）数据

环境经济研究进展．第一卷，中国环境科学学会环境经济学分会/马中，葛察忠，张世秋主编．—北京：中国环境科学出版社，2009
ISBN 978-7-5111-0011-5

Ⅰ．环… Ⅱ．①马… ②葛… ③张… Ⅲ．环境经济学—文集 Ⅳ．X196-53

中国版本图书馆 CIP 数据核字（2009）第 100567 号

责任编辑 杨 洁 陈金华
责任校对 尹 芳
封面设计 龙文视觉

出版发行 中国环境科学出版社
（100062 北京崇文区广渠门内大街 16 号）
网 址：http://www.cesp.cn
联系电话：010-67112765（总编室）
发行热线：010-67125803
印 刷 北京中科印刷有限公司
经 销 各地新华书店
版 次 2009 年 7 月第 1 版
印 次 2009 年 7 月第 1 次印刷
开 本 787×1092 1/16
印 张 14
字 数 305 千字
定 价 45.00 元

总 序

作为中国环境科学学会的分支机构，环境经济学专业委员会在环境保护部、中国环境科学学会的指导下，第一届委员会于2003年12月正式成立，挂靠在环境保护部环境规划院。2008年，环境经济学专业委员会调整更名为环境经济学分会，成立第二届委员会。环境经济学分会的成立，为政府机构、环境科技、环境教育、环境管理工作者在环境经济领域的交流与合作搭建了一座良好的平台，为中国的环境经济学发展起到了有效的促进作用。

环境经济学的研究在中国已经有近30年的历史，并取得了丰硕的研究和实践成果。近6年来，环境经济学分会与相关单位开展了不同层面的环境经济与政策学术活动，举办了若干次环境经济学术国际研讨会，与美国、欧洲、日本等环境与资源经济学协会开展了学术交流，分会委员们发表和出版了许多环境经济论文和专著，有力推进了中国环境经济学的学科发展。从2007年开始，环境经济学分会结合国家环境经济政策项目，与环境保护部环境规划院和《环境经济》杂志社联合开办了《中国环境经济》网页（http://www.csfee.org.cn），充分发挥了环境经济学分会的平台辐射作用。2008年，中国环境科学学会环境经济学分会又委托浙江大学等单位，开展了全国环境经济学学科发展调查。

为了进一步推动中国环境经济学的发展，克服环境经济学分会近期难以创办学术期刊的局面，环境经济学分会理事会决定从2008年开始，不定期出版《环境经济研究进展》，展示中国环境经济学研究的最新发展和趋势，交流中国环境经济学研究和实践成果。我们希望《环境经济研究进展》成为传播中国环境经济学动态的载体，沟通环境经济信息的平台。为此，希望环境经济学分会全体委员以及关心环境经济学研究的各界人士积极投稿，一起办好《环境经济研究进展》，为推动中国环境经济学的学术发展和政策应用添砖加瓦。

王金南　主任委员

中国环境科学学会环境经济学分会

序 言

环境经济学是研究经济发展和环境保护之间相互关系的科学，其目的在于合理调节人与自然之间的物质变换，使社会经济活动符合自然生态平衡和物质循环规律，不仅能取得近期的直接效果，又能取得远期的间接效果。环境经济学作为一门快速发展的新兴交叉学科，很多专家学者都致力于运用此学科的理论和方法去分析、解决目前日益复杂且严峻的环境问题。

中国的环境经济学研究起始于 20 世纪 70 年代末，1978 年我国制定了环境经济学和环境保护技术经济 8 年发展规划；1981 年召开了“环境经济学学术讨论会”，并出版了《论环境经济》一书，推动了环境经济学的发展。此后，在众多专家学者的共同努力下，我国环境经济学取到了长足的发展，学科体系不断完善，研究内容日益丰富，取得了一系列有影响的研究成果。

为进一步推动我国环境经济学的发展，中国环境科学学会环境经济学分会理事会决定出版《环境经济研究进展》，使之成为展示和交流我国环境经济学研究和实践的最新发展与成果的一个平台。作为《环境经济研究进展》（第一卷），在编委会的辛勤努力下，本书共收录论文 19 篇。这其中既有环境经济领域资深专家的深刻思考，又有青年学者的创新探索。论文内容涉及环境经济学的诸多研究领域。既有对环境经济学基本理论的深入探讨，又有典型方法案例的系统研究；既涉及对相关政策的分析思考，又包括了国外经验的归纳总结。论文内容虽各有不同，篇幅长短不一，但皆体现了作者的真知灼见。将这些优秀的论文汇编在一起，不但是为了展示我国环境经济学的研究成果，更重要的是希望能为推动我国环境经济学研究和实践的发展作出贡献。

编 委

目 录

排污交易制度在中国的最新实践和展望*

The Updated Development of Emission Trading Programs in China*

王金南　董战峰　杨金田　李云生　严　刚
（环境保护部环境规划院，北京　100012）
Wang Jinnan　Dong Zhanfeng　Yang Jintian　Li Yunsheng　Yan Gang
（Chinese Academy For Environmental Planning，Beijing　100012）

[摘　要] 首先，全面探讨了排污交易的理论依据、排污交易政策有效实施的前提条件以及排污交易一级市场和二级市场的内涵和特点等基本问题；其次，对国际及国内排污交易政策的进展和动态进行了系统回顾和评述，识别并分析了我国深化推广排污交易政策的若干热点问题；最后，对我国排污交易的发展趋势和试点行动路线图进行了展望，指出中国排污交易制度的构建和完善应分步有序推进、不断拓宽领域、分期重点突破，应加强关键技术、初始分配、交易市场、法律法规、监测监管、执法监督六大体系建设。

[关键词] 排污交易　理论基础　环境经济手段　行动路线图

Abstract：In this paper，basic problems of emissions trade，such as theoretical bases，prerequisites for policy effectively performing and primary market and secondary market of tradable permits were firstly discussed in detail. Then，the paper reviews systematically international practices and progresses of atmosphere and water pollutants emission trade，including carbon emission trade were. With the above work，several key issues for advancing emissions trade policy in China were judged and also analyzed，and trends and pilot routes for successfully implementing emissions trade in china were suggested. It is suggested that construction and continuously advancing of emissions trade policy in China should be step by step and make breakthroughs by stages，should broaden policy application ranges as the policy pilot advancing and deepening，and should strengthen the capability building and improvements of six systems，which are researching and developing the key technologies required by effectively implementing emissions trade，building up and perfecting the primary allocation of marketable permits，construction of mature emissions trading market，setting up laws and rules systems relating to the marketable permits，intensifying pollutants emission monitoring and trading action supervision，strengthening laws executing and supervising of emissions trading.

---

* 原文发表在《环境经济》，2008 年第 10 期，31-45 页。同时，收录在王金南、毕军主编的《排污交易实践与展望——排污交易国际研讨会论文集》，北京：中国环境科学出版社，2009 年出版。

Key words：Emission Trade，Market Based Instruments，Environmental Economic Instruments Strategic Action Routes

排污（权）交易（emission trade）制度最早是由美国经济学家 Crocker Thomas [1]（1966）、Ronald Coase（1968）和 Dales John[2]（1968）提出来的，现已发展成为许多国家一项重要的环境经济政策，是运用市场机制削减污染的重要手段[3-5]，而且正在用于全球温室气体的减排合作[6,7]。随着我国环境管理改革和环境保护的战略性转变，以及污染物排放总量控制和节能减排战略的推进，利用市场机制实现环境容量资源高效配置的排污交易政策手段也日益受到各级政府部门的重视，并在不同层面上开展了试点和探索。

1 排污交易的基本问题

1.1 理论基础

国内目前主要是从经济学和法学的角度对排污权交易理论开展了较多的研究。排污权交易制度的经济学理论供给主要有公共物品理论、产权理论以及交易成本理论[8,9]，法学研究则主要是从排污权的权利属性、法学范畴，以及合法性法律需求等角度来探讨[10-12]。由于我国的政体、法律体系和传统与西方国家有所不同，排污权理论也具有不同的特点。美国规定排污权是一种财产权，如通过法律明确规定排污权为金融衍生工具，间接地承认排污权是一种独立的财产权。目前世界上只有美国确定了排污权的财产权法律属性[13]。著名经济学家科斯（Ronald Coase，1968）提出的利用市场解决污染问题的科斯定理也是从企业享有污染权（属于私权利）的假定进行推理演绎的。这些理论和实践并不完全符合我国国情，适应中国排污交易制度需要的排污权理论的构建必须建立在真实把握中国具体国情的基础之上。该工作最重要的一环就是首先应认真梳理和阐明排污权交易的理论基础、实施条件及其产生、发展、演变的过程，以及权利形态流转等基础经济理论和基本法理问题。

1.1.1 公共物品理论

具有公共物品属性的环境容量资源在环境形势严峻的今天日益成为具有稀缺性和价值性的生产要素。如果没有合理的政府规制，容易产生“共有地的悲剧”，导致环境容量公共物品的滥用。解决该问题的一个基本途径是，通过政府的积极引导，最大限度地将环境容量资源引入到市场中，并在政府的规范下，利用市场机制实现环境容量资源配置的市场化运营。排污交易机制就是基于环境经济学上的科斯原理，通过环境容量资源使用者对环境容量资源配额指标的交易而实现的环境容量资源优化配置的一种市场机制。

1.1.2 产权理论

要明晰排污权的权利形态和属性，必须从排污权初始萌芽的权利源头来寻找，并以此为基础，弄清楚排污权的权利理论逻辑构造。在中国，尽管国家宪法、环保基本法或物权法等法律法规尚未明确规定环境容量资源和污染排放的法律权属，但根据宪法相关规定，我国的资源产权制度采用的是国家或政府代表全体国民行使所有权的一元化自然资源公共所有权模式，因此不难推断，环境容量资源应该同水、矿产、国土等资源一样属于国有，只不过这种资源常见的是一类“无体物”，它的“有形”只有通过允许环境中排放限定数量的污染物来反向表征和显示。作为一种特殊形态的资源，环境容量资源也具有资源的共性，即也存在滥用和有效利用的问题。其滥用表现为污染物排放超过环境承载力，导致环境质量恶化；其有效利用主要表现为，污染物排放被限定在一定的总量范围时，环境质量不对人体健康、生态安全和社会经济的发展产生不良影响。

环境容量资源的国有本质表明，我国环境容量资源主张的权利在初始是带有公权性质的，环境容量资源所有权的权利主体是国家，权利客体是环境容量资源。为了促进国家的经济发展，必须充分合理地利用环境容量资源，即采用环境容量资源分割为排污指标，并以排污许可证的方式加以实现。通过国家环保行政主管部门颁发的排污许可证所确认的排污权利，是国家享有的对环境资源所有权基础上衍生出来的一种权利，是环境资源的所有者国家许可排污者使用环境资源的权利，其实质是对环境容量资源的排他性使用权利而非所有权利，是环境容量资源国家所有权“母权”衍生的一种权益形态，在性质上属于一种行政性的个人公权利或可称为行政性排污权[14]。政府以排污许可证的形式分配排污权，实际上分配的是体现污染物排放总量管制要求的环境容量使用权。

学界通常认为排污权属于一种特殊的物权[15-16]，其特殊之处在于，传统物权的客体都体现为“具体的实物”，而排污权的客体是环境容量“无体物”，主要属于“用益物权”。在实际操作中，物权无论其客体是矿产、土地等“实物”，还是各种资源权益等“无体物”，都可以通过对客体权属的流转（即资源的所有权同其使用权、收益权、处分权、留置权等财产性权利相分离并在不同市场主体之间基于市场规则进行流通）实现客体的优化配置，如水权、采矿权、土地权等就是如此，排污权在市场上的权利形态转换和流通原理也大体类似。也就是说，行政性排污权转化为私权性排污权权利形态实现与市场机制的对接在理论上是可行的，在实践中是可操作的。尽管在政府的支持下，各地已经开展了众多的排污交易案例实践，但是我国目前的法律制度中并没有关于排污权可以通过自由转让或交易从行政性公权利形态转化为个人私权利形态的规定。因此，应尽快通过民法中物权理论的创新、改革以及环保法律法规中的排污许可制度的改进，明确将排污许可证中规定的公权性排污权转化为可以进入市场进行转让或交易的私权性排污权，进而实现环境容量资源作为商品在市场上的流通、交易，最大限度地提高环境容量资源的配置效率。从上述分析可看出，排污权交易是社会发展过程中环境资源商品化的体现，是通过一系列以环境容量为客体的权利形态的转换而实现的排污许可制度的市场化形式。在实践中，不少人对排污权不理解或有排斥心理，存在“企业怎么可能具有排污的权利？”“有钱就可以购买污染的权利？”“企业排污怎么可以是合法的？”等疑问，这主要是因为目前国家在该方面仍存在政策法规真空，从而致使公众对排污权存在误解造成的。

1.1.3 交易成本理论

行使国家环境管理职能的政府部门根据环境质量达标要求核定的一定时期内的允许污染物排放总量（即环境容量资源）以排污指标的方式（排污许可证为载体）将排放额分配到企业后，由于不同地区、不同行业或者企业对同一污染物排放指标削减的边际成本差异显著，如果政府允许那些由于工艺技术先进、边际减排成本较低的企业可将其多于政府分配的排放配额的使用权益自主进行出售等经营行为，也允许那些由于扩大规模、新增企业或边际减排成本较高的企业购买这些“空余”出来的排放额并赋予其使用和经营权利，那么在环境保护部门或者第三方的跟踪监管以及有关政策和法规的约束下，出于减排成本最小化的利益机制驱动，排污交易指标的“需求者”与排污指标的“供应者”企业会积极主动地进行排污指标的有偿转让。这样，具有商品属性的排污许可通过市场价格杠杆和竞争机制的传递作用，就可以在环境资源市场上自由流通。

无论对于企业，还是对政府和市场，排污交易机制都是一个较好的污染减排政策选择。对于企业而言，在选择污染治理方案时，有更大的决策自由空间，利于调动企业减排治污的内在积极性，促使企业进行技术改造、升级革新或退出市场；对于政府而言，可减少行政管制成本和监管中的信息难以获取等问题，以较小的社会成本实现污染物总量控制的目标；对于市场而言，能充分利用市场的灵活、资源配置效率优势，实现环境容量资源高效配置的“帕累托优化”状态。

由于排污交易机制与整个环保的监测监管、执法监督、环境信息共享等环保基础能力均紧密关联，因此排污交易机制将随着我国环保整体能力的提高而不断发展。但是，建立排污交易制度也要考虑交易成本，不仅要考虑建立交易市场的技术成本（如排放核定、排放监测、排放跟踪、交易平台等），而且还要考虑用于交易规模限制、交易信息不对称、交易垄断等问题带来的交易效率的损失成本。由于排污交易制度与污染物排放总量控制的技术支持条件基本上是相同的，因此在制度设计中往往主要考虑额外的追加技术成本。

1.2 开展排污交易的基本条件

排污交易机制的有效运行，需要具备一系列基本条件：参与交易的排污配额指标的污染物必须是可以使用排放总量控制政策、具有均质混合扩散特点的污染物，如致酸物质 SO_2、温室气体等；污染物必须要有明确而适宜的总量控制目标要求；要有明确的交易具体范围；要保证分配方法的科学、合理、公平；污染物排放总量指标必须落实到污染源；政策实施的区域和行业范围必须明确；要具备配套的污染源排放跟踪监管能力和交易管理平台；要有必要的法律法规准备，有法可依。排污交易制度也要处理好与环境影响评价、排污收费等相关政策的关系，在已有的环境政策下考虑政策设计，并强化政策的组合效应，增加排污交易政策的效力。

1.3 排污交易的两个市场

1.3.1 基于公平目标的排污配额指标分配一级市场

排污指标分配为排污交易机制的一级市场，其政策目标是落实总量指标，合理设定“增量”，公平地分配初始排污（产）权，建立政府主导的一级市场。由于环境资源产权属于国家，从国家的角度讲，初始排污权的出让应该体现权益，应该获得资源权益金或者出让金，对企业来说，初始排污权的获得则应该缴纳资源租金。这也就是污染物排放指标有偿分配的一级市场。

从一级市场的运行模式来看，一级市场的分配主体是行使政府职责的环保行政主管部门；在分配方式上，考虑到环境容量的地区性差异，应采取国家和地方分配结合的方式，即环境保护部与地方环保（厅）局一起代表政府进行分配；对于分配客体，新老企业应区别对待，破产企业要交回排污权；在分配方法上，建议实行基于排放绩效的分配方法；在配额分配的有效时限设置上，考虑到操作性以及与 5 年总量控制规划结合，可以采取 5 年期排污许可证的形式；在资金管理上，有偿分配取得的资金可作为环保专项资金，统一管理，支持发展可再生能源、提高能源效率、减排技术等。

1.3.2 基于效率目标的环境容量资源配置二级市场

排污配额的自由贸易和流通是排污交易的二级市场，是提高污染物排污权（有偿）取得一级市场分配效率的重要措施。二级市场并不是一级市场建立的前提条件，二级市场旨在提高减排效率，降低污染减排的全社会成本。

从二级市场的运行模式来看，二级市场的政策主体主要是污染物减排企事业单位和政府；在交易方式上，允许企事业单位在符合交易规范的前提下基于市场原则自由贸易，新入企业排污指标的获取，可从二级市场中的排污配额“流量”或者从政府预留的“存量”指标有偿取得；为了防止出现交易价格垄断，交易价格通常采用政府指导下的市场自我调节机制；政策的空间和行业范围，依据污染物的不同而不同，具有动态性，与一级市场的减排目标有关。如目前 SO_2 的政策范围主要是现有火电厂和新建（扩建）火电厂，地方试点实践的 COD 政策范围主要是排放重点企业和污水处理厂；在交易运行的监管上，需要构建排放监测与配额跟踪平台，要求进入排污交易市场的所有企事业单位必须安装排放监测装置，国家和地方环保部门能够对这些排放监测进行跟踪，保证企业排污行为的可测性和可考核性；跨区交易也要避免污染“热点”问题；政府为了从外部激励企业排污权交易的积极性，可实施交易所得税收优惠和违规交易严格惩罚等配套政策。

2 排污交易的国际动态

利用市场机制的排污交易政策手段实施污染物治理，在国外主要是美国、加拿大等发达国家得到了广泛、有效的运用。近年来，业已运用于全球污染物减排战略合作，特别是在气候变化政策领域显示出了巨大的政策活力。

2.1 大气和水污染物排放交易

美国是排污权交易制度的发源地。早在 1976 年美国就推行了该政策[17]，旨在推动电力企业 SO_2 减排以及促进电力企业加快技术革新。美国排污权交易的发展过程大体可分为两个阶段[18]：第一阶段为 20 世纪 70 年代中期到 90 年代初，为排污交易的探索阶段，主要是在政府协调下，做一些局部或区域的交易，建立了排放削减信用（Emission Reduction Credits，ERCs）基础上的排污交易，由“泡泡”（bubble）、“补偿”（offset）、“银行”（banking）和“容量节余”（netting）四大政策组成，总体来看，该阶段交易量较少，排污交易政策实践成效较小，但该阶段实践却表明了排污权交易政策对美国电力行业 SO_2 减排有极大的可行性，而且该阶段工作也为进一步扩展排污权交易政策的应用范围提供了宝贵的实践经验。第二阶段以 1990 年通过的《清洁空气法》修正案并实施《酸雨计划》[19]为标志，直至今日。1990 年美国修改《清洁空气法》时将排污权交易在法律上制度化，该阶段的排污权交易是总量控制型，排污交易政策在该阶段得到成功应用，真正形成了以市场为导向的排污交易机制，实施范围也涵盖了全美国。排污许可的初始分配有无偿分配、拍卖和奖励三种形式，其中无偿分配是主要渠道。该阶段排污交易也进入延伸和全面推广阶段，政策标的物包括了二氧化硫、氮氧化物、汞、臭氧层消耗物等。

美国大气污染排放交易是迄今为止国际上最广泛和最成功的排污权交易实践，该政策有力地促进了美国大气环境质量的改善，也降低了大气污染削减的社会成本。统计数据显示，从 1990 年到 2006 年，美国电力行业在发电量增长 37%的情况下，SO_2 排放总量下降了 40%，NO_x 排放总量下降了 48%。主要污染物排放量的大幅度削减，使得美国中西部和东北部大部分地区湿硫酸盐沉降较 1990 年水平下降了 25%～40%。预计，到 2010 年每年从酸雨计划减排中获得的生态和健康收益将达到 1 420 亿美元。

除了大气污染物开展排污权交易外，美国在一些流域也探索了水质交易，既有点源—点源交易实践，也有点源—非点源交易和非点源—非点源交易案例实践。这些交易案例主要分布在沿海地区及五大湖地区。其中，分布于东海岸的交易主要为长岛的氮信用交易计划（康涅狄格）、Passaic 县流域委员会的污水预处理交易计划（新泽西）、Neuse 河流域营养物质敏感水域的管理策略（北卡罗来纳）、弗吉尼亚营养物质信用交易计划（弗吉尼亚）；分布于西海岸的交易主要为牧场牧民间的负荷交易（加利福尼亚）、博伊河的排污交易示范项目（爱达荷）、特拉基河（内华达）、清洁水服务（俄勒冈）；分布于五大湖地区的主要交易为 Rahr 麦芽糖公司许可证（明尼苏达）、南明尼苏打合作许可证（明尼苏达）、Great Miami 河流域交易试点（俄亥俄）、Red Cedar 河流域营养物质的交易试点项目（威斯康星）。这些案例的水质交易指标涉及十二类主要指标，点源水质交易指标主要包括总氮、总磷、钙、铜、铅、汞、镍、锌。非点源水质交易指标主要包括硒、CBOD、沉淀物、温度（热负荷）。尽管目前美国已经进行了许多试点工作，在一些州也出台了相关的法律、法规来规范排污交易，但总体上看，美国的水质交易还处于探索阶段，水排污权交易在理论上有不少优势，但没有完全将理论上升为实践，大多数交易项目中的交易数量还比较有限，而且多是在政府的干预下进行，总体的市场规模也比较小，也谈不上由市场来操控污染物的交易，仅主要是水体营养物交易较为成功。美国国家环保局资助的有关研究表明，从近期来看，营养物排污许可交易在美国最有前景，从长远来看，病原体和氯化物存在着交易的可能，但有毒物质交易的可能性很小。另外，美国一些州政府也开始开展温室气体自愿减排贸易，联合承诺 CO_2 排放总量的减排。

除美国以外，排污权交易目前还只是在一些市场经济发达的国家，如德国、澳大利亚、加拿大、英国等开展了实践。德国、加拿大、英国都不同程度地借鉴了美国的排污权交易制度。如澳大利亚的新南威尔士、维克多、南澳洲加入了由 Murray—Darling 流域委员会推行的共同开展盐削减信用贸易来解决领域盐化问题。加拿大为了控制酸雨问题和削减臭氧层消耗物质推行了 SO_2、NO_x 以及 CFCs 贸易。此外，澳大利亚等在流域管理方面开展了水污染物排污交易。总体来看，排污权交易制度已成为一些发达国家控制污染物排放的重要措施。

2.2 碳市场交易

在全球层次，排污交易机制主要是用于碳排放贸易。《京都议定书》（1997）规定了有效减排温室气体的三种履约机制：清洁发展机制（Clean Development Mechanism，CDM）、联合履约机制（Joint Implementation，JI）和碳排放贸易减排机制（Emission Trade，ET），在本质上都属于排污交易范畴，是在明确温室气体总量减排的目标下，通过交易行为来最大限度地降低全球碳治理的经济成本。尽管三种机制仍存在这样或那样的缺陷，但是对全球碳排放削减仍起到了很大作用，并得到了迅猛发展。2005 年，欧盟向温室气体排放的主要企业颁发排放许可证，有效地削减了二氧化碳等温室气体的排放。英国、加拿大、日本和澳大利亚等国家都建立了国内交易机构来促进温室气体减排。2005 年至 2006 年 9 月底主要交易所的碳交易成交量和成交额以及全球碳交易额如表 1[20]所示。其中，欧洲是世界上最为活跃的碳交易市场。仅 2006 年，欧洲气候交易所的交易量达到 4.5 亿 t，占全世界成交量的 35%，至 2006 年 9 月底，欧盟排放交易体系的成交额达 189 亿美元。据世界银行于 2008 年 5 月 8 日发表的一份报告显示，2007 年全球碳市场交易额达 640 亿美元，较 2006 年增加了一倍多[21]。

近五年来，协助发达国家减排的 CDM 机制发展很快。据 UNFCCC 统计，截至 2008 年 9 月 10 日，EB 已签发的 CDM 项目核定减排额（CERs）为 18 607 万 t，其中中国所占的份额为 34.51%，位居第一位，印度和韩国所占的份额分别为 25.56%、16.46%，位居第二位和第三位[22]。全球的 CDM 项目领域主要包括农业、造林和再造林、废物处理和处置、溶剂使用、卤烃和六氟化硫的生产及消费产生的挥发性排放、燃料（固体燃料、油类和气体燃料）的飞逸性排放、金属生产、采矿/矿物生产、建筑行业、交通运输业、化工行业、能源工业等 15 个方面，各发展中国家依据本国国情在不同阶段包装、开发的 CDM 行业领域侧重点不同，中国目前开发 CDM 项目的重点领域是以提高能源效率、开发利用新能源和可再生能源以及回收利用甲烷和煤层气为主。

为响应《京都议定书》履约形成的国际碳排放贸易机制，一些涉及气候变化的国际交易所开始出现并蓬勃发展，如欧洲奥斯陆的北方电力交易所、法国的未来电力交易所、德国的欧洲能源交易所、澳洲新南威尔士、蒙特利尔气候交易所等，其中以 2000 年成立的点碳公司（Point Carbon），2003 年成立的芝加哥气候交易所（Chicago Climate Exchange，CCX）等较为典型。芝加哥气候交易所主要是服务于国内州级二氧化碳自愿减排计划的贸易体系。2004 年，芝加哥气候交易所（CCX）控股建立了欧洲气体排放交易所（European Climate Exchange，ECX）等，这些国际化交易所平台的成立，对全球的碳贸易发展起到了积极作用。

表 1　2005 年至 2006 年 9 月底全球碳市场成交量和成交额

交易主体和类型	2005 年			2006 年 1～3 季度		
	成交量（w，CO_2 计）/Mt	成交额 MUS/百万美元	单位碳价格（CO_2 计）/（$/t）	成交量（w，CO_2 计）/Mt	成交额 MUS/百万美元	单位碳价格（CO_2 计）/（$/t）
配额交易						
欧盟排放交易体系	324.31	8 204.48	25.30	763.90	18 839.79	24.66
澳洲新南威尔士	6.11	59.13	9.68	16.19	184.07	11.37
芝加哥气候交易所	1.45	2.83	1.95	8.25	27.15	3.29
英国排放交易体系	0.30	1.31	4.37	2.66	9.27	4.10
基于项目的交易						
清洁发展机制	359.08	2 651.44	7.38	214.26	2 260.96	10.55
联合履行机制	20.85	100.89	4.84	11.86	93.88	7.92
其他减排义务	4.51	36.72	8.14	7.92	60.02	7.58

3 排污交易在中国的实践发展

排污交易在中国完全是一个外来引进的环境经济手段，其发展已经有近 20 年的发展历史。排污交易在中国的发展大体上可以分成以下三个阶段。

3.1 起步尝试阶段（1988—2000 年）

我国早在 20 世纪 80 年代末期就已经进行了排污交易实践。1987 年，上海市闵行区开展了企业之间水污染物排放指标有偿转让的实践；1988 年 3 月 20 日，国家环保局颁布并实施的《水污染物排放许可证管理暂行办法》第四章第二十一条就规定了："水污染排放总量控制指标，可以在本地区的排污单位间互相调剂。"1991 年，在国家环保局的领导下，在 16 个城市进行了排放大气污染物许可证制度的试点工作，在此基础上，自 1994 年起又在其中包头、开远、柳州、太原、平顶山、贵阳这 6 个城市开展了大气排污权交易的试点工作，取得了初步经验。

1996 年，国务院批复同意国家环保局提出的《"九五"期间全国主要污染物排放总量控制计划》，我国正式把污染物排放总量控制政策列为"九五"期间环境保护的考核目标，在全国所有城市推行排污许可证制度。总量控制和排污许可证在全国范围内的推行，为中国开展排污权交易奠定了制度基础，为排污权交易在中国落地生根提供了土壤。而 2000 年 4 月 29 日第九届全国人大通过的《大气污染防治法》，为国家污染控制战略真正实现由浓度控制向总量控制转变提供了法律保障，对排污许可证制度赋予了相应的法律地位。

总体来说，这一时期排污交易政策文件和实践案例从无到有，主要在国家环境保护部门的推动下，集中在大气污染物排污交易方面进行了初步试点尝试，并取得了一些有益的经验，为后续排污交易试点探索的不断深化打下了一些基础。

3.2 试点摸索阶段（2001—2006 年）

"十五"期间，我国环保工作的重点全面转到污染物排放总量控制，为了使环保工作更加适应经济建设的需要，原国家环保总局提出了通过实施排污许可证制度促进总量控制工作，通过排污权交易试点完善总量控制工作。

在此背景下，2001 年前后开展了不少试点项目，如中美环境合作项目《中国利用市场机制削减二氧化硫排放的可行性研究》和《推动中国二氧化硫排放总量控制及排放权交易政策实施的研究》、亚洲开发银行在太原市开展了市域范围的二氧化硫排污交易试点项目，并协助太原市制定了《太原市二氧化硫排放交易管理办法》，美国环保协会（EDF）在南通排污交易的项目等。在些项目的推动下完成了多项排污权交易案例，积累了丰富的实践经验。2002 年，在美国环保协会的支持下，原国家环保总局下发了《关于开展"推动中国二氧化硫排放总量控制及排污交易政策实施的研究项目"示范工作的通知》，在山东、山西、江苏、河南、上海、天津 6 省（市）及柳州市共开展二氧化硫排放总量控制及排污权交易试点工作等。2006 年 5 月，财政部和原国家环保总局联合开展了部分省市排污交易的调研，召开了专家座谈会，征求了包括上海、江苏、浙江、天津、山西、河南、广东、福建、广西壮族自治区等省（市、自治区）在内的财政部门和环保部门，以及国家电网、南方电网、五大电力集团公司和部分地方电力公司的意见，认为电力行业排放绩效明确、二氧化硫治理技术成熟，可在全国范围率先推行排污交易试点工作。

水污染物排污交易试点在该阶段也有所开展。如 2001 年，浙江省嘉兴市秀洲区出台了《水污染物排放总量控制和排污权交易暂行办法》，实行了水污染排污初始权的有偿使用。2006 年，嘉兴市启动了全市范围的污染物排放总量控制和排污权交易。江苏省环境保护委员会也在 2004 年印发了《江苏省水污染物排污权有偿分配和交易试点研究》工作方案的通知[苏环委（2004）6 号]。但是与大气污染物二氧化硫排放交易的试点探索力度相比，水体污染物排放交易试点探索力度相对较弱。

总体上说，这一阶段的排污交易试点工作中的排污交易仍基本上是政府部门“拉郎配”方式运作，但是随着试点实践探索的不断展开，排污交易政策机制在节能减排方面的潜力已经开始显现。这一时期的排污交易主要历史事件和案例如表 2 所示。

表 2　中国排污权交易实践重要事件一览表

时间	事件和活动
1987 年至今	上海闵行区上钢十厂与塘湾电镀厂排污权转让，每年补偿给电镀厂 4 万元的经济损失
	新建的上海永新彩色显像管有限公司与上海宏文造纸厂进行排污权交易，前者从宏文造纸厂购买了每天 395 kg COD 的排污权
	上海市闵行区开展水污染物排污交易，至今已实施 37 笔，共转让 COD 排污权 1 301 kg/d，累计交易金额 1 391 万元
1988 年 3 月	国家环保局颁布《水污染物排放许可证管理暂行办法》
1988 年 6 月	国家环保局确定上海、北京、天津、沈阳、徐州、常州等 18 个城市为水污染排放许可证试行单位
1989 年 7 月	《水污染防治法实施细则》第九条：对企事业单位向水体排放污染物的，实行排污许可证管理
1990 年	国家环保局着手进行排放大气污染物许可证制度的试点城市选择，选择了包头、柳州、太原、平顶山、贵阳等 16 个城市作为试点单位
1991 年 4 月	国家环保局在 16 个城市开始大气污染物许可证制度试点工作
1993 年	云南省开远市政府颁布了《开远市大气污染物排放许可证管理暂行办法》，市环境保护局出台了《开远市大气排污交易管理办法》，对二氧化硫、烟尘、粉尘实施总量收费和排污交易
	辽宁省地方法规规定对所有排放污染物的单位实行许可证管理
1994 年	国家环保局在包头、开远、柳州、太原、平顶山、贵阳 6 个城市开展了大气排污权交易的试点
	国家环保局宣布排污许可证的试点工作结束，同时开始在所有的城市推行排污许可证制度
1995 年	国务院发布的《淮河水污染防治条例》第十九条：淮河流域……持有排污许可证的单位应当保证其排污总量不超过排污许可证规定的排污总量控制指标
1996 年 9 月	国务院在《“九五”期间全国主要污染物排放总量控制计划》中正式提出总量控制作为我国的一项环境政策，为我国排污权交易实施提供了制度基础
1997 年	北京环境与发展研究会和美国环境保护协会合作开展了排污权交易研究项目，第一阶段整个项目以本溪和南通为案例城市，开展城市一级的排污权交易研究
	嘉兴市秀洲区环保、物价、财政三部门联合颁发了《秀洲区水污染物排放总量控制和排污权有偿使用管理试行办法》，由国有资产管理公司——秀洲区污水处理有限责任公司承担排污权有偿使用的经营性收费。所收费用全部用于全区乡镇生活污水处理厂的建设
1998 年 8 月	太原市通过了《太原市大气污染物排放总量控制管理办法》，成为中国第一部包括排污权交易的总量控制地方法规
1999 年 4 月	朱镕基总理访美期间，国家环境保护总局局长解振华先生和美国环境保护局局长卡罗·布朗女士签署了包括“在中国利用市场机制减少二氧化硫排放的可行性研究”项目的合作协议，江苏南通与辽宁本溪两市被列为该项目的试点城市

时间	事件和活动
1999 年 9 月	国家环保总局与美国环保协会签署了关于“研究如何利用市场手段，帮助地方政府和企业，实现国务院制定的污染物排放总量控制目标”的合作协议备忘录
1999 年 11 月	国家环保总局与美国环境保护局在北京国际会议中心召开了《中国二氧化硫排污交易可行性国际研讨会》
2000 年 3 月	修订的《水污染防治法实施细则》第十条规定：地方环保部门根据总量控制实施方案，发放水污染物排放许可证
2000 年 4 月	修订的《大气污染防治法》第十五条规定：在空气质量尚未达标的区域和国务院批准划定的两控区，实行主要大气污染物排放总量控制和大气污染物排放许可证制度，为总量控制政策提供了法律依据
2000 年 10 月	国家环保总局、国家计委、中国环科院及本溪、南通市环保局等一行 15 人赴美国考察二氧化硫排污交易，与美国环保局在美召开了《中美利用市场机制控制二氧化硫排放研讨会》（第二届）
2000 年 11 月	浙江省金华地区的东阳市和义乌市签订了有偿转让用水权的协议，义乌市拿出 2 亿元向毗邻的东阳市购买横锦水库 5 000 万 m^3 水资源的永久使用权，实现我国首例跨城市水权交易
2001 年	国家环保总局、国家电力公司和美国环境保护基金会在安徽黄山、北京、南京等地就二氧化硫减排和排污交易召开了数次研讨会
2001 年 9 月	ADB 和山西省政府共同启动了由美国 RFE 和中国环境科学研究环境规划研究所院联合执行的“SO_2 排污权交易机制”项目，该项目以太原市为实施案例城市，太原的 26 家大型企业参与示范
	在美国未来资源研究所和中国环境科学研究院环境规划研究所的帮助下，太原市发布了《太原市二氧化硫排污交易管理办法》，这是我国第一个关于二氧化硫排污交易的地方性规章
	南通天生港发电有限公司有偿转让 1 800 t 二氧化硫的排污权给南京醋酸纤维厂，合同期限为 6 年
2002 年	太仓环保发电有限公司向南京下关电厂购买了 2003—2005 年每年 1 700 t 二氧化硫排污权
	香港特别行政区政府与广东省政府发表了《改善珠江三角洲地区空气质素的联合声明》：到 2010 年，两地各自将二氧化硫排放量削减 30%，排污交易拟作为双方合作减排空气污染物手段之一
2002 年 3 月	国家环保总局下发了《关于开展“推动中国二氧化硫排放总量控制及排污交易政策实施的研究项目”示范工作的通知》，在山东、山西、江苏、河南、上海、天津 6 省（市）及柳州市开展二氧化硫排放总量控制及排污权交易试点工作，这是迄今为止中国政府启动的最大规模的排污权交易的示范工作
2002 年 5 月	国家环保总局发布了《关于二氧化硫排放总量控制及排污交易政策实施示范工作安排的通知》，并与美国环保协会合作，在 6 省（市）及柳州市开展“二氧化硫排放总量控制及排污交易试点”项目
2002 年 6 月	嘉兴市秀洲区率先开始推行排污权交易试点，所有排污企业必须先购买“原始”的排污使用权，并把排污权引入市场交易
2002 年 7 月	国家环保总局召开了“二氧化硫排放交易”七省市试点会议，明确了排污权交易试点工作具体步骤和实施方案
2002 年 9 月	国务院批准实施的《两控区酸雨和二氧化硫污染防治“十五”计划》明确提出，在两控区内实行二氧化硫排放总量控制和排污许可证制度
2002 年 10 月	太原市人民政府出台第一个城市层面上的《太原市二氧化硫排污交易管理办法》（试行）
	江苏省环保厅与江苏省经济贸易厅共同制定了《江苏省电力行业二氧化硫排污权交易管理暂行办法》
2002 年 10 月	来自秀洲区羊毛衫染色集中的洪合镇和王店镇 11 家企业参加秀洲区首批排污权有偿使用启动仪式，11 家企业合同成交金额 143.59 万元

时间	事件和活动
2003 年	在河南省环保局协调下，河南省三门峡市义马煤气公司每年向中原黄金冶炼厂购买 900 t 二氧化硫排放指标
	国电常州发电有限公司以每年 300 万元的费用向通镇江谏壁发电厂购买了 2006—2010 年每年 2 000 t 二氧化硫排污权
2003 年 3 月	十届全国人大一次会议上，国家环保总局解振华局长明确表示，我国开始在一些重点地区，首先在二氧化硫方面实行交易
2003 年 4 月	国家环保总局与美国环境保护协会合作，在全国范围内开展二氧化硫总量控制与排污权交易培训工作
2003 年 7 月	江苏太仓港环保发电有限公司每年将从下关发电厂购买 1 700 t 的二氧化硫排污权指标在两年内使用
2005 年 12 月	《关于落实科学发展观　加强环境保护的决定》提出：要实施污染物总量控制制度，推行排污许可证制度，开展排污交易试点

3.3 试点深化阶段（2007 年至今）

为了提高环境资源的利用效率，减少环保的行政成本，促进企业产生自发治污减排的内在动力，构建环保的长效机制，随着国家环保战略思路从传统的行政管制手段转变到注重综合运用行政、法律以及市场和自愿手段，最近几年各级政府日益重视市场对环境资源配置的基础性作用，十分关注环境经济政策的运用。原国家环保总局于 2007 年启动了国家环境经济政策试点项目，探索绿色信贷、环境保险、绿色贸易、环境税、生态补偿和排污交易等政策。

与此相应，地方政府对排污交易机制在节能减排中的作用给予了特别的关注。排污交易在该阶段明显呈现出国家日益重视、地方自发积极探索、上下对接强化、探索的交易模式多样、交易标的物日益宽泛、政策空间层次不断扩展（涵盖了国家、流域、区域、地区四个层次）、地方法规政策文件出台频率加大、科研合作重点考虑、开始出现专门的排污权交易经营公司等特点。表 3 列出了近期发生的排污交易实践相关事件。如在环保项目合作上，2007 年底中美战略对话（SED）第三期就确定了电力行业二氧化硫排污交易合作项目；在交易模式探索上，浙江省实行“自下而上”的探索方式，杭州、嘉兴、诸暨、桐乡等地先后出台了主要污染物排放权交易管理办法，江苏省则采取“自上而下”的方式，在省环保厅的指导下，在太湖流域和一些地市逐步推进排污交易。

由于排污交易政策背后所隐藏的商机，一些对排污权交易进行商业化运作的公司也开始成立，各地政府也积极协助、配合，共同来打造排污权交易的平台，并且交易标的物也很宽泛，并没有局限于国家总量减排的主要污染物，甚至扩展到了一切具有环境权益的交易物。如 2008 年 5 月，天津产权交易中心、中油资产管理有限公司、芝加哥气候交易所三家单位联合筹建天津排污权交易所，交易标的物将不仅涉及 SO_2、COD 等传统污染物，而且还涉及温室气体排放权、经济生产发展机制技术，以及其他可定量化、指标化和标准化的交易产品。2008 年 8 月 5 日，北京环境交易所、上海环境能源交易所同日成立，经营的对象也是涵盖宽泛的各类环境权益产品。尽管平台的可操作性程度有待实践检验，但是与过去的以环保部门为主要平台的试点相比，目前的排污交易试点和探索确实迈出了一大步。

总体来说，尽管我国的排污交易政策实践已走过近 20 年的路程，不断深化发展，但适应国情的排污交易市场机制尚未真正建立，仍面临着方方面面的许多问题。要使排污权交易理论与中国国情相融合，发挥该政策机制的积极效果，不仅仍需较长的磨合时期，更与我国改革进程中各种社会要素的发展方向与进程高度紧密关联。

从排污交易政策的发展来看，未来一段时期排污交易会向制度化、规模化和多样化转变，其发展趋势有以下特点：① 国家政策试点和制度规范力度将继续加大；② 地方自发探索实践将有蓬勃发展之势；③ 一些以排污权交易为经营目的的商业公司成立，这些公司通过提供排污交易平台服务实现逐利行为；④ 排污指标基本上为有偿分配使用，体现了环境容量资源的稀缺性和价值性原则，但如何合理确定初始排污指标分配价格并保证公平性仍是面临的一个难题；⑤ 交易标的物范围会扩大，不仅仅局限于主要污染物 SO_2、COD，还可能是其他的环境权益产品，但近期内仍以主要传统污染物为主，未来温室气体减排额等环境权益产品会逐渐成为交易标的物。

表 3　2006 年以来排污交易实践活动进展情况

时间	事件	政策范围	政策对象
2006 年 3—6 月	财政部和原国家环保总局联合开展排污权有偿取得和排污交易调研工作	全国	大气和水污染排放交易
2006 年 8 月 30 日	香港城市大学举办中国排污交易：从理念到推行研讨会	香港电力行业	SO_2、NO_x 等
2007 年 1 月	财政部部长指出要稳步推进资源、环境有偿使用制度改革试点	全国电力行业和太湖流域	SO_2、COD、氨氮
2007 年 1 月 30 日	粤港两地政府公布《珠江三角洲火力发电厂排污交易试验计划》，酝酿多年的粤港两地二氧化硫排污权交易进入了快车道	区域（珠江三角洲）	SO_2 为主，也包括 NO_x、PM_{10}
2007 年 3 月	国家科技支撑项目《电力行业二氧化硫排污交易技术研究》课题启动	全国电力行业	SO_2
2007 年 4 月 29 日	湖北省武汉市开展首笔二氧化硫排污权交易	区域（武汉市）	SO_2
2007 年 7 月 1 日	财政部和原国家环保总局决定选择电力行业以及太湖流域开展排污交易试点		SO_2、COD、氨氮
2007 年 6 月 7 日	国务院《节能减排工作综合性方案》提出抓紧完成二氧化硫排污交易管理等方面行政规章的制定	全国电力行业	SO_2
2007 年 8 月 13 日	诸暨市出台《诸暨市污染物排放总量指标有偿使用暂行规定》	地区（诸暨市）	COD、SO_2
2007 年 8 月 29 日	诸暨市出台《诸暨市污染物排放总量指标有偿使用暂行规定实施细则》	地区（诸暨市）	
2007 年 9 月	江苏省人大常委会审议通过《江苏省太湖水污染防治条例（修订）》，条例指出：太湖流域将通过试点逐步推行主要水污染物排放指标初始有偿分配和交易制度	流域（江苏太湖）	COD
2007 年 9 月 27 日	嘉兴市政府发布《嘉兴市主要污染物排污权交易办法实施细则（试行）》	地区（嘉兴市）	COD、SO_2
2007 年 11 月 10 日	嘉兴市建立了国内首家排污权交易机构——排污指标储备交易中心		COD、SO_2

时间	事件	政策范围	政策对象
2007 年 12 月 13 日	财政部、原国家环保总局批复江苏省在太湖流域开展排污权有偿使用和交易试点		主要为 COD
2007 年 12 月底	苏、浙、沪打算在长三角地区共同开展排污权有偿分配和交易试点	区域（长三角）	COD、SO_2
2007 年 12 月底	中美战略对话（SED）第三期确定了电力行业二氧化硫排污交易合作	全国	SO_2
2008 年 1 月 1 日	《江苏省太湖流域主要水污染物排放指标有偿使用收费管理办法（试行）》实施	江苏太湖流域	COD、氨氮、总磷
2008 年 1 月 1 日	《江苏省二氧化硫排放指标有偿使用收费管理办法（试行）》实施	江苏省	SO_2
2008 年 3 月	武汉光谷产权交易所拟建立排污权交易平台，把排污权交易引入产权交易市场	区域（湖北）	SO_2、COD
2008 年 3 月 25 日	太原市《太原市二氧化硫排污交易管理办法》正式实施	地区（太原市）	SO_2
2008 年 5 月	天津产权交易中心、中油资产管理有限公司、CCX 三家单位联合筹建天津排污权交易所	全国	可定量化、指标化和标准化的环境权益产品
2008 年 5 月 15 日	国家环境经济研究和试点技术组赴苏浙开展排污交易调研	电力行业和太湖	SO_2、COD
2008 年 6 月 11 日	环境保护部环境规划院启动火电行业二氧化硫排污交易管理平台开发	电力行业	SO_2
2008 年 6 月 17～18 日	环境保护部环境规划院在嘉兴举办水污染物排污权有偿使用与排污交易研讨会	全国	水污染物排放交易
2008 年 8 月 5 日	北京环境交易所成立	全国	各类环境权益产品的交易平台
2008 年 8 月 5 日	上海环境能源交易所成立	全国	环境能源领域各类权益的交易平台
2008 年 6 月 30 日	《浙江省主要污染物排污权有偿取得和排污交易试点工作方案》通过专家论证	区域（浙江省）	SO_2、COD
2008 年 8 月 6 日	《天津滨海新区开展排放权交易综合试点的总体方案》通过专家论证	全国	SO_2、COD 和碳排放等
2008 年 8 月 14 日	财政部、环境保护部和江苏省政府联合在无锡市举行太湖流域主要水污染物排污权有偿使用和交易试点启动仪式	区域（沿太湖的苏、锡、常和南京、镇江市部分区域）	COD
2008 年 9 月 10 日	黑龙江省二氧化硫排污交易平台建立	黑龙江省	SO_2
2008 年 9 月 24 日	天津排污权交易所成立，并拍卖二氧化硫剩余指标	国际（CO_2），国内（SO_2、COD 等）	SO_2、COD、碳排放以及环境技术、能效服务等
2008 年 11 月	环境保护部环境规划院在南京举行排污交易国际研讨会		

4 排污交易试点中的若干问题

尽管排污交易是一项很好的市场经济政策，我国经过多年的排污交易尝试，在制定排污交易的管理制度、运行机制等方面也取得了一些经验，但由于该政策体系本身仍不够合理、配套体制机制不完善等原因，在进一步深化试点和推广过程中，遇到了来自法律法规、行政、企业、环保观念等多方面的阻力，暴露出许多问题[23]。归纳起来，这些问题突出表现在以下 5 个方面。

4.1 支持排污交易的法规不足

从国家层面来说，现行的《大气污染防治法》《水污染防治法》等虽已提到了排污总量控制及排污许可证制度，地方也陆续开展了近 20 年的排污交易试点，但依然没有国家层面上的排污权交易法律法规，甚至也没有一个排污交易技术指南。如排污权内涵、排污交易规则、交易主体的责权利、交易纠纷裁决、交易行为的税收优惠等激励措施、排污权折旧、排污权作为资产抵押、监管程序、违法责任、排污权交易试点政策的法律授权等问题均没有解决。目前，只有 2005 年 12 月国务院发布的《关于落实科学发展观 加强环境保护的决定》、2007 年国务院印发的《节能减排工作综合性方案》和《国家“十一五”环境保护规划》中，指出可以试点探索排污交易制度。

从各省市地方实施排污指标有偿使用和排污权交易的实践来看，也均存在排污交易的法律基础十分薄弱、法律依据不充分的问题，尤其是排污权有偿取得的法律基础十分薄弱。目前，仅江苏省、浙江省以及一些地市在该方面做了一些尝试性工作，形成并通过了排污权交易的地方法规文件，而其他大部分试点地区排污权交易的实践工作缺乏法律基础，试点工作具有很大的盲目性，导致许多政策属于“违法”操作，一些政策甚至由于受到较大的抵触而难以深入下去，从而阻碍排污交易政策的落实。地方实践走在较前的省、市均希望国家能及时出台有关排污权有偿使用和排污交易的具体规章制度。

4.2 排放配额分配方法不完善

企业排放配额分配方法虽然取得了一些经验，在分配方法的公平和公正性方面较过去都有较大改善，但依然存在绩效分配方法没有落实到地方、新源的排放配额获取方式不明确、尚没有明确的准入标准等问题，这些问题都将成为排污交易推行的障碍。排污权交易也缺乏一套科学的排污权初始价格形成机制。然而，如何确定排污权有偿使用的环境资源初始价格，体现资源的稀缺性，在试点实践中也存在着较大的争议。初始定价过低，不能体现环境资源对排污单位的制约作用；初始定价过高，则又将给试点地区的企业带来过高的负担，更有可能导致政府“寻租”行为的产生。目前，试点地区有偿使用初始价格主要由环保、物价、发改委等部门决定，作为分配客体的企业对排污初始配额分配的参与度较低，是政策推行的障碍要素之一。

4.3 排放监测和监管能力不足

准确计量和监督污染源的排放以及强有力的监督执法体系是推行排污权有偿取得的重要保障。目前，我国污染物排放计量的基础相对薄弱、监管能力不足，许多地区尚不能达到该项政策所需的监测条件，致使环保部门难以掌握排污单位的真实排放数据，对交易情况的跟踪记录和核实难以全面、有效开展，直接影响排污交易市场的建立，对政策的有效实施提出了重大挑战。如江苏省两例试点个案的交易对象均为重点企业，且均安装了在线自动监测设备，但由于试点经验不足，环保部门对交易情况的跟踪记录和核实并未全面开展。又如浙江省秀洲区在《秀洲区水污染物排放总量控制和排污权有偿使用管理试行办法》中提到将另行出台《秀洲区污染物排放许可证管理办法》进行排污总量动态管理，但至今仍未落到实处。如何对污染物有偿使用、排污许可证发放、排污交易进行适时跟踪和监督管理，仍是政府部门需要重点研究和解决的课题之一。另外，从监管执法角度来看，排污权交易政策要求环保部门的监管执法能力有较高水准，需要依靠严刑峻法来规范排污单位的违法行为，而相关部门的执法不严给政策的执行带来了高风险。

4.4 排污交易市场规模潜力不大

过去开展的排污交易案例大部分并不完全属于市场交易行为，都是在当地环保局的协调下完成的。环保部门是交易规则的制定者和实现交易的中介人，尚没有企业或专门的中介机构扮演经纪人角色，这种政府“拉郎配”的形式带有很强行政干预下的“指导价格”色彩，并未与市场价格机制挂钩，使得市场的价格杠杆和竞争机制没有发挥作用，造成排污交易的价格机制不健全，交易行为难以反映环境容量资源的稀缺程度。所以，事实上目前我国并没有真正形成严格意义上的排污权交易市场，这也造成企业对未来污染物排放总量指标的分配以及排污交易价格走向不清楚。这往往会导致一个问题，即企业在拥有排污权后，更倾向于为自身发展预留总量，从而产生排污总量资源有价无市的不良局面。这也是我国排污交易市场发育缓慢，交易数量极低的重要原因。

排污交易市场机制的建立必须确保国家的政策配备能够激励市场上有足够规模的剩余排污指标流通，这是真正建立和持续运行排污交易市场的关键。否则，市场上可以出售的剩余排污指标或减排信用很少，只有排污交易的买方而无卖方，就会出现“零供给”排污交易市场困境。影响交易市场规模发展的主要原因：一是国家实施严格的“一刀切”的减排政策，绝大部分企业都面临削减的任务，减排企业很难做出灵活的市场选择；二是全国能源需求依然呈上升态势，而污染减排的中长期目标和政策不清晰，电力企业即使有剩余的排污指标也不愿意出售，而希望留待以后发展自用；三是地方市场分割现象比较严重，特别是对于二氧化硫这样跨区域的交易指标，单个城市和省设立排污交易平台将是交易市场规模发展的严重障碍。

4.5 与现有环境政策的关系不清

针对污染源管理的环境政策很多，如排污收费、污水处理收费、环境影响评价、排放总量控制，以及排污许可证等。排污权交易政策要纳入环境政策体系，就需要厘清该政策对现行其他政策的影响，以及其他政策与该政策的关系。目前尚未深入开展该方面的研究，没有从环境政策体系角度来评价排污交易政策的地位和功能，很多地方试点实践在该方面也把握不清，基本上是“摸着石头过河”。因此，要从理论和操作层面上厘清排污交易与现有环境管理制度的关系，实现排污交易与排放总量控制、排污收费制度以及环境影响评价制度之间的互补。

5 建立中国排污交易制度的基本思路

国内外的排污交易实践经验表明，排污交易手段具有巨大的政策活力和减排功能。我国污染减排的严峻形势、盘活总量指标的要求、推动污染物的定量化管理、实现减排社会成本最小化、推进企业自主治污和技术升级、构建节能减排的长效机制都迫切需要引入排污交易机制，而且，排污交易也能为我国应对气候变化的能力建设提供政策储备，因此必须重视发挥排污交易政策的作用，通过合理制定政策持续推进的行动路线图、突破关键问题、做好配套措施、加大试点力度，逐渐构建并完善适应中国国情的排污交易制度。

5.1 分步分期有序推进和重点突破

先试点、示范合理设计的环境政策，再在总结经验的基础上进行大范围推广，是我国环境政策取得积极成效的重要“法宝”。试点实践的优先次序安排应按从已有的工作基础、问题迫切需要解决的程度等角度来确定。考虑到“十一五”和未来“十二五”国家污染物总量控制政策，近期排污交易的重点应主要选择在全国电力行业开展二氧化硫的排污交易，在太湖流域开展 COD 排污交易试点。同时，鼓励地方开展小流域的排污交易试点。

电力行业是我国二氧化硫排放的首要大户，占全国二氧化硫排放总量的 50%以上，是我国酸雨污染的主要贡献源。电力行业具有高效削减二氧化硫的条件和基础，燃用不同硫分煤炭，电厂二氧化硫治理边际成本差别可达 1 倍以上，成本差异将成为在电力行业推行排污交易试点的主要动力。为积极推动电力行业加强污染减排，促进企业进行深度治理，解决电力发展与有限的污染排放指标之间的相互矛盾，在电力行业优先试点二氧化硫排污交易非常必要。环保部、财政部已经明确在全国电力行业开展 SO_2 试点工作，因此，应尽快出台《电力行业二氧化硫排污交易管理办法》，完善电力行业 SO_2 排放交易的政策机制和配套措施建设，加大政策推行力度，条件较为成熟时，拓宽试点行业范围，考虑在 SO_2 排放份额占较大比重的化工、建材、钢铁等非火电行业开展排污交易试点，并出台《非电行业二氧化硫排污交易指导意见》，也应考虑污染物类型拓展，探索 NO_x、汞污染物排污交易的模式，加大研究力度，探讨中长期将排污交易扩展到温室气体、土地生产当量配额、可再生能源配额、自然保护区（森林）配额交易等方面的可行性和操作模式，并进行试点探索。

建议在财政部、环保部指导下，近期积极推进在太湖流域开展 COD 排污交易，前期可选择在污染源管理方面有较好基础的江苏太湖、浙江太湖等若干个小流域或区域开展，在总结试点经验的基础上，逐步完善 COD 排污权有偿取得和交易的管理机制和方法，拓展试点地域范围，为在全国大范围的中小流域推行主要水体污染物交易政策奠定基础。同时，结合国家水污染控制与治理重大科技专项、国家环境经济政策研究和试点等科研项目在太湖尝试开展水污染物氮、磷排污交易试点。

5.2 加强排污交易“六大体系”建设

影响排污交易在中国推行的关键要素是多维的，例如一级市场的公平分配和二级市场交易效率、政策之间的关联影响和衔接、监管和执法保障、技术人员能力建设、交易平台供给、法律法规和政策准备等，而且这些要素具有时序动态性和空间异质性。建议近期应重点加强“六大体系”建设。

5.2.1 研发政策推行需要的关键技术支撑体系，为政策的顺利实施提供技术保障

排污权交易政策的有效实施目前尚面临许多技术性难题，这些技术问题将直接影响政策执行的有效性与公平性，因此应加快研发力度，加强排污交易机制有效推行的关键技术供给，为试点示范提供技术支撑，为政策落实提供保障。亟须突破的关键技术体系主要包括确保初始公平、公正分配有偿使用的排污指标分配的程序和方法、初始排污权价格形成机制、排污交易平台、消除交易不对称性的方法、不同行业和区域之间的交易比率、提高污染源违法行为成本的方案、排污权交易过程中可能触及的税收问题的解决

方案、点源与非点源交易技术、排污交易与总量控制、排污收费、排污许可证、环境影响评价等相关制度和政策之间的有机衔接方案等。技术支撑体系的合理构建和不断完善将为国家试点的推进和地方试点的探索提供支持，避免少走弯路，降低排污交易成本。

5.2.2 建立公平合理的指标分配体系，保证初始排污配额分配的效果

由政府主导的排污权初始分配的一级市场的公平分配是排污交易能否有效运行的重要基础和前提。建议出台相关的政策规范一级市场中排污权的产权，明确作为政府分配主体的国家环境保护部与地方环保局确定目标总量和配额初始分配的权责和分工，合理确定排污权有偿取得的条件、程序、时限要求、初始价格形成机制、不同地区和行业调整的当量系数或校正系数、资金的使用与管理等。特别指出的是，在分配方法上，建议采用排放绩效法作为企业排放配额的分配方法；初始分配价格应根据市场供求关系和单位治理费用的变化进行调整；对于作为分配客体的新老企业应差别对待，破产企业交回排污权；在分配有效时限的设计上，建议结合 5 年总量控制规划，设计 5 年排污许可证，使排污交易市场主体对排污指标的价格具有明确预期；在交易付款方式上，可采取一次性支付和分期付款相结合的方式；在资金管理上，将排污指标拍卖所得纳入排污费专项资金，统一管理，用于支持发展可再生能源和提高能源效率等。通过合理的配额指标分配体系，实现政府分配行为的公平、公正、公开，防止排污权分配引起的腐败和造假行为，实现构建并不断完善排污交易一级市场。

5.2.3 激活排污交易市场体系，提高排污交易配置环境容量资源的效率

排污总量的确定和分配只是第一步，排污单位有偿取得初次分配的排污许可权后，还应通过排污权交易市场实现排污者之间排污权产权的再分配。只有实现了排污权的交易，才能激活排污交易的市场体系，充分发挥市场在配置环境容量资源的作用。培育良好运行的排污交易二级市场，建议应做好以下工作：明确二级市场政策的主要作用对象和作用范围；对于新企业，允许从二级市场中获得排污指标，或者从政府预留的指标有偿取得；在交易价格设计上，定位为政府指导下的市场自我调节机制；制定交易规则，防止出现交易价格垄断；构建交易信息平台，对配额的交易进行跟踪监管；对于不同空间尺度的交易予以区别规范，特别对跨区交易，要避免因排污密集造成的污染“热点”问题；排污权的转让须向当地环保部门提出申请后纳入环评审批管理程序；通过立法等手段，有效制止滥用和非法转让排污权；杜绝蓄意囤积居奇等扰乱市场的买卖行为；明确交易违约责任对超标排污企业进行严厉处罚；配套相关的积极财税政策，激励市场主体在追求自身利益最大化的驱动下进行环境容量资源的配置。通过这些措施确保排污权在二级市场上能够正常交易，实现真正激活排污交易市场。

5.2.4 构建排污交易法律法规体系，加强政策推行的法律供给能力

排污权的有偿取得和排污交易作为环境政策改革的重要尝试，必须重视加强排污交易机制的法制能力建设，为政策的推行提供强有力的法律供给，保证排污交易整个过程的规范化。

建议在修订《环境保护法》和《水污染防治法》《大气污染防治法》等单行法时，应明确排污权有偿取得和排污交易的法律地位。《大气污染防治法》、2008 年新修订的《水污染防治法》中仅有关于排污许可证的一般性规定，缺少排污交易的法规支持。同时，抓紧制定有关污染物排放总量控制、排污权有偿取得实施管理办法、排污交易监管办法、

排放交易管理办法、排污有偿使用资金管理办法等法律法规。进一步明确总量控制、排污权初始分配、排污指标有偿使用、排污交易中政府和企业以及中介主体等分配主体和交易主体的责权利和违法责任等，规范排污交易制度的一级市场和二级市场，提高排污交易市场运行的稳定性，确保排污交易有法可依。

5.2.5 完善污染源监测管理体系，强化试点区域和行业排污交易运行的监管能力保障建设

全面推行排污交易，需要加强污染物排放监测和监管能力建设，扩大要求安装在线监测设备的排放单位范围，保障各类污染物的排放能够进行有效的跟踪监控，考虑到排污交易机制是一项复杂的系统工作，涉及多主体、多部门、多机构以及多方面的问题，必须有良好的信息沟通和协调平台配合，才能切实提高政策的实施绩效，必须加大构建污染源基础数据库信息平台、排放指标有偿分配管理平台、污染源排放量监测核定平台、污染源排放交易账户管理平台的力度，建立企业污染物排放台账制度，全面管理参加有偿分配和排污交易体系的污染源。从而消除排污交易政策机制的前端可能出现的“失位”，保障各类污染物的排放在有效的监控之下。

5.2.6 健全排污执法监管体系，为排污交易的开展提供法律规制

强有力的执法监管是排污交易机制运行的根本制度保障，也是排污交易法律法规和政策从“应然”变成“实然”的基本途径，如果没有有效的执法监督，排污交易执行力就会大打折扣，法律法规也就等于废纸一堆，法律调控规范交易行为的功能也就无法落实。通过严把排污交易的审批和许可关，加大监督检查和行政处罚和制裁，提高污染企业和超总量排放的违法成本。

5.3 推进排污交易的行动路线图

目前，我国排污权有偿使用和交易制度仍面临着许多政策、管理制度、技术上的难题。环境保护部、财政部和国家发改委等有关部门应抓住当前我国经济改革转型的大好时机，结合已有的试点基础和国外经验，争取近期在条件较好的行业和地区的排污交易试点工作能够有所重大突破，并合理安排实施进度，坚持由易而难、积极稳妥、重点突破的政策推行原则，由点到面、有序推进试点实践，争取在 2020 年以前能够基本实现构建符合我国国情的排污交易政策体系。

近期（2008—2010 年），主要是加大排污权有偿使用和交易研究，以及监管、平台、组织机构和宣教建设的力度；积极扶持以排污交易行为为主要经营对象的第三方营利性机构；在全国电力行业开展主要大气污染物 SO_2 交易试点的基础上，适当扩展到钢铁等其他监测条件较好的 SO_2 排放高贡献行业；在加大太湖流域开展 COD 交易试点示范的基础上，鼓励其他有条件的流域和区域同步开展 COD 试点，并积极推进一些地区对氮、磷和 NO_x 开展试点尝试；加大 CDM 项目经营平台开发的力度，积极扶持开发再生能源、能源效率、甲烷的回收和利用等优先领域 CDM 项目。

中期（2010—2015 年），主要是积极推进相关政策出台，拓宽和深化排污交易政策的范围，促使排污交易在行业、空间上的扩展。在全国层面上，将电力以及 SO_2 贡献较大的非电力行业统一纳入到 SO_2 排污交易政策框架中来，积极开展试点探索；政策准备较成熟的条件下，争取该阶段在全国重点流域推行 COD 交易；同时，也要扩大交易标的物范围，并积极推动氮、磷和 NO_x 和汞污染物排放交易试点；大力鼓励基于自愿的温室气

体排放贸易试点和其他具有环境权益的产品的交易；继续鼓励 CDM 项目在能效等优先领域的开发，借此提升中国低碳技术水平。

远期（2015—2020 年），主要是构建国家 SO_2 和 COD 排污交易市场机制；加强政策配套驱动，深化推进氮、磷和 NO_x 和汞污染物排放交易试点；积极筹划开展温室气体排放贸易试点，大力扶持电力、水泥、热力、炼钢行业企业将排污交易标的物延伸至温室气体，为可能在京都议定书第三时期履约提供技术储备。同时，积极完善我国排污交易市场政策体系建设，基本建立符合国情的排污有偿使用和交易政策体系。

参考文献

[1] CROCKER THOMAS. The Structuring of Air Pollution Control Systems[M]. in：H. Wolozin ed. The Economics of Air Pollution. New York： W.W. Norton，1966.

[2] DALES JOHN. Pollution，Property and Prices [M]. Toronto. University of Toronto Press，1968.

[3] DAVID JAMES. Environmental Incentives：Australian Experience with Economic Instruments for Environmental Management [EB/OL].[1997] http：//www.environment.gov.au/.

[4] REUTERS NEWS SERVICE. Canada Emissions Trade Seen Worth C$12 Bln –CIBC [EB/OL]. [2007-03-14] http：//www.planetark.com/dailynewsstory.cfm/newsid/40845/story.htm.

[5] EPA PRESS RELEASE. New EPA Rule Gives Every American Right to Buy and Sell Acid Rain Emissions[EB/OL].[1991-12-05] http：//www.epa.gov/history/topics/caa90/04.htm.

[6] STEWART SMITH. IPCC Report Confirms EU Call for Deep Cuts in Global Greenhouse Gas Emissions[EB/OL]. [2007-05-04] http：//engineers.ihs.com/news/eu-en-greenhouse-gases-5-07.htm.

[7] RISA MAEDA. Japan and Russia take steps to trade emissions rights [EB/OL]. [2008-02-27] http：//www.gcx.co.za/latest-industry-news/.

[8] 陈德湖，蒋馥. 我国排污权交易理论与实践[J].中国软科学，2004（2）：12-16.

[9] 吴健，马中. 科斯定理对排污权交易政策的理论贡献[N]. 厦门大学学报：哲学社会科学版，2004（3）：21-25.

[10] 唐惠子，刘俊肖. 从物权法的视角看我国的排污权交易制度[J]. 资源与产业，2007（6）：71-74.

[11] 何延军，李霞. 论排污权的法律属性[N]. 西安交通大学学报：社会科学版，2003（3）：77-80.

[12] 高利红，余耀军. 论排污权的法律性质[N]. 郑州大学学报：哲学社会科学版，2003（3）：83-85.

[13] 邓海峰. 排污权的法域定位与民法财产权结构之完善[EB/OL]. [2007-04-21] http：//erelaw.tsinghua.edu.cn/news_view.asp？newsid＝268.

[14] 蔡守秋，张建伟. 论排污权交易的法律问题[N]. 河南大学学报：社会科学版，2003（5）：98-102.

[15] 邓海峰，罗丽. 排污权制度论纲[N]. 西北政法学院学报，2007（6）：76-83.

[16] 李霞，狄琼，楼晓. 排污权用益物权性质的探讨[J]. 生态经济，2006（6）：31-33.

[17] NATIONAL CENTER FOR ENVIRONMENTAL ECONOMICS. The U. S. Experience with Economic Incentives for Protecting the Environment[EB/OL]. [2001-01] http：//www.cec.org/.

[18] 王金南，等. 二氧化硫排放交易——美国的经验与中国的前景[M]. 北京：中国环境科学出版社，2000.

[19] DOUGLAS RUSSELL. Environmental Challenges and Opportunities of the Evolving North American Electricity Market [EB/OL].[2002-06] http：//www.cec.org/.

[20] KARAN CAPOOR. Philippe Ambrosi. 2006 年碳市场发展状况与趋势分析 [EB/OL]. [2006-10] http：//

www.worldbank.org.cn/Chinese/content/carbonmarket_cn.pdf.

[21] 联合国网站新闻中心. 世界银行：2007 年全球碳交易额增加一倍多 [EB/OL]. [2008-05-08] http：//www.un.org/chinese/News/fullstorynews.asp？NewsID=9761.

[22] CERs issued by host party [EB/OL]. [2008-09-10] http：//cdm.unfccc.int/Statistics/Issuance.

[23] 王金南. 建立环境经济政策体系推动又好又快发展[N]. 中国环境报，2008-01-14.

[24] DENNY ELLERMAN. Markets for Clean Air：The US Acid Rain Program[M]. Cambridge University Press，2003.

贫困约束下对消费者征收环境税的绩效分析*

Performance of Imposing Environmental Tax on the Consumer*

马 中 蓝 虹

（中国人民大学环境学院，北京 100872）

Ma Zhong Lan Hong

（School of Environmental and Natural Resources，Renmin Universityof China，Beijing 100872）

[摘　要] 我们在设计环境税时，应从庇古思维中走出来。因为庇古税隐含的产权界定前提是：环境资源所有权、使用权、收益权等所有产权权能都归国家所有。但根据科斯定理，环境资源产权在国有的框架下是可以继续分割的，因而可以形成很多不同的税收方案。这些不同的税收方案在不同的现实约束条件下有不同的实施绩效，而谁污染谁付税只是这其中的一种，它的绩效也随着现实约束条件的不同而改变。因此，在不同的现实约束条件下，谁污染谁付税不一定总是最佳的选择。比如，在中国东富西贫国情约束下实行由消费者付环境税，既有利于调整东西部地区收入分配差距，解决西部地区的贫困问题，又有利于减少环境税的实施成本，提高环境保护的绩效。因此，在中国实施环境税不应单纯坚持谁污染谁付税，而应该综合考虑“污染者负担”和“受益者付费”两大原则。

[关键词] 环境税　中国现实约束条件　科斯定理　庇古思维

Abstract：According to Coase theorem，the property right of environmental resources can be further partitioned within the state-owned framework and gives forth to various tax projects，which leads to different performances in correspondent circumstances. Therefore，the polluter-paying principle is not always the best choice. As the eastern China is more prosperous than the western，the consumer-paying principle is supposed to achieve better performance.

Key words：Environmental Tax，National Conditions，Coase Theorem，Pigou's Thinking

根据庇古理论，一般来说，环境税是谁污染谁付税，即税金以污染者支付为原则，这是许多国家制定环境税时遵循的基础性原则。但庇古税是以环境资源产权合一为产权基础的，即国家拥有对环境资源的全部产权，意味着国家在兼行四重职能，包括狭义所有者职能、占有者职能、支配者职能和使用者职能，也独享“四权”的全部利益。在环境资源产权合一且都归国家所有的情况下，谁污染谁付税是必然的原则。然而，在环境资源国家所

* 原文发表在《复旦大学学报（社会科学版）》，2005 年第 2 期，53-59 页。

有的产权框架内，在坚持环境资源所有权归国家所有的基础上，环境资源的使用权和收益权等权能是可以继续分割的。比如，在保证环境资源所有权归国家所有的基础上，环境资源的收益权可以根据中国国情以及各地区的具体情况在一些地区界定其地区环境资源的收益权归地区所有。这也是国有产权的一种形式，既保证了环境资源国有的性质，又增加了环境税的选择方案。人们可以通过不同的产权界定方式所形成的不同税收方案，进行绩效比较，选择其中绩效最高的税收方案。污染者付税和消费者付税是基于环境资源国有产权框架内以环境资源收益权不同分割界定为产权基础所形成的不同的税收方案。在中国东富西贫国情及西部贫困的条件约束下，由消费者付环境税的绩效是高于由污染者付税的。因为在中国实行由消费者付环境税，既有利于调整东西部地区收入分配差距，解决西部地区的贫困问题，又有利于减少环境税的实施成本，提高环境保护的绩效。

1 环境税是政府为环境资源确定的价格

环境税是环境资源的价格体现。随着人口增加和经济发展，环境资源的稀缺性日益明显。目前，环境危机的新闻报道比比皆是：森林缩小，土壤侵蚀，沙漠扩大，二氧化碳水平上升，地下水水位下降，全球气温升高，冰川融化，海平面升高，物种消失……而对环境资源日益稀缺所带给人类生存和发展的危机，对稀缺的环境资源进行合理配置以节约环境资源的供给就成为世界各国关注的问题。从经济学角度看，环境问题产生的根源就在于环境资源的价格没有正确地反映环境资源的稀缺程度，而解决环境问题最有效的办法就是通过环境资源的合理定价和有偿使用，实现环境资源的有效配置。笔者认为，环境税正是环境资源的价格体现，即使用资源所耗费的边际社会成本。

市场和政府干预是资源配置的两大手段。但无论是市场还是政府干预，要实现资源的合理配置就必须建立起资源的稀缺性与资源价格之间的有机联系。只有当资源的现实价格等于其相对价格时，稀缺的资源才能得到有效配置。因此，解决环境问题的关键，就是怎样合理地对环境资源定价。传统经济学认为，在市场经济中凡是稀缺的资源必定具有较高的价格，但它忽视了产权明晰是市场定价制度发挥正常作用的前提。只有在产权明晰的条件下，资源的市场价格才能有效反映其稀缺程度。然而产权明晰是有成本的，特别是许多环境资源具有难以分割、难以排他的特征。另外，环境资源配置的代际公平的需求，都使环境资源产权明晰的成本高于其他资源。因此，根据各种环境资源产权明晰的程度，有政府定价、政府与市场共同定价、市场定价等定价方式，而选择何种定价方式，要根据各种环境资源的不同特征，对各种定价方式进行成本—收益比较。

环境税是政府为环境资源定价的一种方式。在马歇尔、庇古的时代，由于在传统价格理论模型中没有发现产权的作用，因此，当市场价格扭曲发生时，他们归结为外部性因素导致的市场失灵，而产权经济学则对传统价格理论模型进行了完善。产权理论认为，所谓外部性问题，其实质就是由于在市场中存在着尚未界定清楚的权利边界，从而导致资源的市场价格与相对价格严重偏离。比如，在过去环境容量充裕的情况下，企业零价格排污即消耗环境容量，不会导致外部性问题的产生。但是，随着经济增长与人口增加，环境容量日益稀缺，相对价格不断提高，此时企业仍以零价格排污就出现了外部性问题，边际外部成本（XMC）就是由于环境容量稀缺导致的使用环境容量的边际成本。而环境税，就是通过对新出现的稀缺资源环境容量的使用权利进行定价，从而纠正市场价格与相对价格的严重偏离，纠正价格扭曲，使市场价格机制继续发挥正常作用。因此，环境税就是政府为环境资源确定的价格，税额在理论上应该以环境资源的稀缺程度为依据。只有当税额能较为真实地反映环境资源的相对价格时，环境税才能达到纠正市场价格扭曲、合理配置环境资源的目的。

2 环境税由消费者付税或由污染者付税是不同产权界定的表现

根据庇古理论，环境税是谁污染谁付税，即税金以污染者支付为原则（polluter paying principle），这是许多国家制定环境税时遵循的基础性原则。但庇古税所隐含的一个产权界定的假设前提是：环境资源的所有权、使用权、受益权等一系列产权权能都归国家所有，即全体公民所有。因此，污染者污染了环境，就给国家和其他公民造成了外部损害，所以污染者必须对遭受外部损害的受害者给予补偿。由于环境污染问题涉及的受害人群较多，因此，受害者寻求补偿的过程具有公共产品的特征，导致了“搭便车”问题的产生，从而使受害方与污染方谈判实现补偿所产生的交易费用较高，甚至高于补偿所带给其的收益。此时政府介入可以消除受害方寻求补偿过程中的“搭便车”问题。政府代表受害方从污染方收取的补偿，就是庇古税。因此，庇古税也是一种交易，是政府代表受害方与污染方谈判交易的结果。庇古税实际在政府与污染受害方之间形成了一种委托—代理关系：受害方是委托人，政府是代理人，由政府代表受害方与污染方谈判并利用政府的优势以强制税收的方式向污染者征收补偿金，并借此治理环境。这种由政府代表受害方与污染方谈判交易的环境税收制度，在受害方与污染方市场谈判交易费用高昂的情况下，是一种节约交易费用的制度选择。

庇古税是以环境资源产权合一为产权基础的，即国家拥有对环境资源的全部产权，意味着国家在兼行四重职能，即包括狭义所有者职能、占有者职能、支配者职能和使用者职能，同时，国家也独享“四权”的全部利益。然而，在环境资源国家所有的产权框架内，在坚持环境资源所有权归国家所有的基础上，环境资源的使用权和收益权等权能是可以继续分割的。可以是权能的分解，也可以是利益的分割。比如，国家可以代表公民掌握环境资源的所有权，而环境资源的占有权、使用权、收益权等权能可以在不同地区、部门之间继续分割。对各项产权权能的不同分割界定，就形成了环境资源国家所有产权框架内不同的产权结构。而以不同的产权结构为产权基础所形成的不同的税收方案，又会在不同的现实约束条件下产生不同的税收绩效。

产权的可分割性不等于产权的分割，只是为产权的现实分割提供了前提或可能性。现实中产权是否分割取决于现实的社会经济条件。尽管现代社会不乏产权合一的事实，但从人类社会产权演变的总体趋势看，是由产权合一向产权分割的方向发展，而且社会经济越发展，产权分割越精细。

污染者付税和消费者付税是基于环境资源国有产权框架内以环境资源收益权的不同分割界定为产权基础所形成的不同的税收方案。科斯第一定理指出，在交易费用为零的情况下，无论产权如何界定，都不会影响资源的配置效率。即在环境资源国家所有的产权框架内，无论其使用权、收益权等权项如何分割界定，在交易费用为零的情况下，都不会影响环境资源的配置效率。这表明，在交易费用为零的情况下，无论是污染者付税还是消费者付税，其配置环境资源的效率是一样的。但科斯第二定理指出，现实世界交易费用为正，由于不同的产权界定在现实约束条件下所产生的交易费用不同，不同的产权界定会导致不同的资源配置效率。所以，在现实世界不同的约束条件下，环境资源国有产权框架内以环境资源收益权的不同分割界定为产权基础所形成的消费者付税或污染者付税的税收方案，会因其产生的交易费用的不同，而导致对环境资源不同的配置绩效。最后，科斯第三定理指出，产权如何界定，取决于在一定现实约束条件下各种产权界定方案所产生的交易费用高低的比较。在环境资源国有的产权框架内，环境资源的收益权到底应该如何分割，环境税到底应该采取污染者付税还是消费者付税，取决于在一定现实约束条件下这两种税收方案所产生的交易费用高低的比较。如果在现实约束条件下，环境税采取污染者付税原则产生的交易费用低于消费者付税产生的交易费用，就应该采取谁污染谁付税。反之，就应该采取消费者付税的原则。

由以上分析可知，在环境资源国有的产权框架内，以环境资源使用权、收益权等权能的不同分割界定为产权基础，可以形成不同的税收方案，谁污染谁付税只是这众多可以选择的税收方案中的一种，它是以环境资源产权合一为产权基础的。在一定的现实约束条件下，在环境资源国有产权框架内，环境资源使用权、收益权等权能的不同分割界定会导致不同的资源配置绩效。同样，相同的产权结构在不同的现实约束条件下也会产生不同的资源配置绩效。因此，以环境资源产权合一为产权基础的谁污染谁付税的原则，在不同的现实约束条件下，将会产生不同的实施绩效。这表明，谁污染谁付税原则，在不同的现实约束条件下，不一定总是最佳选择。如果在一定的现实约束条件下，消费者付税的实施绩效高于污染者付税，就应该选择消费者付税。

3 在中国环境税由消费者支付与由污染者支付的绩效比较

3.1 中国的现状：东富西贫

目前中国的现状是：西部地区明显落后于东部地区，形成了比较严重的区域发展不平衡的现象。西部地区经济落后的原因有很多，有历史和现实的因素，也有自然条件和人为因素的作用，但是，历史和自然条件的差异并不是东西部地区发展差距长期存在且迅速拉大的主要原因。实际上，西部的落后显见于改革开放的 20 年里，20 世纪 90 年代则发展得更为迅速，主要表现为：

GDP 占全国比重的差距在近 20 年里迅速拉大。我们把东部 12 省区为一组，中部 12 省区为一组，西部 9 省区为一组，东、中、西部人均 GDP 数据在表 1 中列出。

表 1　东中西部人均 GDP 比较　　单位：元

年份	东部	中部	西部
1990	1 992	1 279	1 090
1991	2 259	1 358	1 203
1992	2 819	1 602	1 386
1993	3 854	2 046	1 751
1994	5 332	2 878	2 320
1995	7 340	3 634	2 870
1996	8 594	4 341	2 842
1997	9 562	4 867	3 595

由表 1 中可发现，1990—1997 年，人均 GDP 东部>中部>西部。1994 年以前，三地区人均 GDP 有一定差距，且差距有缓慢拉大的趋势，1994 年之后，差距急剧拉大，且有进一步扩大的趋势。1994 年东部地区最高的广东省和西部地区最低的青海省的工业生产总值分别为 2 764.1 亿元和 55.25 亿元，比例为 50∶1，到 1998 年，东部地区最高的广东省与西部最低的青海省的工业生产总值分别为 9 222 亿元和 110 亿元，比例扩大到 84∶1。

造成近 20 年来中国东西部地区经济发展差距日趋加剧的一个很重要的原因是，优先发展东部沿海地区的区域倾斜发展政策在促进东部地区经济发展和增强我国整体经济实力的同时，牺牲了西部的发展利益，主要表现为：①向东部倾斜的投资政策。“七五”和“八五”计划期间，我国的发展资金相对稀缺，国家的投资政策向哪个地方倾斜，就意味着该地区可获得较多的发展利益。在中央政府发展资源有限的情况下，投资政策向东部倾斜的同时必然减少西部的发展资金，实际上牺牲了西部的发展利益。②工业布局的差异和不等价交换使西部绝对利益受损。在我国的工业布局中，客观上形成了东部沿海地区以加工制造业和新兴产业为主、西部以能源和原材料工业为主的分工格局，由于价格改革时间上的差异性，使东西部地区产品在较长时间内存在着不平等交换。③服务于东部发展的西部发展重点使西部地区污染严重，生态环境日益恶化。国家“七五”计划明确规定，中西部地区重点发展能源、原材料工业，有重点地开发矿产资源。在国家区域发展战略和发展政策的指引下，西部地区的工业发展实际上走上了以资源开发为主的发展道路。大规模的资源开发一方面为东部沿海地区的快速发展提供了廉价的能源、原材料支撑，另一方面也导致了西部地区的污染严重，生态环境日益恶化，使有些地区已经成为生态极度贫困区域。

3.2 中国东富西贫的国情及其成因决定了由消费者负担环境税的绩效高于由污染者付税所产生的绩效

中国东富西贫国情及工业布局的特殊性，决定了中国环境产品的生产者即污染者主要是西部地区，而环境产品的消费者主要是东部地区。国家“七五”计划明确规定，中西部地区重点发展能源、原材料工业，有重点地开发矿产资源，从而使我国的工业布局形成了东部沿海地区以加工制造业和新兴产业为主，西部以能源和原材料为主的分工格局。西部地区大规模的资源开发为东部沿海地区的快速发展提供了廉价的能源、原材料支撑，但是却以耗费大量的西部地区的环境资源为代价。因此，中国目前东西部工业分工格局决定了西部地区是环境产品的主要生产者，即污染者。因为西部地区大规模的能源、原材料生产包含了很大比例的环境资源生产要素的投入。而东部地区则是环境产品的主要消费者。因此，在中国国情下，研究环境税是由消费者支付还是由污染者支付，在某种程度上就是研究环境税是应由东部支付还是由西部支付。

中国国情下环境税由消费者支付体现了公平原则。东部沿海地区经济的快速发展是建立在西部地区大规模的廉价能源、原材料支撑的基础上，西部地区耗费了大量的环境资源所生产的产品大部分都以极低的价格输送到了东部。因此，西部地区耗费大量环境资源所带来的收益并没有归西部享有，而是通过价格《剪刀差》的方式转化为东部的高额利润。例如：陕北向北京地区输送的天然气价格十分低廉，基本上是无偿提供。西部人为东部经济的发展耗费了大量的环境资源，使其生存境况恶化，西部人正承受着耗费环境资源的巨大成本，而消耗环境资源所获取的收益却奉献给了东部，这本来就已经非常不公平。如果再向西部征收环境税，无疑是增加了这种不公平的程度。维护公平的做法应该是：向东部人征收环境税，并通过政府转移支付的方式用于西部的生态环境治理。

在中国国情下环境税由消费者支付符合经济学的“补偿原理”。在一国经济发展中是否存在着区域之间的经济补偿问题，取决于经济发展政策实施所引起的效率改进和利益分配。我们假定某国经济由 A、B 两省组成，如果一项发展政策的实施使 A 省受益而使 B 省的利益不受损失，那么就存在着帕累托效率改进。显然帕累托效率改进在提高经济效益的同时也改变了原有的地区利益分配格局，但是，由于此项发展政策并没有使 B 省的利益受损，因此理论和实践上都不存在区域间的利益补偿问题。另一种情况是，如果一项发展政策的实施，使 A 省受益的同时使 B 省的利益受损，但只要 A 省的利益所得大于 B 省的利益损失，那么就存在卡尔多-希克斯效率改进。卡尔多-希克斯效率改进有三层含义：①卡尔多-希克斯效率改进是以全社会的利益最大化为目标的。②某一地区的利益所得是以另一地区的利益损失为代价的。③由于前两点原因，政策受益地区应该向利益受损地区进行经济补偿。经济学中把这种情况称为“补偿原理”。众所周知，自“七五”计划以来，我国在地区经济发展问题上，中央政府采取了优先并加速发展东部沿海地区的区域倾斜发展政策，这一政策在促进东部地区经济发展和增强我国整体经济实力的同时牺牲了西部的发展利益，因此，东部沿海地区应该向西部地区进行利益补偿。环境税由东部支付，并通过中央财政转移支付给西部地区用于环境治理，符合经济学的“补偿原理”。

东西部地区环境资源价格差异导致环境税由消费者支付可以实现更高效率的环境资源优化配置。从理论上说，当交易费用为零且消费者和污染者对环境资源的价格评价一致的情况下，无论是由污染者付税还是由消费者付税，其配置环境资源的效率是一样的。但这一结论的假设前提，除了交易费用为零外，还有消费者和污染者对环境资源的价格评价是一样的。价格是消费者对消费环境资源所获取的效用的货币评价，受消费者收入水平等因素的影响很大，中国东富西贫的国情，使东部人对环境资源的价格评价高，即他们愿意支付较高的价格以享受环境资源，而西部人由于较为贫穷，干净、优美的环境对许多尚未解决温饱的西部人来说还是奢侈品，因此，他们愿意为享受干净、优美的环境所支付的价格较低。如前所述，环境税由消费者支付或由污染者支付体现了两种不同的产权界定方式，如果将西部环境资源收益权界定给西部人，则西部人通过治理环境而使东部人也享受到西部治理环境的好处，东部人就成为外部受益者，因此应该向西部提供补偿以支付其享受西部治理环境所带来的正外部效益。如果不将环境资源收益权界定给西部，则在环境资源产权合一的情况下西部环境资源的收益权应归全民所有，西部在生产能源及原材料的过程中污染的环境就应遵循谁污染谁付税的原则，西部人应支付其污染导致的所有社会成本。比较这两种方案，第一种税收方案是由西部人负担环境税，由于西部人的贫穷使其对环境资源的价格评价较低，而环境税是环境资源价格的体现，因此，可征收的环境税较少，从而使环境治理的程度较低。由于东部人较富裕，对环境资源价格评价较高，为了享受干净、优美的环境愿意支付较高的价格。如果将西部环境资源收益权界定给西部地方所有，则东部人就应该为西部的环境治理缴纳环境税以作为补偿。因此，第二种税收方案，即由东部人付税可征收的环境税较多，从而使环境治理的程度较高。所以，在中国国情下环境税由消费者负担可以实现更高的资源配置效率。

西部地方政府与企业的共谋行为将导致环境税由污染者负担的制度实施成本较高。东西部地区经济发展的差异，使西部地区对环境保护的重视程度低于东部地区。在尚处于贫困的西部地区，由于贫困、疾病、就业等生存问题的困扰，使西部地区的地方政府更为关注经济发展以解决西部人的生存问题，而忽视环境保护。对西部的企业而言，关注的是企业的经济效益。如果环境税由污染者负担，由于环境产品的生产企业主要分布在西部，环境税的征收将会使西部企业的效益受到损失，这将会危及西部的经济发展，导致贫困、就业等问题更为严重。因此，西部的企业和地方政府易于联合起来进行共谋，以对抗中央政府的征税行为，从而使环境税的实施成本增加。

环境税由污染者支付的非对称信息总体高于由消费者支付，从而使征税效率较低。由消费者付税，存在着征税机构与消费者之间的信息不对称。由生产者付税，存在着征税机构与生产者之间的信息不对称。但由于消费者付税原则的实施，意味着消费者消费环境产品的数量和价格已经经过了市场的评价，市场已经在一定程度上显示了消费者的消费信息，从而降低了消费者的信息优势程度。而生产者付税的实施，意味着征税机构必须清楚生产企业的生产运行过程，以及耗费环境资源的具体数量，并以此作为征税依据。与消费者付税原则相比，征税机构对生产者征税缺乏信息获得机制。因为在此过程中市场没有进入，从而使生产者的信息优势程度相比消费者对征税机构的信息优势程度高，它将导致在征税成本一定的情况下，征税机构对污染者征税的效率低于对消费者征税。

4 在中国实施消费者付环境税的运行机制

为了使东部经济发展不对西部地区造成损害，保持区域间的可持续发展，并提高环境保护的绩效，建议在西部实行西部环境资源收益权归西部地方所有的制度。西部地区环境资源的所有权依然归国家所有，但将西部地区环境资源的收益权分割界定给西部地方政府，以此产权界定为环境税的产权基础。在国际上也已有这样的产权先例，如澳大利亚是一个联邦国家，其矿权的所有权和使用权就在国家与州之间分割，国家保有矿产资源所有权，而使用权归州所有，因此矿权使用费归州所有，对此我们可以借鉴。

当西部地区环境资源收益权界定给西部地区后，就为我们在东部地区收取环境税以补偿西部地区提供了产权依据。笔者认为，应该扩大征收环境税的范围，特别是应将资源税纳入环境税的范畴。如荷兰的燃料税是其最主要的环境税种，主要目的是为其环境政策的实施筹集资金，其征收率每年根据环境部确定的环境保护目标所需的资金数量来确定。现行资源税征收范围窄，税率偏低，不利于西部经济发展和生态环境的保护。现行资源税征收范围仅限于 6 种矿产品和盐，对大部分自然资源没有征税。随着经济的飞速发展，资源类产品的价格在不断上升，而拥有丰富资源的西部地区为了支持东部沿海地区经济的发展，长期以来以极低的价格将开发、生产出来的资源产品运到东部地区进行加工、出口，而作为资源产地的西部地区却得不到资源的高额附加值，输出资源的价值被大量地转移到东部，西部自然资源开发并没有使西部资源产地受益。必须扩大资源税范围，对关系到西部地区生态安危的各种资源征税，以扭转西部“无偿或微偿开发资源，严重破坏生态环境”的局面。

为了使各种环境税的征收不影响西部企业的生产力，应坚持各种环境税的征收必须从零售环节开始，在生产环节不征收环境税，实施消费者付税原则。

环境税的征收应实行价外税。对税收有知情权是纳税人对政府的要求之一，价外税是公共财政框架下消费税改革的必然趋势。环境税的征收是为了满足社会公众对环境保护的公共需求，因此环境消费必须实行价外税。一方面是为了保护纳税人的知情权，另一方面可以使环境税的使用置于公众的监督之下。因为环境税实行价外税，实际上是环境税收信息公开的手段，通过信息公开和公众的监督，可以提高环境税征收和使用的绩效。

环境税由政府征收后，可用转移支付的方式划拨给西部地方政府，或国家直接在西部进行环保投资。资金利用可采用两种方式：第一种，对西部治理污染绩效高的企业进行奖励，当奖励金额高于污染治理金额时，其高出部分就成为企业治污的动力，而且企业治污并没有导致企业成本的上升，反而因奖励金的获得而增加了收益。因此，西部企业有动力治污。政府在颁发奖金的同时还可进行表彰，由于政府的表彰可以提高企业知名度，也是一种企业资源。因此，在政府的奖金加表彰的共同作用下，企业有动力将治污水平甚至控制在其付出的成本低于政府奖金的程度，因为政府的表彰也为企业带来了收益。第二种，政府直接投资进行环境保护。因为治污是有规模收益的，边际治理成本随着规模的扩大而减少，随着规模的缩小而增大。因此，许多小型企业无论政府怎样提高奖励金，都无法达到他们低效率的边际治理成本。在这种情况下，政府就应将环境税税金直接用于环保投资，通过政府投资以获取环境保护的规模收益。

5 结论

在中国实行由消费者付环境税，既有利于调整东西部地区收入分配差距，解决西部地区的贫困问题，又有利于减少环境税的实施成本，提高环境保护的绩效。在中国东富西贫国情及西部贫困的条件约束下，由消费者付环境税的绩效高于由污染者付税。因此，在中国实施环境税不应单纯坚持谁污染谁付税，而应综合考虑“污染者负担”和“受益者付费”两大原则。

然而，确定受益者本身就是建立在特定的产权界定的基础上，只有产权界定清楚了，才能确定谁是受益者，谁是利益受损者。所以，对环境资源进行产权界定是设计环境税的最重要一步。在环境资源产权合一且都归国家所有的情况下，谁污染谁付税是必然的原则。但产权是可以分割的，在保证环境资源所有权归国家所有的基础上，环境资源的收益权可以根据中国国情以及各地区的具体情况在一些地区界定其地区环境资源的收益权归地区所有。这也是国有产权的一种形式，既保证了环境资源国有的性质，又增加了环境税的选择方案。人们可以通过不同的产权界定方式所形成的不同税收方案，进行绩效比较，选择其中绩效最高的税收方案。税收方案作为一种制度，其制度绩效总是与现实约束条件紧密相连的，离开现实的特定的约束条件，我们无法比较是“谁污染谁付税”还是“谁消费谁付税”更为合理，只有将各种税收方案（即不同的产权界定方式）放在特定的现实约束条件之下，我们才能比较各自不同的绩效。我们认为，在中国东富西贫以及西部贫困的现实国情约束条件下，在中国实行消费者付环境税的绩效高于污染者付环境税的绩效。

我们试图建立环境税研究的新的理论框架。在设计环境税时，应从庇古思维中走出来。因为庇古思维的一个隐含的产权界定前提是：环境资源所有权、使用权、收益权等所有产权权能都归国家所有。但实际上，环境资源产权在国有的框架下是可以继续分割的，因而可以形成很多不同的税收设计方案，这些不同的税收方案在不同的现实约束条件下有不同的实施绩效，而谁污染谁付税只是其中的一种，它的绩效也随着现实约束条件的不同而改变。因此，在不同的现实约束条件下，谁污染谁付税不一定总是最佳的选择。当我们从庇古思维中走出来，我们就会发现我们在设计环境税时拥有了更多的选择，从而使我们可以更加灵活地通过对不同税收方案的选择来达到不同的政策目标，使税收手段可以更好地运用于环境保护之中。

环境资源配置低效率及自然资本“富聚”现象剖析*

Analysis on Low Efficient Allocation of Environmental Resources and the Facts that the Advantaged Group Capture the Natural Capital*

张世秋
（北京大学环境科学与工程学院，北京　100871）
Zhang Shiqiu
（College of Environmental Science and Technology，Peking University，Beijing　100871）

[摘　要] 本文从理论上分析了技术效率、经济效率、自然效率、社会效率之间的关系，探讨了四个效率背离所导致的资源配置效率丧失以及由此引发的社会福利损失问题。在分析价格信号在资源配置过程中的作用基础上，探讨了市场失效和价格背离现象。进一步指出了中国经济转型时期存在着自然资本富聚现象，并进一步分析其根源，包括：政府有效干预不足、现行经济增长方式和经济效率实现以对自然资本的低成本占用、机会导向型的资源配置方式、资本的价值取向、对经济财富，以及单一行为人的效率追逐、产权缺位等。强调需要强化环境管理的公共管理属性，并对环境资源的权益主体的权利、责任和利益进行有效的界定和实施，通过制度和政策变革，干预和规范市场运作，促进资源的高效和公平配置。

[关键词] 环境资源　效率　自然资本　自然资本富聚

Abstract：This paper analyzes and assesses the relationship and separation of technical efficiency，economic efficiency，natural and social efficiency. It discusses the expected resources allocation efficiency and further the social welfare will be lost due to the inconsistency of the four efficiencies. On the basis of the analysis on the role of the price for allocating resources，this paper discusses the facts of market failure and distortion of price. It summarizes the findings of the facts of the natural capital have been flowing to advantage groups during the transition of the society. It identifies and analyzes the root causes are，the utilization of the natural capital at a lower cost basis by existing economic growth，the model of the recourses motivated by opportunity other than cost/efficiency，the excessive profit orientation of capitals，and separation of individual efficiency and collective efficiency，the failure of property rights regime，etc. This paper further calls the reform of environmental management to reflect the public management feature，and to further give concern of a well defined property rights regime and its enforcement regarding the environmental resources，with rights，responsibility and

---

* 原文发表在《中国人口·资源与环境》，2007 年第 17 卷第 6 期，7-13 页。基金项目：北京大学 Walter Spofford 环境经济学奖励基金资助。

enforcement regarding the environmental resources, with rights, responsibility and benefits/cost distribution.

Key words: Environmental Resources, Efficiency, Natural Capital, Natural Capital Flows to Advantage Group

以市场经济为依托的中国经济长足发展，并在不断地创造着经济奇迹。与此同时，中国经济发展结果是否会拉美化、人类社会赖以生存和发展的环境基础日益恶化能否支撑继续的发展等一系列问题引起社会的普遍关注。但在更多关注和讨论中国经济发展进程中的社会阶层分化和贫富差距加剧现象的同时，对于因此引发的自然资本配置的两极分化和环境资源的富聚现象以及可能引致的根本性社会矛盾和可能的冲突加剧，却缺乏认识和关注。

尽管过去 20 多年，中国政府在环境保护方面进行了巨大的努力，但因为环境污染的累积性特征，以及中国经济发展过程存量环境问题没有解决，增量环境问题不断出现，使得在当前和今后一个时期，环境形势会相当严峻，环境污染的损害凸显、突发性环境事件频发，并进而体现为利益冲突。具体表现为“生存性环境权益”和“生产性环境权益”以及“发展性环境权益”之间的冲突。这种冲突已经广泛地存在于我们的日常生活中，并且，随着中国社会各阶层的分化，具有愈演愈烈的趋势。在缺乏有效干预的情况下，社会强势集团有可能以其手中掌握的资源（包括经济资源、政治资源等），比其他团体占有了更多的低价的环境资源并攫取了更大的超额利润，导致环境资源占有和使用的不公平现象，这种不公平现象进而体现在社会利益分配的最终结果上。而现行环境管理制度安排的边缘化特征[1]难以应对这些问题，导致在环境与发展关系的处理上，缺乏对短期和长期效益的比较与权衡，缺乏对局部利益与全民利益的比较和权衡；由于缺乏适宜的渠道，众多的、分散的利益集团的权益诉求难以保障；也无法保障以环境资源质和量表征的自然资本的增值，甚至使得该资本处在不断消耗的趋势[2]。

本文试图剖析环境资源低效率配置以及由于市场和体制失灵导致的自然资本富聚的现象和原因，以其引起对相关问题的讨论和关注，促进环境管理体制的变革。

1 环境资源配置的低效率：价格偏离与市场失效

现代市场经济机制虽然可以有效推动社会经济的不断发展，但是却存在一些致命缺陷[3]：①由于产权模糊或不确定，市场不可能向社会提供环境保护、义务教育、国防等公共物品和准公共物品；②如果政府缺位、政策干预不足，市场本身无法自觉和主动地将外部成本内部化；③一些提供公共产品/服务的产业和部门，因为政府直接运作或者国家所有，缺乏市场竞争，存在自然垄断，其高价格和低效率对消费者利益造成损害；④由于信息不足或者信息不对称，交易方判断和决策失误，造成市场的资源配置功能无法实现最佳状态。

价格作为市场配置资源的重要手段，价格能否反映真实的社会成本，直接影响了技术效率、经济效率、自然效率和社会效率之间的相互运作关系，进而对资源配置效率产生影响。

所谓技术效率，是指既定的投入下产出最大，或既定产出下，投入最小的状况，亦即技术效率是指为了生产相同数量的产品/服务所耗费的投入要素最少。但由于其他要素投入的多少会影响到某一要素的边际生产率，所以在多要素生产一种产品/服务的情形下，有技术效率的投入要素组合不是唯一的。所谓经济效率，是指既定产出下成本最小，或既定成本下所获利润最大。对于生产一种产品/服务而言，假设其质量无差别，经济效率指的是在相同的预算约束条件下，能够生产出最多的产品/服务。在交易成本不存在，且各项投入要素的市场价格确定不变的假设前提下，达到经济效率时各项投入要素的组合是唯一的。本文提出的自然效率①，指的是各种环境资源要素的组合关系而形成的环境状态，能够维持自然系统的高效、稳定和均衡运转，表征的是生态系统的稳定与和谐。由于环境资源已经以无价或者低价的方式作为一种经济资源进入到生产和消费过程，必然使得生态系统偏离其理想状态，而出现自然效率丧失的问题②。本文提出的社会效率，是指在市场经济条件下，生产要素的价格和产品/服务的价格都充分反映了社会成本的时候，所实现的效率水平。

经济学的研究认为，实现帕累托效率的必要条件是：

（1）高效率的资源配置。即对于使用资源投入生产商品的全部厂商来说，任何一组投入的边际技术替代率应当相等，且等于投入的资源（生产要素）价格之比：

$$MRTS_{(m,l)c} = MRTS_{(m,l)w} = p_m / p_l$$

（2）高效率的消费。即对于每一个消费者来说，任何两种商品的边际替代率应当相等，且等于商品价格之比：

$$MRS_{(w,c)1} = MRS_{(w,c)2} = p_w / p_c$$

（3）对于所有消费者而言，任何两种商品的商品替代率应该等于生产相同商品的技术替代率，并等于商品价格之比：

$$MRS_{(w,c)1} = MRS_{(w,c)2} = MRPS_{(w,c)1} = MRPS_{(w,c)2} = p_w / p_c$$

上面各式中，$MRTS$ 为边际技术替代率；M 为以机器、厂房等为表征的物质资本；L 为以土地等为表征的自然资本；C 和 W 表征的是生产出来的两种产品/服务；P 表征价格。

由此可见，在市场经济中，价格对资源配置的效率具有至关重要的作用。在一个完全竞争的市场下，市场通过价格调节来实现生产者和消费者之间的均衡，并进而实现资源的配置效率，如果价格出现偏离的现象，比如，要素价格不能充分反映要素的成本，或者与要素的相对重要性（价值量）产生差异，则必然导致效率低下。研究表明，有效率的价格水平应该反映该资源的全部社会成本，即应该等于边际机会成本，即不仅要反映边际生产成本（MPC），还要反映边际环境成本（MEC）和边际资源耗竭成本（MDC），并被表征为：$P = MOC = MPC + MEC + MDC$ 。但是，由于认知的局限以及制度失灵的缘

① 这是基于对自然界的自主运作机制的理解，而构建的概念。

② 尽管自然系统的具体形式往往是人类作用于自然界的结果，但一个不可否认的客观事实是：构成自然系统的化学、生物和物理过程是独立于人类系统而自主运作的。这是一些自主性的生产力，就如同它们同时也是一些自主性的生产条件一样，人类可以通过各种活动改变其变化周期或者反应过程，但这种改变依然要遵从自然界本身的内在发展规律和趋向。

故，自然资源和环境容量资源通常都是以无价和低价的方式进入生产过程，由于政策缺失或执行力度有限，作为参与经济生产和消费过程的要素的自然资源和环境容量资源的边际环境成本以及资源耗竭成本并没有反映到价格当中。由此，上述的帕累托效率实现的条件因为价格的扭曲发生了偏离，具体体现在如下几个方面。

1.1 技术效率与经济效率的实现过程背离

在市场经济条件下，当产值与成本成为衡量企业的业绩和成就的时候，对经济效率的追逐就自然成为企业组合生产要素、实现生产过程的一个重要目标。同时由于各生产要素之间存在着一定的替代关系，企业自然就会关心用多少资金购买多少量的生产要素并进而生产出多少产值的物品和服务；而不会直接关心用多少量的生产要素生产多少量的产品/服务。即：对经济效率的关注胜于对技术效率的关心，或者说，只有在技术效率的提高确实带来实质性的经济效率改进的前提下，企业才会如关心生产成本一样关心生产要素的量。在这种情况下，实际的生产过程就会出现倾向于把那些低价甚至无价的资源作为首选的生产要素组合，上述的高效率资源配置条件就发生了变化，原因在于要素的价格比发生了变化，当企业的生产要素中与资源密切相关的那部分的价格低于效率价格，必然导致过多的低价资源的使用。

对于消费者而言，其消费效率条件也会发生同样的变化。由于外部性和资源耗竭成本没有反映到企业的生产成本中，那些实际发生这些成本的产品/服务与其他同类同质但生产过程并不实际发生这些成本的产品/服务，客观上就具有价格的相对比较优势，导致对那些消耗资源的产品/服务和产生负的外部性的产品/服务的过度消费。发生在中国以及许多国家对汽车的非理性狂热消费态势，就是这种效率偏离的一个典型例证。

这种技术效率和经济效率实现过程的背离，实际上就是以物质和能量来表征的自然系统与经济系统的交换关系与以价格来表征的财富和成本的经济生产关系的分离，体现的是物质财富与经济财富的分离、自然资本与经济资本的割裂。

1.2 经济效率与自然效率的实现过程偏离

经济效率和自然效率的偏离，其原理与上述分析的技术效率和经济效率的背离基本一致，一个是因为缺乏有效的政府干预，使得价格与环境资源的价值偏离，另外一个原因在于现有的价值评估手段尚不能准确解释各种环境资源及其不同组合方式或者说环境状态的重要性，当价值评估手段是以市场作为一个参照系并把人的价值判断①作为标准的话，环境资源的价值评估尽管可以改进作为全社会成本组成部分的环境成本和资源耗竭成本的核算，但还无法准确判断某种环境资源在区域内、区域间和代际之间配置的相对重要性。因此，即便价格反映了环境成本和资源耗竭成本的组分，却依然不可能准确地反映其实际价值，更不用说由于定价政策的不完善所必然导致的市场价格偏离效率价格的情况。由此，经济效率与自然效率的统一，不仅取决于定价政策的完善还取决于相关研究能否不断改进环境资源价值的认知。

1.3 技术效率、经济效率、自然效率与社会效率

通常情况下，人们认为自然系统体现出的是一种生产力，但是，如果我们考察各国

① 尽管价值评估方法已经从单纯地以市场上进行交易的物品和服务作为坐标来衡量环境资源的相对重要性，逐渐接受并开始基于人们的实际支付意愿进行价值判断，但是，由于科学认知、知识、信息、认识和对自身利益的关注，必然导致对环境资源价值的实际认同的差异。

和各区域的经济发展历程和结果，不难发现，自然系统也体现出与人类社会的生产关系类似的生产关系表征方式，即自然系统存在着内部的组织和相互作用关系，这种自然条件和自然过程的一定组成形式和相互作用关系，对人类社会而言具有重大作用，它为既定的社会生产关系的形成和发展以及变迁提供了相应的可能性和条件，因此，自然系统运行或者自然效率的高低，不仅与人类社会的生产力发展有关，与人类社会的生产关系也关系密切，因为，环境问题具有双重属性特征，使其变化具有自然和社会意义，一方面是人类与自然之间的各种交换，另一方面，体现为人与人之间的交换关系。

作为自然生态系统的一个组成部分的人类群体，现阶段主要通过市场来实现资源在各种用途以及各个利益团体之间的配置。人类社会系统与自然生态系统之间通过个人或以不同的组织形式的团体对自然作用并进行着不同方式和不同程度的物质、能量、价值和信息的转换，当这种转换过程超过了一定的阈值时，生态系统失衡以及环境问题就由此产生。依据上述分析，这种作用关系也可以反过来讨论，即一旦出现上述三个效率的分离和变化，就不仅会影响到人类社会的生产能力和经济增长潜力乃至人类的福利水平，同时，也将引起相应的生产关系变革。

如果上述结论是合理的、符合现代环境科学的认知，则可以进而根据对全社会成本的定义，只有当要素价格以及产品/服务价格恰当和充分地反映了生产者成本、环境成本和资源耗竭成本的时候，技术效率、经济效率和自然效率才能够统一，并因为三个效率的统一，体现出社会生产力和生产关系的和谐与高效率。为解决这样的矛盾，人类社会就必须去正确理解自然和环境的各种要素价格，而价格形成必须有一个前提条件，那就是交易（配置）过程。而交易之所以能够进行，是因为可资交换的物品和服务归属于不同的所有者，即必须以产权的有效界定作为前提。在缺乏产权界定的条件下，在市场经济运作的条件下，必然无法在交易过程中体现包括资源与环境要素相对重要性在内的各要素价格。由此提出了如何消除价格偏离现象以改进效率，并实现技术效率、经济效率和自然效率的统一的命题。

2 资源利用低效、自然资本“富聚”加剧社会两极分化：政府有效干预不足

现今的世界经济秩序，是建立在工业化国家对第三世界国家的剥削基础之上的。世界上 5%的最富裕人口的收入是最贫困的 5%人口的 114 倍。1%的最富裕人口的收入和最贫困的 57%的收入相等[5]。不平等的交换关系导致第三世界国家严重的债务危机和人民贫困。这种债务危机背后是更为深重的自然危机。尽管中国经济增长已经取得了长足进步，但区域和社会群体发展不平衡现象异常突出。在 20 世纪 90 年代，沿海地区的发展加快，年均增长率为 13%，是增长最慢的西北地区的 5 倍。出于经济压力，人们不得不加紧向大自然索取，导致生态危机不断加重。最令人担忧的是，目前“生态—环境危机”在一定意义上已经超过“经济危机”，成为整个人类社会所面临的尖锐问题[6]。

2.1 何谓自然资本的“富聚”

考察中国社会经济发展过程，社会上客观存在着社会强势集团以其手中掌握的资源（包括经济资源、政治资源等），比其他团体占有了更多的环境资源并攫取了更大的超额利润，导致环境资源占有和使用的不公平现象，这种不公平现象进而体现在社会利益分配的最终结果上。本研究将这种在没有有效的政府干预的情况下，单纯依靠市场机制运

作，当贫富差距达到一定程度时，必然因为对狭义的经济效率的追求，导致不仅是生产性资源，同时具有全民资产特征的环境资源也向社会的强势集团聚集，导致一方的富裕会以另一方的贫穷为代价，出现富者愈富，贫者愈贫的现象，概括为自然资本的“富聚”。

2.2 资源低效、自然资本“富聚”的原因分析

2.2.1 经济增长和经济效率的实现以低成本方式占有自然资本为前提

现行的经济增长，是以对环境资源的无节制的利用为基础和前提的。其根本原因在于，一方面，价格信号不能反映全部社会成本；另一方面，由于环境资源的公共物品属性以及产权缺失，无法依据其所有关系来规制相关主体的行为，导致管理失效，并因其使用过程产生外部溢出性效应，使得公益品的生产和提供不足，而公害品过。由此引出的命题是：何谓有效的增长，增长的自然资本代价是否会抵消因增长而带来的整体福利改进（包括当代的和后代的）。

2.2.2 机会导向型而非成本或效率导向型的资源配置模式导致暴发户式的发展和可能的劣币驱逐良币的结果

中国过去 20 多年的改革历程中的一个重要资源配置悖论，可以概括为机会导向型的资源配置模式，而非成本或者效率导向型的配置模式。之所以说以机会导向型为主，其主要原因在于：经济体制的改革激发了急速的制度变迁过程，而任何处于快速变迁时期的制度，必然意味着大量的寻租可能性，且寻租的成本低廉但收益甚丰，因此，企业对机会的觊觎胜于对通过各种方式降低其成本进而形成市场上的竞争优势的关注。这样的一种资源配置模式，势必导致暴发户式的发展模式，由于财富和资源总量是有限的，社会财富总量是一定的，有暴发的，就一定有受损的。暴发的之所以暴发，是因为占有了他人更多的资源（包括环境资源和机会等）才得以发展。与此同时，那些旨在通过提高资源利用效率的企业很可能在这种对机会的追逐游戏中，丧失其相对竞争优势，不得不沮丧甚至无奈地退出棋局，而这就是典型的劣币驱逐良币的过程，由此，提出的一个重要命题就是：绩效的评估是仅以终点为止，还是充分考虑起点的公平和过程的公正。

2.2.3 市场经济条件下的资源向高经济效率的用途配置，即资本的价值趋向，导致资源富聚于强势集团

市场经济最重要的特征就是建立起配置资源的市场机制。在市场资源配置方式中，通过价值规律的调节，使资源通过优胜劣汰的市场竞争，由效率低的部门或企业流向效率高的部门或企业，各行业之间不同的利润水平也会自动引起资源由低盈利行业向高盈利行业转移。同时，市场机制对资源存量的自发调整，使那些闲置或利用不足的资源转移到需要的地方。如果环境资源以低价甚至零价格进入市场，则势必导致对环境资源的过度需求。同时，由于厂商的生产活动是以利润最大化为目的，在利益驱动机制下，那些以低价甚至无价的方式占有环境资源的主体，将因此获得高于社会平均水平的超额利润，进而使得经济资源更加速向该部门或企业流动。由于其以无偿或低价的方式占有了资源，在下一个生产周期，因为其资金资本的强大，使其具有更大的占有经济资源的能力。如此往复，社会资源（包括生产资源、环境资源以及其他资源）都必然因为市场机制的追求效率特征，而不断向社会强势集团聚集。这方面的实例不胜枚举，发达的工业化国家在其发展过程中，占用了大量的资源和环境容量，导致出现一系列全球性环境问题；也表现在区域范围内，落后地区向发达地区出售“可持续性”；也体现在城市和农村

问题上，城市的发展以农村的支持和贡献为前提。由此提出的问题是：如何利用政府的财税手段，使资源和环境的真实成本反映到交易过程中，从而体现受益者、使用者、破坏者支付的原则，并实现社会收入分配的公平取向。

2.2.4 “理性经济人”对超额利润和经济财富的无限追逐，加剧自然资本富聚过程

马克思在分析资本主义社会的问题时，曾明确指出：唯利是图是资本主义的本质。主流经济学中理性经济人的假设也告诉我们，只要有获取超额利润的机会，厂商就一定不会放弃，并且一定生产到使得生产的边际成本等于边际收益的那一点上。另外，由于科学技术的进步，人类改造自然和利用自然的能力加强，对环境资源的开发强度和利用规模都急剧增加，由于制度失灵方面的原因，导致任何利用环境资源进行的生产都可能获得相应的超额利润。社会生产方式无限制地追求利润的最大化，必然导致对环境资源的掠夺性开发和超强度使用，那些占有了超额利润的利益集团不仅获取了超额利润，同时由于资本的效率趋向，更进一步加剧了自然资本向社会强势集团的聚集。由于这些强势集团对超额利润或者我们也可以理解为剩余价值的占有，每经过一个生产和交换的循环过程，他们因为无偿占有了剩余价值而更多地拥有了社会财富，使其更有能力占有包括自然资本在内的生产资料，于是，市场经济的运行就必然出现“马太效应”式的循环，即贫者越贫、富者越富。由此发展下去，必然加剧社会的两极分化，其不断地积累，必将导致极端的利益冲突和社会矛盾。

2.2.5 单一行为人的效率追逐，导致整体效率丧失

单个厂商的效率提高，并不意味着整个社会的效率提高，甚至会因个别效率提高的结果，导致了整体低效率，甚至无效率，因为，这些高效率的企业或者厂商的效率获得，可能是以剥夺其他经济当事人的资源特别是机会为前提的，所以才有机会成本这样的提法。一个简单的比方就是，当一群坐着的人中的一个，为了看清前面所发生的事情，而起身站立的时候，他比别人有了更好和更广的视角，因此，具有了效率；紧接着可能发生的事情就是，人们陆续地站起来，而所有人站起来的结果，其对前面所发生事情的眼见程度并不会比所有人都坐着的时候更好，因此，也就谈不上个体追求效率的过程导致的集体效率改进的结果。在环境资源的配置上，同样存在个别厂商或经济当事人经济效率的提高，是以其他团体和当事人的利用资源的机会的丧失以及相应地基于这些环境资源进行生产实现自然资本价值增值的机会的丧失，导致先富起来的一部分人或组织，利用其政治资源、权利资源和经济资源，过多地以低价甚至是无价的方式占有了具有重要增值潜力的自然资本。

在以行政管理为特征的管理体系下，各级政府关注的是过程、程序以及将政策转变为符合上级要求的实际行动，强调体制内部的下对上的负责，各级政府也为了行政效率的提高，通过制定一系列的指标并通过考核过程，实现对行政遵从的监督和管理。在这种体制下的泛指标化，导致过程指标和终极绩效指标脱离，单个指标与总体效率脱离，个别指标与社会总体福利指标脱离的现象，由此，导致进一步的效率流失，很多边际收益为零的项目或者措施，不仅不能得到遏制，甚至会因为这种泛指标化过程，得以强化，甚至出现不计代价实现某种指标的现象，导致社会资源的更大浪费。比如，如果一个流域的水质已经严重污染，流域之上建立的某个污水处理厂，尽管其满负荷运行，但对河流水质改善没有发挥任何实质性的作用，而政绩或者业绩考核指标中，这种污水处理能

力的建设和发挥，是一个重要的“亮点”，但是，从整个社会看，其运行不仅意味着社会的边际收益为零，同时，也因为资源的误置，而产生大量的机会成本。这样的例子比比皆是。由此，提出另一个命题：作为公共部门，环境管理除应履行行政职能之外，还必须履行公共管理责任，亦即通过有效组织，强调以最低的成本达成目标、注重结果并对结果负有责任。

2.2.6 产权缺失、政策缺位、制衡效力不足

之所以出现上述现象和结果，在于市场经济下，因为缺乏恰当的干预手段和制度安排，导致那些客观上具有经济价值的资源（包括自然资源和环境容量资源）的配置过程中，获益者未有支付，受损者未获赔偿或补偿。

如果说这种因价格信号缺失，并因效率导向型发展模式的引导出现的自然资本富聚现象是发展过程中因为市场失灵问题必然导致的一个阶段性问题的话，那么，权益和权利保障机制的缺失，则涉及更深层次的理论和实践问题。在马歇尔、庇古时代，由于传统价格理论模型中没有发现产权的作用，因此，当价格扭曲发生即资源的市场价格与其相对价格偏离时，他们归结为外部性因素导致的市场失灵。而资源的市场价格从产权经济学的角度看，只有在产权明晰的情况下，资源的市场价格才会等于相对价格。价格形成的前提是交易在市场上的实现，而交易实现的前提则是有效产权的界定。环境资源市场配置中外部性问题的产生和配置的低效率，就在于环境资源权益不明晰导致环境资源市场价格与相对价格的严重偏离，但这种价格偏离所形成的外部利润也正是环境资源产权明晰的动力，而环境资源产权一旦明晰，就能使环境资源的相对价格在市场中反映出来，从而纠正价格扭曲，使外部成本内在化，实现环境资源的优化配置[7]。

由于产权不清晰，导致各种利用政治权利和经济权利进行寻租的行为时有发生，并导致了一些与政府环境保护目标和责任相背离的现象发生，比如在资源资产化过程中形成的少数人对多数人利益的剥夺，全民资产被以国有资产的名义实现的再分配导致的收入分配失衡等一系列引致不公平的问题的出现①。此外，轰轰烈烈的生态城市建设运动和生态建设运动，尽管数字效果显著，但是却不可避免地在我国水、能源、土地等资源的短缺与浪费并存的格局下，出现一边治理污染一边创造新污染的现象，目前也似乎看不到有什么力量能够扭转一边综合规划一边“圈地”“圈水”的格局。也不可避免地出现在“生态建设”大旗下，对原本拥有土地及其资源的农民的利益的剥夺，也必然出现区域间、城乡间资源配置有失公允问题，也可能造成政府公共开支的浪费或低效率使用的现象。究其原因，固然有一系列各层面的能力建设问题，但说到底还有一个政治意愿的问题，即我们现阶段欲在多大程度上容忍上述不可持续的经济增长模式[8]，而这种政治意愿的达成，仅靠自上而下的管理模式似乎不可能产生很大的效果，这是因为，如果缺乏资源的有效权益界定和权益保障机制的实施，无法实现利益集团的有效制衡。因为环境管理必须解决的两个基本选择问题，一个就是是否需要管理，一个是管理的路径选择，即如何管理的问题。这两种选择都取决于对财产权的界定[9]。

---

① 资源资产化是中国 20 世纪 90 年代以来进行的一种有效管理自然资源的尝试。笔者这里无意指责这个方式，而在于说明由于权益结构缺失所导致的公平性丧失问题。

3 结语

环境问题的产生和解决，都与社会经济发展过程密切相关。保全中国社会可持续发展的基础——自然资本的任务异常艰巨，环境保护工作必须作出重大转折，以防止中国的环境问题演变为安全问题。环境管理需要解决如何在发展经济、摆脱贫困、缩小收入差距、促进城市（镇）化过程中，以有效率和公平的方式保持自然资本存量和满足民众需求的环境质量。而社会结构、社会运作和组织方式的变化和对“以人为本”观念的认同，环境保护工作势必需要通过“赋权于民”“还权于民”的过程实现环境管理制度的根本转变。一方面需要克服原已存在的制度失灵；另一方面要通过一定的制度和政策变革，干预和规范市场的运作，克服和解决市场失灵问题。

参考文献

[1] 张世秋. 环境政策边缘化现实与改革方向辨析[J]. 中国人口·资源与环境，2004（3）：14-18.

[2] 张世秋. 中国环境管理制度变革之道：从部门管理向公共管理转变[J]. 中国人口·资源与环境，2005（4）：90-95.

[3] 休斯. 公共管理导论[M]. 北京：中国人民大学出版社，2001.

[4] 梅扎罗斯. 超越资本：关于一种过渡理论[M]. 郑一明，等，译. 北京：中国人民大学出版社，2003.

[5] MILANOVIC，BRANKO. Worlds Apart: Global and International Inequality[M]. Washington D.C.: World Bank，2005：1950-2000.

[6] UNDP. Human Development Report. Nirobi：UNDP，1999.

[7] 马中，蓝虹. 产权、价格、外部性与环境资源市场配置[J]. 价格理论与实践，2003（11）：24-26.

[8] 郑易生，等. 中国环境与发展评论：第二卷[M]. 北京：中国社会科学文献出版社，2004.

[9] PORTNEY，PAUL R. Public Policies for Environmental Protection[M].Washington D.C.: Resources For the Future，1990.

利用环境责任保险制度防范环境污染风险

Applying Environmental Liability System to Prevent Environmental Pollution Risk

葛察忠　李婕旦　高树婷　钟晓红　李　娜
（环境保护部环境规划院，北京　100012）
Ge Chazhong　Li Jiedan　Gao Shuting　Zhong Xiaohong　Li Na
（Chinese Academy for Environmental Planning，Beijing　100012）

[摘　要] 目前中国已经进入环境污染事故高发期，日均发生事故 4.76 起，这种事故高发态势在今后一段时期内仍将继续存在。从事故类型特征分析，水污染事故是最主要的事故形式，特大事故造成的经济损失巨大，因化学品生产和运输造成的污染影响严重。从地域上分析，各省市污染事故发生数量和经济损失差异较大，西部省市最为严重。为了有效分散环境污染事故赔偿风险，应加快推行环境责任保险制度，并将化学品生产和运输作为环境责任保险的优先承保对象，在试点的基础上，向全行业逐步推广实施。

[关键词] 环境污染与破坏事故　环境责任保险　风险

Abstract：China is currently in a time period with high occurrence of environmental pollution incident at a daily rate of 4.76 suits. This trend will exist and last for a period in the future. Based on the analysis of incident by types，it is found that water pollution incident is the main type，economic loss brought by extreme large type is tremendous and heavy loss has been brought by incidents in production and transportation of chemicals. On the analysis of regional characteristics，there exists difference between provinces in the occurrence of environmental pollution incidents and the economic loss brought by these incidents，with more serious in the west region. In order to effectively control the risk brought by environmental pollution incidents，it is suggested that China should introduce environmental liability insurance system and production and transportation of chemicals should be given priority as insurance target for the environmental liability insurance. The implementation of the environmental liability insurance should first be piloted and gradually promoted to a full scale once the pilot generates good results.

Key words：Environmental Pollution Incident，Environmental Liability Insurance，Risk

中国已经进入环境污染事故高发期，1998—2005 年共发生环境污染事故 13 890 起，平均日发生事故 4.76 起；因环境事故造成污染的农田面积 4.32×10^7 m²，鱼塘面积 2.46×10^6 m²，自然保护区面积 2.67×10^5 m²；因环境污染事故造成的直接经济损失高达 11.05

亿元。污染事故罚款总额及污染事故赔偿总额只占极小的一个比例，远远不足以偿还事故造成的直接经济损失，事故的责任方也很难单独承担赔偿责任。为分散企业环境污染赔偿风险，最大限度地保护受害者，尽量减少社会和国家的损失，有必要探索建立中国的环境污染责任保险制度。

1 全国环境污染与破坏事故分析

1.1 总体状况

1.1.1 环境污染与破坏事故发生量“稳中有降”

目前，中国经济发展正向工业化中期阶段过渡，经济增长的主要动力来自于第二产业的增长，传统意义上的污染型行业依然在增长，重化工业比重不断上升。发达国家上百年工业化过程中分阶段出现的环境问题，在中国近 20 多年来集中出现，环境污染呈现结构型、复合型、压缩型的特点。1998—2005 年 8 年间，年均环境事故发生量都在 1 500～2 000 起的范围内，其中 2000 年的事故发生数量接近 2 500 起（图 1）。“十五”期间，事故发生率虽然有所降低，但是污染事故造成的生态破坏和经济损失并没有减少。未来 15 年中国人口将继续增加，经济总量将再翻两番，资源、能源消耗持续增长，因此，在今后一段时期内，环境污染事故事件的高发态势仍将继续存在，污染事故的预防、处理和善后工作仍需全面加强。

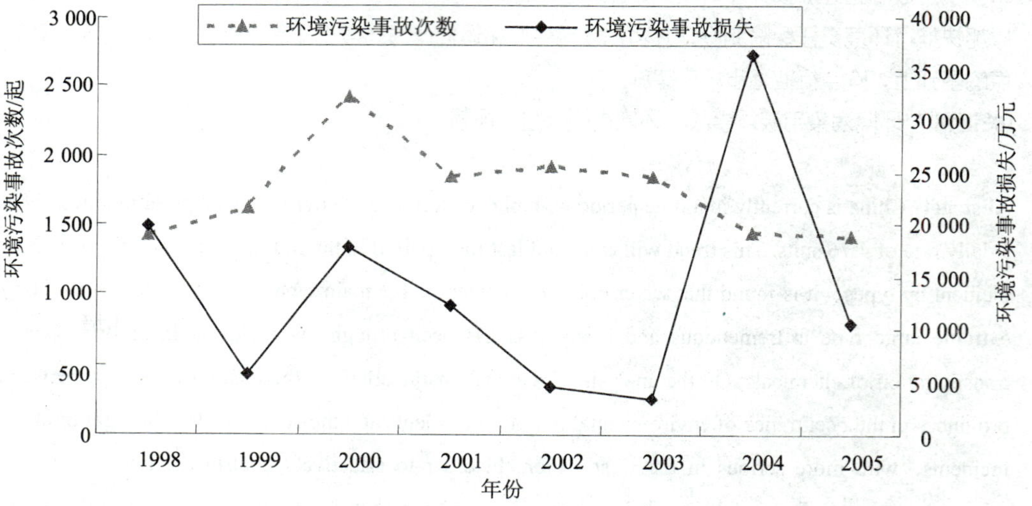

注：2005 年的数据没有包含吉林松花江事故损失。

图 1 1998—2005 年全国环境污染与破坏事故发生情况[1]

1.1.2 污染事故造成的经济损失呈不稳定的波动状态

从历年污染损失情况来看，污染损失总额处于波动状态，出现过三个低值点，1999 年、2002 年和 2003 年，损失在 0.5 亿元左右；2004 年污染损失达到顶峰，高达 3.6 亿元（图 1）。

虽然从 2000 年后，事故发生数量呈缓慢下降的趋势，但是污染造成的经济损失没有相应减少，反而大幅度增加。造成 2004 年污染损失攀高的原因主要是四川沱江流域发生的特大污染事故，造成直接经济损失 2.19 亿元。环境污染事故的波动现象以及沱江事故的巨大损失，体现出了环境事故发生的不确定性、难以预测性及危害的严重性。

据统计，除 2004 年外，各年的污染损失在 1 亿～2 亿元，重大环境污染与破坏事故造成的损失金额庞大，依靠肇事企业独立承担赔偿责任，往往无力支付，既无法保障受害者的权益得到保护，也不能维持企业的继续经营。

1.1.3 事故伤亡人数呈上升趋势

从伤亡和死亡人数来看，1998—2005 年期间，因环境污染和破坏事故伤亡的人数呈现上升趋势（图 2）。近年来，环境事故造成的人员伤亡事件不但没有减少，而且仍有继续增长的趋势，又进入一个新的高峰期。

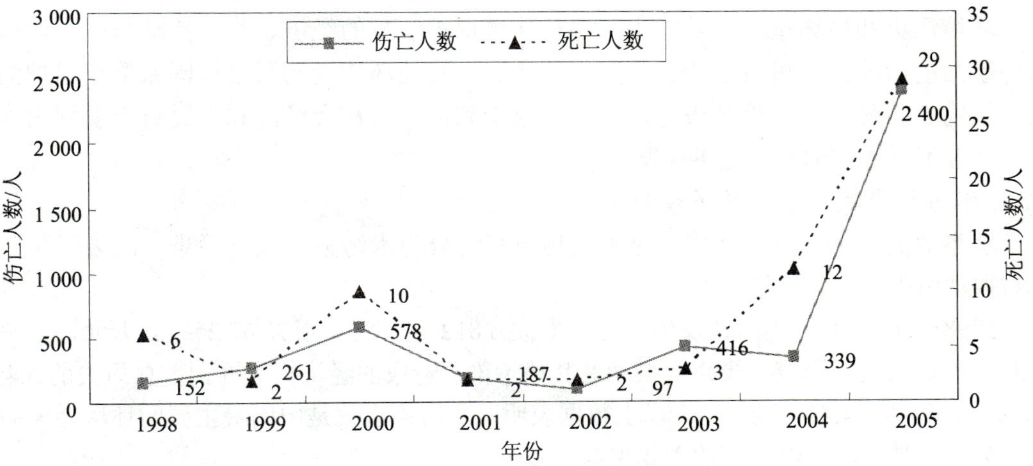

图 2　1998—2005 年全国环境污染与破坏事故伤亡及死亡人数

1.1.4 赔偿和罚款总额远低于环境污染直接经济损失

与历年的环境污染造成的直接经济损失相比，污染事故罚款总额及污染事故赔偿总额分别只占极小的比例，远远不足以偿还事故造成的损失，更谈不上赔偿环境污染事故潜在的、隐匿的、长期的损失（图 3）。罚款和赔偿力度远远不足以弥补其造成的破坏。

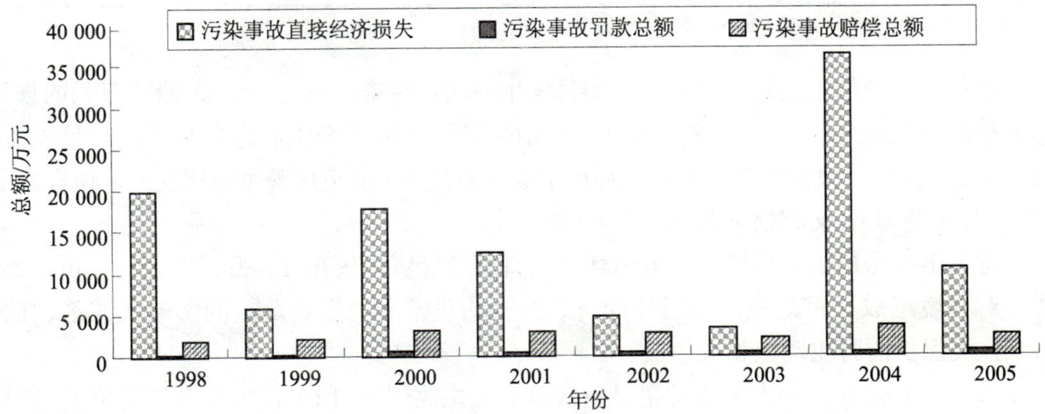

图 3　1998—2005 年事故直接经济损失与罚款及赔偿总额情况

环境污染具有受害地区广阔，受害人数众多、赔偿数额巨大的特点，有必要开展环境责任保险来减少损失，分散风险。譬如四川沱江流域特大污染事故造成的 2.19 亿元损失，单凭一个川化公司很难赔偿，即使全部承担，也会因赔偿数额巨大而影响企业的正常经营和发展。单一投保人向保险公司支付保险费，把环境侵权赔偿责任转嫁给保险公司，而保险公司以收取保险费的形式聚集大量资金，实际上就是将赔偿责任分摊给成千上万的投保人。这就是环境民事赔偿社会化的过程，即每个投保人都承担了其力所能及的一小部分环境侵权赔偿责任，减少了社会的不安定因素，这样有利于分散责任风险，维护社会安定[2]。同时保险公司也会采取措施监控投保者，控制特大事故的发生数量，并且在事故发生后能够积极采取应急措施，妥善处理，以免造成更大的损失。

1.2 污染事故类型特征分析

环境污染和破坏事故，是指由于违反环境保护法规的经济、社会活动与行为，以及意外事故的影响或不可抗拒的自然灾害等原因，致使环境受到污染，国家重点保护的野生动植物、自然保护区受到破坏，人体健康受到危害，社会经济和人民财产受到损失，造成社会不良影响的突发性事件发生。

1.2.1 水污染事故是主要的污染事故类型

从事故类型上来分，环境污染和破坏事故可分为水污染、大气污染、固废污染、噪声与振动污染和其他污染五类。

1998—2005 年 8 年间共发生水污染事故 6 812 起，污染损失 67 252.46 万元，占总损失的 68%。大气、固废、噪声与振动及其他污染，造成的经济损失分别占总损失的 6.4%、0.9%、0.3%和 24.4%（表 1）。以上数据表明，水污染事故是中国最主要的环境污染破坏事故类型，是环境经济损失的主要来源。

表 1 1998—2005 年全国环境污染与破坏事故构成

项目	水	大气	固废	噪声与振动	其他
污染事故次数/起	6 812	3 761	486	643	227
污染事故损失/万元	67 252.46	6 281.88	869.85	285.87	24 144.51
平均污染事故损失/（万元/起）	9.87	1.67	1.79	0.44	106.36
污染事故损失占总损失比例/%	68	6.4	0.9	0.3	24.4

资料来源：中国环境统计年报（1999—2006 年）。

从单项污染的平均损失来看，平均每发生一次水污染，就可以造成 9.87 万元的损失，是五种污染类型中数值最大的。水具有流动性且与人类生产生活息息相关，一旦发生污染，涉及范围广，受害面宽，上游水环境事故污染甚至可能造成整个流域受灾，损失惨重。

1.2.2 特大事故造成的损失巨大

特大事故是指由于环境污染或破坏造成直接及经济损失在 10 万元以上，人员中毒死亡，对环境造成严重危害，使当地经济、社会的正常活动受到严重的影响或捕杀、砍伐国家一类保护的野生动植物的事故。

从数据上来看，特大事故发生量只占事故发生比例的 1.6%，但是其所造成的污染损失却占总损失量的 81%（表 2）。

表 2 各等级事故损失、数量的比例情况

项目	一般事故	较大事故	重大事故	特大事故
污染事故次数/起	11 305	2 052	309	219
污染事故损失/万元	10 281.9	6 643.68	4 233.61	89 483.15
占总污染事故数量的比例/%	81.4	14.8	14.8	1.6
占总污染事故损失的比例/%	11.5	6	6	81.0

资料来源：中国环境统计年报（1999—2006 年）。

1.2.3 生产和运输化学品过程中发生的污染事故影响严重

最近几年发生的重大的安全事故都与化学品有关，例如四川沱江污染事故、松花江污染事故以及珠江北江镉污染事件等。四川沱江污染事故造成资阳、内江等沿江市、县近百万群众饮水困难，经济损失 2.19 亿元，占 2004 年环境经济总损失的 1/3。松花江污染事件震惊国内外，不仅给中国带来极大的经济损失，在国际上也造成了极其恶劣的影响。

中央政府也意识到这一点，自 2003 年以来，把化学品污染损失作为水污染中的一项，单独统计。2003 年因化学品污染事故造成的水污染经济损失为 130.9 万元，2004 年为 145.3 万元，2005 年为 214 万元，有逐年上升的趋势。而且这只是化学品污染造成的水污染方面的损失，其真正产生的危害往往不止这些。

化工生产过程中，从原料到产品，从生产到使用，每一个环节都有可能对环境造成污染，都有可能成为严重的污染源，污染人类赖以生存的空气、水、土壤，给生物的生存造成极大的威胁。因此有必要对化工行业征收一定的强制环境保护责任保险，有利于受害人利益的保护和促进环保事业的发展。

1.3 区域特性分析

1.3.1 各省市污染事故发生数量和损失差异大

从地区分布上看，中国存在着环境污染事故数量与污染损失地域间差异显著的现象。8 年内，北京市没有发生污染事故，天津市仅发生环境污染事故 16 起，损失 59.16 万元。而广西壮族自治区 8 年间，共发生环境污染事故 2 297 起，污染损失 4 956.7 万元。浙江省发生污染事故 1 299 起，污染损失 10 475.5 万元（图 4）。

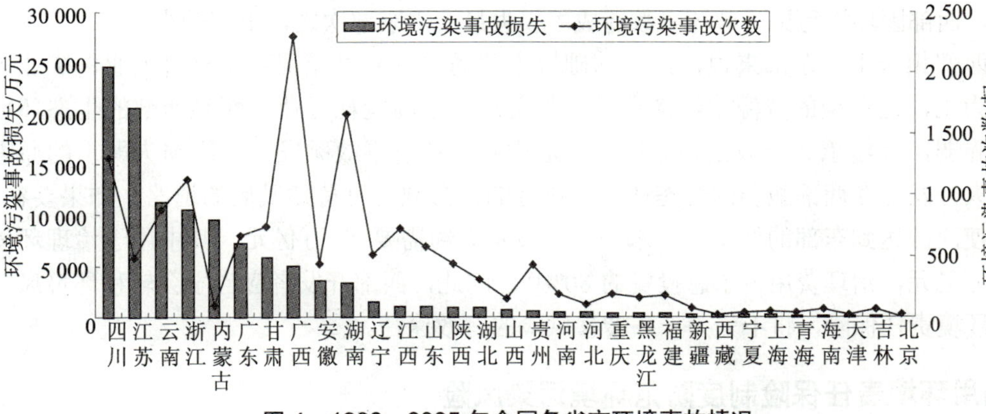

图 4 1998—2005 年全国各省市环境事故情况

从总量上看（1998—2005 年），各省市差异比较大，呈现如下特征：①污染特别严重区域（超过 1 000 起），广西、湖南、浙江、四川；②污染严重区域（500～1 000 起），辽宁、江西、山东、广东、云南、甘肃；③污染较重区域（100～500 起），河北、山西、黑龙江、福建、河南、重庆、湖北、贵州、陕西、安徽、江苏；④污染较轻区域（100 起以下），北京、天津、西藏、青海、宁夏、上海、吉林、海南、新疆、内蒙古。

从各省市的污染事故损失总值看（1998—2005 年），差别也很大，呈现如下特征：①污染损失特别严重区域（1 亿元以上），四川（2.45 亿元）、江苏（2.05 亿元）、云南（1.12 亿元）、浙江（1.05 亿元）；②污染损失严重区域（0.5 亿～1 亿元），内蒙古、广东、甘肃；③污染损失较重区域（500 万～5 000 万元），广西、安徽、湖南、辽宁、江西、山东、陕西、湖北、山西、贵州；④污染损失较轻区域（500 万元以下），河南、河北、重庆、黑龙江、福建、新疆、西藏、宁夏、上海、青海、海南、天津、吉林、北京。

综合上述分析，可以看出四川省的环境污染损失最为严重，主要有以下几个因素：①地处盆地地区，人口稠密、城市集中，是污染事故“源”高集中区，也是环境灾难的高危区。高发污染事故集中区又与不利的污染扩散条件相遇，更进一步加大四川盆地诱发环境灾难的频率和严重性。一旦发生环境事故，由于人口稠密，产业集中，经济密度大，所造成的灾难将远远超过一般人口稀少区域。②四川的产业结构又是一个粗放型、高消耗、高污染的体系。在许多环境敏感区、脆弱区、高人群区、水源区布局了一批高污染、易燃和事故多发的大型化工厂、火电厂、天然气气井、造纸厂、有色冶金厂等。在许多包括饮水源在内的多功能水库，建设污染型工厂或在库周建造交通流量大的公路。一旦发生事故，必将迅速造成对人群的直接危害[3]。

1.3.2 污染事故和损失西部最严重

1998—2005 年 8 年间，全国共发生环境污染事故 13 890 起，西部占总事故的 46.8%；中、东部分别占总事故的 26.3%和 26.9%。同时，事故总数大于 1 000 起的四个省份中，西部占了两席（广西、四川），中部和东部则各占一席。因此，从事故发生数量上看，西部远远大于中东部。

1998—2005 年，因环境污染与破坏事故造成的损失共 11.05 亿元。其中西部 5.87 亿元，占总损失的 53.1%；东部环境污染损失 4.16 亿元，占总损失的 37.7%；中部损失 1.02 亿元，占损失的 9.2%。污染损失超过 1 亿元的省份中，西部占了两席（图 4）。以上数据表明，西部因环境污染与破坏事故造成的损失最大，东部次之，中部较少。

西部相对于中东部来说，经济基础较为薄弱，目前以能源、原材料工业、矿业资源开发为主，是典型的资源型经济结构，都是高污染高能耗行业。而且西部的生态环境又十分脆弱，环境承载能力很小。这些是造成西部环境事故频发，污染损失严重的原因。西部大开发是在西部脆弱的生态环境下进行的，必须走可持续发展的道路。如果要在 10 年内使西部达到东部的经济发展水平，总投资大约需要 5 万亿元，其中用于治理环境约需 4 万亿元，治理费用占了总投资的 80%[4]。因此，西部开发者应当学会转移环境风险，投保环境责任保险，将不失为一条转移风险的有效途径。

2 利用环境责任保险制度防范环境污染风险

2.1 环境责任保险概念

环境污染责任保险（Environmental Pollution Liability Insurance）是基于环境污染赔偿

责任的一种商业保险行为[5]。环境污染责任保险，实质上是一种赔偿污染损害的财务保障机制。通过众多排污单位分别缴纳的污染责任保险费，积少成多，用以补偿个别企业因为污染事故造成的损害。

环境责任保险中，投保人、被保险人和受益人往往都是同一人，即污染企业。环境责任保险包含了侵权之债和契约之债。污染者与受害者之间是侵权关系，污染者按无过失责任对受害者承担赔偿责任，这种责任通过污染者向保险人缴纳保险费，由保险人向受害者支付赔偿金的形式实现。污染者和保险人之间是契约关系，适用过错责任原则，即保险人可以在合同中约定免责条款，规定如污染危害系污染者故意或重大过失所致，保险人不承担赔偿责任，以此督促企业加强管理，尽力避免环境污染侵权[5]。

2.2 环境责任保险的作用

环境责任保险是随着时代的发展应运而生的，它的存在和发展对于按照现代化模式发展的世界各国有着重要的意义。环境责任保险可以成为现代社会宏观管理和微观运筹的有效手段，它通过市场化途径解决行政难题的思路，体现了社会的文明和高效。

2.2.1 转移企业污染风险

环境污染具有受害地区广、受害人数多、赔偿数额大的特点，污染企业一般无力承担，即使能承担，也会因赔偿数额巨大而影响企业的正常经营和发展。通过环境责任保险，企业可以用少量的确定性的支出（保费）来减少未来的不确定性，保证生产、经营的持续稳定进行。

2.2.2 减少政府环境压力

在很多环境污染事件中，政府往往成为最终负责人的角色。发展环境责任保险通过风险分摊，也可以减轻政府的环境负担，使被破坏的生产条件和生活环境能够及时得到重建和修复。

2.2.3 降低纠纷成本，维护公众利益

在众多环境纠纷中，由于侵权人的赔偿能力不足，再加上高昂的诉讼费用和旷日持久的诉讼过程，使很多受害人实际得不到赔偿。据估计，美国的环境污染清理纠纷案件中，88%的案件成本花在律师费及相关费用上，只有 12%花在交易成本上。开办环境责任保险，由保险人承担被保险人的经济赔偿责任，能够降低环境纠纷的交易成本，及时有效地保护公民的环境权益。

2.3 西方环境责任保险概况

早期世界上没有专门的环境责任保险，绝大多数欧洲保险公司仅在第三者综合责任和产品责任保单中承保突发性或意外的环境损害责任风险。随着企业经济活动，社会科技等对环境责任及其后果产生的影响，上述保险不能满足企业转嫁风险及保障财务安全方面的需求，独立的环境损害责任保险应运而生。环境责任保险既承保突发、意外性的事故，又承保渐进性的损害事故，并在保单中列明被保险人的具体承保地点。这一做法较之第三者综合责任保险的好处是避免有关的定义不明确、重复承保或承保不足。

由于环境损害原因的复杂性和承担责任的特殊性，加之各个国家不同的国情，环境责任保险制度也呈现出不同的模式。主要模式包括强制责任保险和任意险两种，较为典型的代表有：

2.3.1 强制保险的模式

强制保险模式以美国和瑞典为代表。20 世纪 60 年代，美国针对有毒物质和废弃物的处理可能引起的损害责任实行强制保险。在美国，环境污染责任保险是工程保险的一部分，无论是承包商、分包商还是咨询设计商，如果在涉及该险种的情况下而没有投保的，都不能取得工程合同。

瑞典在《环境保护法》对环境损害保险做了专门规定。瑞典《环境损害赔偿法》（1986 年第 225 号）对环境损害赔偿的适用条件、司法程序等做了详细规定，符合规定的，能够依据《环境损害赔偿法》获得赔偿。在芬兰也实行强制责任保险制度，其 1988 年《环境损害保险法》规定，所有芬兰领土上发生的环境损害都必须得到赔偿，即使环境损害的责任者无法确定，环境损害赔偿的资金来自于特殊的环境保险公司；所有可能对环境产生危害的企业都必须在保险公司购买环境保险。环境责任保险到达法律层面，法律地位得到保障。

2.3.2 任意保险为主，强制保险为辅的模式

法国采取柔性渐进的方式，以任意保险为主，强制保险为辅，优点在于“不会造成有害事业主在经济措施与意愿上之反弹，危害公共权力之行使。同时，由保险界与事业界主导，可以避免立法上之争扰”[6]。法国是《国际油污损害民事责任公约》（CLC）和《基金公约》的成员国，因此，在油污损害赔偿方面也采用责任保险制度，并将此写入了 1998 年的《法国环境法》。

英国法律要求被保险人投保的环境强制责任保险有：油污损害责任保险、核反应堆事故责任保险等[7]。英国在 1965 年发布的《核装置法》中规定，安装者必须负责最低限额为 500 万英镑的核责任保险，通过保险人聚集的资金予以安排。并在 1970 年宣布，由于实验性飞机造成的声震损失必须给予赔偿，因而声震保险业务在英国展开，承保因声震等噪声污染而造成的损害赔偿责任。在 20 世纪 90 年代早期，英国保险人联合会（ABI）通过公开一个推荐的污染除外条款对保单修改进行协调，并设立了赔付的最高限额。

2.3.3 强制责任保险与政府、金融机构担保结合的模式

德国则实行强制责任保险与财务保证相结合的制度，德国 1991 年颁布的《环境责任法》中规定：设施的所有人必须采取一定的预防保险措施，包括与保险公司签订损害赔偿责任保险合同或由州、联邦政府、金融机构提供财务保证。这样就实现了保险与政府、金融机构的结合。

意大利由 76 家保险公司组成联合承保集团，该集团承保因环境污染而引起的损害责任保险。政府可以出面促使各保险公司联合起来承保以进一步分散政府风险，还可为保险业自身联合的各类组织提供活动空间，充分发挥行业自律作用，并引导其更加主动地投身于环境保护运动之中。

2.4 中国的环境责任保险制度的现状

2.4.1 中国环境责任保险制度的立法现状

自 1980 年的《国际油污损害民事责任公约》（简称 CLC）在中国生效后，中国在相关领域进行了环境责任保险的立法，这对中国是具有突破性意义的。1982 年《海洋环境保护法》、1983 年《海洋石油勘探开发环境保护管理条例》和 1999 年修订的《海洋环境保护法》分别对海上装载石油的船舶、从事石油开发、勘探的企业等做了一些环境责任

保险的相关规定。中国正考虑以单行法方式对油污保险作出专门规定。

在适用公约的基础上，国家各部委根据实际情况的需要，也以部门规章等形式对环境责任保险作出规定，且进行了有益的尝试。部分地方行政机关也在地方性环境保护法规、规章中规定了油污责任保险。在中国的《环境保护法》等基本立法体系中，尚未纳入环境责任保险。

2.4.2 中国环境责任保险制度的实践状况

发达国家的保险业市场已形成了一系列成熟的机制，且与法律、政府政策有效融合在一起。中国的保险市场才刚刚发展，环境责任保险的法律体系还不成熟。

中国保险界于 20 世纪 90 年代初推出了环境责任保险这项新的保险业务，由于这项保险与环境保护关系密切，所以它的出现不仅受到了各级环保部门的关注，而且开展这项保险的城市都是保险公司与当地环保部门合作进行的。但是，十多年来，环境责任保险在中国的实践发展并不顺利。大连市是中国最早开展环境责任保险的城市，继大连市之后，沈阳、长春、吉林等一些城市的保险公司和环保部门也都先后开办了这项保险业务。除上述 4 个城市外，还有丹东、本溪等一些城市也开办了环境责任保险业务。

中国的环境责任保险有几个特点：①环境责任保险在中国开展的范围不大，仅限于大连市等少数几个城市；②保险规模小，只有几个或十几个企业投保；③投保户呈下降趋势，有的城市由于没有企业投保，已处于停顿状态。基于以上情况，中国应大力开展并推广环境责任保险，针对中国的国情，研究实施适合中国国情的保险模式，并对某些环境风险大、污染危害严重的行业实行优先承保。

3 结论与建议

3.1 结论

通过对环境破坏与破坏事故全国与地区特征的分析，基本可以得出以下结论：中国环境事故发生数量巨大，环境污染与破坏较为严重，由化学品生产和运输造成的突发性环境污染事故损失尤为严重。

3.1.1 中国环境污染与破坏事故较多，污染事故造成的损失严重

1998—2005 年，中国共发生环境污染事故 13 890 起，平均每天发生事故 4.76 起，直接经济损失上升至 1.4 亿元/a。高频率的事故发生率和严重的事故污染损失量，表明中国已处在环境事故高发期。环境污染事故对中国环境安全构成重大挑战，直接威胁到人们的健康和生命安全。

3.1.2 水污染事故是中国主要的污染与破坏事故形式

1998—2005 年 8 年间共发生水污染事故 6 812 起，污染损失 67 252.46 万元，占总损失的 68%。平均每发生一起水污染事故，就造成约 9.87 万元的损失。水具有流动性，一旦发生污染事故，污染物会随着水的流向移动，会危害整个流域。松花江水污染事故，甚至影响到了俄罗斯，给中国造成极大的国际负面影响。今后应加强水污染控制的力度。

3.1.3 环境与污染破坏事故具有区域特征，西部最严重

1998—2005 年全国发生环境污染事故中，其中西部 6 495 起，占总事故的 46.8%，因污染事故造成的损失，西部占全国总污染损失的 53.1%。在一个生态环境脆弱的地区，会对其可持续发展造成毁灭性的打击。同时还应看到浙江、广东和江苏等一些东部省份，

在环境污染事故总数和总损失中贡献也不少。东部属于经济发达地区，经济活动活跃，工业生产发达，因此环境事故发生频率也居高不下。但是这些地区都靠近江河和海域，一旦发生环境污染事故，后果不堪设想。因此该地区在发展经济的同时，也要抓生产安全，减少环境事故的发生。

3.1.4 因化学品生产和运输造成的污染损失巨大

近年来，污染破坏严重，损失大的环境污染事件都是在化学品生产和运输过程中造成的。如四川沱江污染事故、松花江污染事故以及珠江北江镉污染事件等。仅四川沱江污染一项就占当年污染总损失的 1/3。化学品由于其特有的易燃、易爆及毒性，在储存、运输及生产过程中很容易发生危险，引发事故。且自身往往带有毒性，一旦发生污染事故，会对生态环境造成毁灭性的打击。

3.1.5 环境污染责任保险制度可以有效地防范环境污染事件赔偿风险

环境污染责任保险是基于环境污染赔偿责任的一种商业保险行为。环境污染责任保险可以转移企业污染风险，减少政府环境压力，降低纠纷成本，维护公众利益。通过众多排污单位分别缴纳的污染责任保险费，积少成多，用以补偿个别企业因为污染事故造成的损害。

3.2 建议

为了减少环境污染事故带来的危害，防止环境污染事故风险，应加快建立中国环境责任保险制度，具体建议如下。

3.2.1 加快推行中国环境责任保险工作，减少环境污染事故风险

环保部门要与保监会一起，着手制定环境责任保险有关政策、规范和标准合同模板；确定推广战略和思路，选择重点行业和地区先进行试点，然后逐步推广；要加大宣传力度，大力宣传环境责任保险的优点；对保险经纪人和承保对象进行培训，使其了解环境责任保险知识和操作务实；前期，可以实施一些鼓励政策引导保险经纪人和承保对象开展环境责任保险。

3.2.2 实行以强制责任保险为主、任意责任保险为辅的制度模式

环境责任任意保险模式要求建立在本国发达的保险业市场基础之上，在中国，过去的环境责任保险试点大多属于自愿性保险，多数企业没有参加该项保险，受害人得不到有效的赔偿。基于中国目前经济水平和环境问题的现状，建议借鉴美国和瑞典的模式，实行以强制责任保险为主、任意责任保险为辅的制度。在产生环境污染和危害最严重的行业实行以强制责任保险，如石油、化工、印染、采矿、核燃料生产和有毒危险废弃物的处理等行业；在城市建设、公用事业和商业等污染较轻的行业，则可实行任意责任保险。

3.2.3 化学品生产和运输应作为环境责任保险的优先承保对象

化学品生产和运输具有较高的环境风险。化学品生产和运输过程中，一旦发生事故，将对人体和环境产生巨大影响。由于化学品生产和运输企业实力有限，光靠其自身实力很难承担由事故所带来的损失赔偿，需要环境责任保险制度来规避环境风险，因此化学品生产和运输可以作为环境责任保险的优先承保对象。

3.2.4 环境责任保险制度应在试点基础上逐步推进

环境污染与破坏事故发生频率高的、污染事故危害严重的西、东部城市应作为推行

环境责任保险的试点区域，在这些区域选择一些城市开展环境责任保险制度的试点。可供选择的试点城市有：西部——四川、云南、广西、甘肃；东部——江苏、浙江、广东；中部——吉林、湖南。通过试点，确定环境责任保险适用范围、承保机构、投保模式、保险费率和索赔时效等。在此基础上，修改完善环境责任保险制度并在全国推广。

参考文献

[1] 中国环境年鉴编辑委员会. 中国环境年鉴[M]. 北京：中国环境年鉴社，2005.

[2] 邓晓敏. 试论我国环境责任保险制度的构建[EB/OL]. [2007-03-24] http：//www.zhengfa.sdnu.edu.cn/jingpin/news/25/2007324110637.htm.

[3] 四川省科技顾问团课题组. 四川环境安全面临的严峻形势[J]. 四川省情，2007（3）：28-29.

[4] 刘仪. 对普及环境责任保险的几点思考[J]. 青海金融，2002（5）：37-39.

[5] 别涛，王彬. 中国环境责任保险制度构想[J]. 环境保护，2006（11）：24-29.

[6] 陈慈阳. 环境法总论[M]. 北京：中国政法大学出版社，2000.

[7] HARDY IVAMY E R HH. General Principles of Insurance Law 5 th ed[J]. London，Butterworth，1986.

高度关注中国对外贸易的资源环境逆差，构建绿色贸易体系，缓解资源环境压力

To Highlight China's Foreign Trade Deficit in term of Resource and Environment and To Build Up a Green Trade Measures to Release Resource and Environmental Pressure

胡 涛[1] 吴玉萍[1] 沈晓悦[1] 毛显强[2] 李丽平[1] 俞 海[1]

（1 环境保护部环境与经济政策研究中心，北京 100029；2 北京师范大学环境学院，北京 100087）

Hu Tao[1] Wu Yuping[1] Shen Xiaoyue[1] Mao Xianqiang[2] Li Liping[1] Yu Hai[1]

（1 Policy Research Center for Environment and Economy of Ministry of Environmental Protection，Beijing 100029;

2 School of Environment Beijing Normal University，Beijing 100087）

[摘 要] 随着全球经济一体化进程的加快及我国改革开放的深入发展，我国对外贸易快速发展并取得了巨大成就，并成为拉动我国经济发展的三大引擎之一。但是，长期以来粗放型贸易增长方式在拉动经济贸易增长的同时，也对我国资源与环境带来了巨大压力和严峻挑战。研究表明，我国对外贸易价值量顺差但资源环境却在产生“逆差”。因此，应高度关注我国贸易增长的资源环境代价，以环保手段绿化贸易增长，运用贸易手段缓解资源环境压力。为此，建议我国在进出口环境关税、市场准入与准出、投资等贸易环节增加环保“阀门”。具体政策建议：①扩大出口关税征收范围，加征高污染产品出口环境关税；②设计和实施以环境保护为目的的市场准入和准出制度；③提高外商直接投资环境准入门槛，引导我国企业的海外投资活动；④健全进口废物贸易政策，有效防范废物贸易环境风险。

[关键词] 对外贸易 贸易顺差 资源环境逆差 中国

Abstract：With the globalization of the world economy and China's deep reform and further opening-up，China's rapidly growing trade has made tremendous achievements and becomes one of the three driving engines of China's economy development. However，along trade trends，on one hand trade stimulates domestic economy；on another hand trade brings magnitude pressure and severe challenges to China's resources and environment. Our research shows that，China's trade has huge surplus in term of money；but at the same China has a huge deficit in term of resource and environment. Thus，a great attention must be paid to the resource and environmental costs for trade growing. It is necessary to use environmental protection tools to green trade activity towards more environmental friendly and also to release environment pressure by an improved green trade policy. It is suggested to setup a green trade policy system with environmental measures: environment tariff for exporting, market access and exporting limitations, investment etc. More specific policy suggestions are: ① Expanding the scope and rate of exporting goods tariff with high pollution density; ② Designing and implementing the market access and export limitation system to protect domestic environment; ③ Upgrading the market access threshold for environmental standard for investments, inducing Chinese enterprises'overseas investments; ④ Strengthening solid waste importing policy to avoid risks of imported solid wastes effectively.

Key words: Foreign Trade, Foreign Trade Surplus in Term of Money, Foreign Trade Deficit in Term of Resource and Environment, China

1 我国对外贸易快速发展，贸易顺差不断扩大

我国对外贸易飞速发展，取得了重大成就，成为拉动我国国民经济发展的三大引擎之一。自改革开放以来，尤其是 2001 年我国加入 WTO 之后，我国对外贸易以平均每年 20%～30%的速度增长，成为全球对外贸易增长最快的国家。2006 年我国对外货物贸易的进出口总额达到 1.77 万亿美元，比 2005 年增长 24.5%，贸易顺差达到 1 500 亿美元。世贸组织认为，到 2007 年年底，中国外贸总额可能超过德国，成为仅次于美国、欧盟的世界第三大贸易体。目前我国每年对外贸易顺差超 2 000 亿美元，外汇储备达到 1.3 万亿美元，成为世界上最大的外汇储备国。同时，在华外商直接投资发展迅速，2003 年已超过 500 亿美元，2006 年达到 613 亿美元，中国成为世界第一引资大国。

2 我国对外贸易价值量顺差，部分行业资源环境“逆差”

国际贸易的平衡核算既可以从经济价值量的角度，也可以从重量、体积等角度进行平衡核算。目前对贸易的度量，仅以价值量来衡量，而非从资源环境的视角度量。贸易的价值量仅涵盖了货物或服务产品的市场名义价值，而忽略了资源消耗与环境污染的成本。我国国家环境保护部环境与贸易专家组探索从资源环境角度，对我国的国际贸易进行平衡核算。

贸易是货物或服务的价值交换过程，贸易又是载体，既承载着一定的经济价值，又承载着一定的资源消耗与环境污染。无论货物与服务类的产品，在其生产与消费过程中都会消耗资源、排放污染，因此对外贸易的进出口产品中都隐含着生产与消费过程中所产生的一定量的资源消耗与污染排放，进而会对本地区的资源环境状况有所影响。对这些进出口产品对本地资源环境影响可以进行定量平衡核算。

从流量的角度，我们将出口 1 t 本地区生产的产品对当地资源环境的贡献率定义为负值，而从生产替代角度将进口 1 t 相应产品对当地资源环境的贡献率则定义为正值。如果出口值与进口值的差大于零，则为顺差；出口值与进口值的差小于零，则为逆差；出口值与进口值的差等于零，则为平衡。例如，我国某地出口 1 t 钢消耗了 500 m^3 水资源、排放了 0.2 t SO_2，对我国资源环境的贡献定义为−500 t 水资源、−0.2 t SO_2。如果某年某地进口了 100 万 t 钢而出口了 200 万 t 钢，则从资源环境的角度进行核算，逆差了 50 000 万 m^3 的水资源、20 万 t SO_2。

也可从存量的角度定义。如果对外贸易对本地的资源环境状况有所改善，产生正面影响，则是资源环境顺差；如果对外贸易对本地的资源环境状况有所恶化，产生负面影响，则是资源环境“逆差”。正如增加外汇储备的贸易是贸易的价值量顺差，减少外汇储备的贸易是贸易的价值量逆差。

环保部环境与贸易专家组初步研究表明：虽然我国对外贸易价值量顺差但资源环境却在产生“逆差”。长期以来，我国以资源环境密集型产品出口为导向的、以量取胜的粗放型外贸增长模式在我国对外贸易中占有很高的比例，而这一外贸增长模式成为我国目前粗放式的、不可持续生产和消费方式的加速器，加剧了我国资源环境压力，给我国环境保护工作提出了严峻挑战。

根据我们运用国务院发展研究中心的 DRC-CGE 模型计算结果表明：我国“十五”期间 SO_2 污染物排放量中，如果忽略生产结构与贸易结构的差异性，我国“十五”期间每年对外贸易造成的 SO_2“逆差”约为 150 万 t，占我国每年 SO_2 排放总量的近 6%。如果考虑生产结构与贸易结构的差异性，由于贸易增速远高于生产增速，因而，由外贸拉动的 SO_2“逆差”将更高。

我国目前的贸易增长方式在拉动经济增长的同时也对资源环境带来了巨大压力。面对对外贸易发展的巨大成就和国内经济发展的资源环境约束，我国政府应该高度关注我国目前贸易增长的资源环境代价，探讨贸易增长方式的可持续性。

3 进出口结构不合理、出口产品环境效率低下、出口总量快速增长是造成我国对外贸易资源环境“逆差”的主要原因

综合分析表明，我国对外贸易的资源环境“逆差”主要来源于以下 3 个方面：

3.1 进出口结构不合理，产生资源环境“逆差”

对外贸易一直是我国国民经济的重要支柱，曾是换取外汇的重要途径。为了追求贸易利益，长期以来，我国对外贸易发展走的是一条以量取胜，以资源和环境为代价的道路，对外贸易结构不尽合理。我国对外贸易结构不尽合理体现为“四多”和“四少”，即资源消耗高、环境污染强度大的产品出口多，资源消耗低、环境污染强度小的产品出口少；产业链低端产品出口多，产业链高端产品出口少；传统产业出口多，高新产业出口少；货物贸易出口多，服务贸易出口少。近年来，随着国家不断加大宏观调控力度，贸易结构得到了一定的调整和优化，目前高新产业出口比例正在逐步提高。

具体来说，在我国出口贸易结构中，传统出口优势产业中高污染、资源密集型产业占有相当比重，如纺织、皮革及制品、化工、食品和农产品、水泥建材、焦炭、钢铁等。在国际产业分工体系中，我国位于产业分工链条的低端，我国出口贸易额的 55%以上来自加工贸易，高新技术产品 90%以加工贸易形式出口，其中，位于高新技术产品出口前列的大宗商品如笔记本电脑、等离子彩电及 DVD 等商品 95%以上也是以加工贸易形式出口。而我国进口的产品多以技术含量高的产品、服务类产品为主，例如金融保险等无污染的服务业产品。我国服务贸易出口明显低于货物贸易，1997—2003 年我国服务贸易出口年均增长 11.3%，同期，货物贸易出口年均增长 30.2%。2005 年，我国货物贸易出口位居世界第三位，服务贸易出口居世界第八位。

我们初步计算结果表明：在“十五”期间，我国 SO_2 高、中污染行业产品的出口约

占总出口额的40%，而COD高、中污染行业产品的出口占总出口额的44%。

世界银行的研究显示：全球7个主要污染行业的结构贡献在过去的半个世纪里几乎没有大的变化，所变化的只是从一个地方转移到另外一个地方。这也间接说明我国污染物不仅来源于国内生产与消费，而且也来源于全球产品生产与消费。

3.2 出口产品的环境效率低下，产生资源环境“逆差”

我国出口产品（包括货物与服务产品）的平均资源消耗污染强度大，而我国进口产品的平均资源消耗污染强度小。目前我国贸易的绝大多数产品的单位出口产品污染强度均比发达国家高。

以纺织行业为例，我国每生产一百米棉布大约要消耗3.5 t水和55 kg煤，同时要排放3.3 t废水，产生2 kg COD和0.6 kg BOD_5。在40个工业行业中，纺织行业废水排放量达15.3亿t，在我国各工业中居第五位，废水COD排放量居第四位。再例如，对我国焦炭行业的环境损失进行粗略估算结果表明，我国2003年、2004年和2005年的焦炭产量分别为1.78亿t、2.06亿t和2.43亿t，按吨焦排污环境损失76元推算，则2003年、2004年和2005年全国的焦炭生产环境损失分别达135.28亿元、156.56亿元和184.68亿元，均占各年度工业增加值的0.3%左右。在焦炭主产区山西省，焦炭生产的环境损失占该省工业增加值的比例则高达5%左右。我国生产吨钢的平均能耗、水资源消耗量是世界先进水平的5～10倍。而与此同时，我国正成为世界最大的钢铁出口国，这就意味着我国出口钢铁制成品的同时也牺牲了自己的环境利益。

3.3 出口总量增速快，产生资源环境“逆差”

我国出口总量大并以每年20%～30%的速度快速增长。这种高速增长大大拉动了相关产业的快速发展，特别是高污染、高耗能产业的发展。

根据运用国务院发展研究中心DRC-CGE模型初步估算结果表明，在“十五”期间，如果忽略生产结构与出口结构的差异性，出口总量增速对SO_2排放的贡献占20%左右，而出口结构变化的贡献为5.5%，但生产效率提高贡献了−5%。只有生产效率的提高减少了SO_2排放。

4 减少并扭转资源环境“逆差”，改善我国的资源环境状况

面对资源环境的严峻挑战，近期国务院采取了一系列加快转变贸易增长方式的重大举措，2006年9月14日财政部等五部委下发了《关于调整部分商品出口退税率和增补加工贸易禁止类商品目录的通知》，这是继2004年初出口退税全面下调之后，我国又进一步下调或取消了“两高一资”（高能耗、高污染、资源型）产品出口退税，并增补“两高一资”加工贸易禁止类和限制类产品目录。这些贸易政策明显抑制了“两高一资”产品出口过快增长势头。2006年秋季中国对外贸易形势报告显示，2006年前三季度，我国原油、成品油、煤炭、未锻轧铝出口量分别下降21.8%、21.1%、11.9%、5.8%。

我国“两高一资”产品贸易政策调整对抑制“两高一资”产品出口过快增长势头、扭转资源环境“逆差”初见成效，但贸易结构调整是一项长期而艰巨的任务，需要多方面的共同努力，更需要在进出口贸易管理各环节中强化运用贸易与环境综合手段，在这方面需要进一步地深入研究和不断探索。特别是需要从环境保护的角度，进一步扭转资源环境“逆差”的态势，改善我国的资源环境状况。

环保部 WTO 专家组初步研究建议，在进出口环节增加一个可调节的环境保护“阀门”，限制资源环境密集产品出口，鼓励资源环境密集产品进口。“阀门”可设置在以下三个环节：进出口环境关税、市场准入与准出环节、投资环节。

5 综合运用贸易手段加强环境管理，促进经济增长方式的全方位转变

转变贸易增长方式是我国实施资源节约型、环境友好型、社会和谐型可持续发展战略的必不可少的重要环节。我们应切实把握环境保护工作历史性转变的关键时期，以环境优化贸易增长，综合运用贸易手段加强环境管理，促进可持续贸易，减少并扭转对外贸易的资源环境“逆差”态势，将贸易的环境管理效果通过市场价格机制传递到生产与消费环节，从而改变目前不可持续的生产与消费模式，并最终实现全方位转变经济增长方式。

研究表明，目前我国应该综合运用产品出口关税、市场准入与准出、投资等手段，加强环境管理，以环境保护优化贸易增长，促进贸易增长方式转变，具体政策建议如下。

5.1 扩大出口关税征收范围，加征高污染产品出口环境关税

建议国务院在目前征收出口关税商品目录基础上，考虑扩大出口关税加征产品范围，有针对性地对纺织、化工、造纸、食品加工等高污染行业中的高污染产品加征出口环境关税。

在征收出口关税时，建议采用从量计税方式，以出口货物的数量和重量计征关税。这样做的目的就是要对低价量多的出口产品加以限制，旨在扭转我国对外贸易发展中长期以来难以摆脱的以量取胜的困境，抑制环境污染严重、产能过剩、自相杀价严重和贸易摩擦比较多的商品出口，从而减少环境“逆差”，推动产品结构优化和产业升级。

征收出口关税应借鉴国家纺织专项基金的做法和经验，以征收出口环节环境关税的税金设立环境保护专项基金，用于相关行业环境设施建设投资、企业技改和清洁生产，全面提升产业综合竞争力。同时可设立外贸企业环境友好奖励基金，对环境行为良好的出口企业，对其实施 ISO 14000、环境标志或清洁生产审计等给予资金补贴。

5.2 设计和实施以环境保护为目的的市场准入和准出制度

建议环保部会同商务部、税务总局、海关总署、发改委、质量监督检验检疫总局、国土资源部、林业局等部门，深入系统研究建立完善基于资源环境保护目的的市场准入准出制度；可从以下方面着手，侧重从市场准出方面强化资源环境保护政策手段的运用。

（1）扩大与多国环境标志体系的互认，以差别关税税率、出口退税、直接补贴、纳入政府采购计划等措施鼓励环境标志产品出口。

（2）设定环境友好型企业“白名单”，对“白名单”企业予以出口退税、通关优惠等待遇鼓励出口；以获得环境友好型企业称号，通过环境管理体系认证等作为建立企业白名单的基本依据；以纳入政府采购、直接补贴、税率优惠等待遇，鼓励企业进入“白名单”。

（3）以“重点污染企业”数据库为依据设定企业“黑名单”，并以强征环境关税、禁令等手段限制其进出口行为。

（4）实施更加有利于资源环境保护的产业政策，对“两高一资”行业，以配额、许可、禁令、限价、信贷等贸易调控手段加以抑制。

（5）限制资源环境密集型产业在国内的投资，鼓励资源环境密集型产业到海外投资。

（6）将环境影响评价制度延伸至国际贸易活动领域，针对贸易协定、贸易政策乃至具体订单等，实施不同层级的环评措施，并根据环评结论，实施包括禁止进出口、限制

进出口、鼓励进出口在内的分级分类管理。

5.3 提高外商直接投资环境准入门槛，引导我国企业的海外投资活动

建议环保部从国家宏观层面、从外商直接投资行业结构与区域分布的调整着眼，在战略上、根本上解决外商直接投资带来的环境问题。具体策略如下：

（1）环保部应尽快对现行《外商投资指导目录》提出修改建议方案，从强化环境管理，提高外商投资的环境准入门槛出发，扩大外商投资的禁止和限制类范围。

（2）明确界定和细化《指导外商投资方向规定》中产业指导分类中的环境要求，提出具体的标准和适用行业范围，作为《指导外商投资方向规定》补充细则。

（3）充分利用环保部门的环境影响评价有利工具，对外商直接投资中潜在环境风险较大的项目从严评价审批。

（4）环保部门尽快制定“绿色投资指南”。

5.4 健全进口废物贸易政策，有效防范废物贸易环境风险

建议环保部提高我国进口可用做原料的废物资源战略意义的认识，切实把握环境保护工作历史性转变的关键时期，加强进口废物环境政策法规建设，强化进口废物处理处置环境管理，提高监管能力，严格执法。具体建议：

（1）完善进口废物环境管理部际协调会机制，强化环保、海关等相关部门政策的协调，环保部门要加大相关法规、政策的建立健全，并强化执法能力；海关部门则要牵头其他有关部门联合协作，打击非法废物贸易。

（2）将进口废物贸易列入当地环境影响评价的内容，未经环境影响评价的，一律不予审批。

（3）关口提前，对可能对环境造成影响的废物进口预征排污费。排污费由进口商承担，将环境损失的补偿列入成本。

（4）加强从进口、流通、再加工利用等多方面环境监控力度，严格执法，确保进口废物流向具备加工利用能力的企业，有效实施进口废物全过程环境管理。

（5）充分利用《巴塞尔公约》等国际公约控制非法废物贸易。加强相关国际法、国际公约的研究，运用法律手段，维护我国在进口废物中的环境安全。

参考文献

[1] 胡涛. WTO 与生态标志[M]. 北京：中国环境科学出版社，2005.

[2] 吴玉萍. 21 世纪环境与贸易[M]. 北京：中国环境科学出版社，1996.

[3] 叶汝求. 环境与贸易[M]. 北京：中国环境科学出版社，2001.

[4] 国家环保总局 WTO 环境与贸易编委会. WTO 新一轮谈判环境与贸易问题研究[M]. 北京：中国环境科学出版社，2005.

[5] 李丽平. 环境服务贸易自由化对中国的影响[M]. 北京：中国环境科学出版社，2007.

[6] 沈晓悦. 环境措施与市场准入[M]. 北京：中国环境科学出版社，2005.

[7] 舒庆. 应对挑战的中国环境政策[J]. 中国人口·资源与环境，2005（5）：76-78.

关于绿色 GDP 核算问题的再认识*

An Analysis on Key Issues of Green GDP Accounting Program in China*

王金南[1] 蒋洪强[1] 於 方[1] 曹 东[1] 过孝民[1] 高敏雪[2]
（1 环境保护部环境规划院，北京 100012；2 中国人民大学统计学院，北京 100872）
Wang Jinnan[1] Jiang Hongqiang[1] Yu Fang[1] Cao Dong[1] Guo Xiaomin[1] Gao Minxue[2]
（1 Chinese Academy for Environmental Planning，Ministry of Environmental Protection，Beijing 100012；
2 School of Statistics Renmin University of China，Beijing 100872）

[摘 要] 绿色 GDP 核算是目前中国环境经济学实践中的一个热点议题。本文结合中国正在开展的绿色 GDP 核算，分析了核算意义、理论基础、核算技术、核算方法、核算实施和核算应用等方面 14 个问题，提出应该科学地看待和研究绿色 GDP 核算，并逐步付诸于政策实践。

[关键词] 绿色 GDP 核算 问题分析

Abstract：Green GDP accounting has been a hot and argues topic in practice of environmental economics in China since 2004. Based on the on-going green GDP accounting program jointly implemented by the State Environmental Protection Administration and National Statistics Bureau，this paper analyzes 14 hot issues in significance of accounting，theoretical basis，accounting methodology and valuing approaches，accounting implementation and policy implication for governments. The authors suggest green GDP accounting should be scientifically studied and gradually put into practice.

Key words：Green GDP，Accounting，Question Analysis

全面、协调、可持续的科学发展观是中国新时期的重要发展战略理念。建立绿色国民经济核算体系就是落实科学发展观的一项重要手段。胡锦涛总书记在 2004 年中央人口资源环境工作座谈会上提出："要研究绿色国民经济核算方法，探索将发展过程中的资源消耗、环境损失和环境效益纳入经济发展水平的评价体系，建立和维护人与自然相对平衡的关系。"为此，国家环保总局和国家统计局 2004 年 3 月决定联合开展以环境污染为主题的绿色国民经济核算的研究工作，并于 2005 年 1 月选择了全国 10 个省市进行试点。两部门于 2006 年 9 月联合发布了第一份关于污染的中国绿色 GDP 核算研究报告《中国绿色国民经济核算研究报告 2004》。同时，在总结地方经验和建议的基础上，进一步改进

---

* 原文发表在王金南主编的《中国环境政策》（第 3 卷），中国环境科学出版社，2007. 转载于《环境经济》，2007（9）：19-26.

核算方法，扩大核算范围，于 2006 年底完成了第二份《中国环境经济核算研究报告 2005》，标志着我国绿色 GDP 核算研究取得了重要的阶段性成果。

1 问题提出的背景

自 2004 年国家环保总局和国家统计局联合启动《综合环境与经济核算（绿色 GDP）研究》项目以来，国家技术组已经研究提出了《中国环境经济核算体系框架》、《中国环境经济核算技术指南》《中国环境经济核算软件系统》，并于 2005 年开始开展 10 个省市的试点调查工作。截至 2006 年 12 月，10 个省市的试点工作已经结束，并通过两个部门组织的评审和验收。

与此同时，国家统计局也与国家林业局、水利部、国土资源部等部门以及与加拿大、挪威等国家合作，开展或启动有关森林资源、水资源、矿产资源、能源资源等核算研究工作。在短短三年多的时间里，在国家统计局等部门的努力下，绿色 GDP 核算研究工作取得了重要进展。绿色 GDP 核算这个陌生的名词逐渐为大家所理解和接受，绿色 GDP 核算理论研究也逐步深化，从学术界开始走向社会，从政府文件、学术会议和宣传培训走向决策者、管理人员和公众。但建立绿色国民经济核算体系仍然是一个充满探索、实验的研究领域，其实施必然涉及许多具体的操作性问题，面临着许多困难[1]。因此，对于绿色 GDP 核算这项工作，政府官员、专家学者、媒体记者等都表现出了极大的热情和兴趣，提出了不少意见和建议，同时也提出了不少质疑[2-4]。

本文结合国家环保总局和国家统计局两个部门联合开展的绿色 GDP 核算研究项目的体会，从理论认识、核算方法和实际应用三个方面对目前较为关注的 14 个问题进行分析，提出我们的一些看法。

2 核算意义与理论基础

2.1 绿色 GDP 核算的现实意义

在关于中国当前开展绿色 GDP 核算到底有没有必要方面，存在着不同的观点。一些人认为当前中国还主要着眼于经济发展，在传统国民经济核算还没有完全搞清楚的情况下，超前搞绿色国民经济核算不符合中国实际。同时，认为绿色国民经济核算的许多技术方法还不成熟、不科学，特别是资源与环境没有严格的市场价格，环境污染和生态破坏经济损失计算方法的复杂性，资源环境统计制度还不成熟，因此对于资源环境核算必然相当复杂，核算结果也必然不准确，很难取得一致意见。另一种观点认为，应该加快绿色 GDP 核算的研究，把“绿色 GDP”纳入地方政府领导的政绩考核中，遏制地方对 GDP 的强大冲击，促进经济增长方式的根本转变。

对于以上两种观点，我们认为，都存在片面的认识。首先，第一种观点认为，中国当前主要着眼于经济发展，这是不符合中国国情和国家发展战略的。结合中国现实考虑，近年来的经济高速增长凸显了经济发展与资源环境之间的矛盾，温家宝总理在第六次全国环保大会上提出了“三个历史性转变”新环保战略思想，进行绿色 GDP 核算对实施可持续发展战略、落实科学发展观、建立资源节约型与环境友好型社会都具有重要的现实意义，是最符合中国国情的。同时，我们认为，不能因为传统国民经济核算没有完全搞清楚，就不能开展绿色 GDP 核算。其实，两种核算制度对经济发展的指导作用是不同的，传统 GDP 核算体系是在经济系统内的市场框架下衡量经济系统运行的国民经济核算体系，它对指导国民经济的运行具有重要指导意义，绿色 GDP 核算建立在传统 GDP 核算体系的基础上，是在经济与环境大系统内，着重于核算资源与环境代价，它对于经济与环境协调发展更具有指导意义。正是中国发展的这种特殊阶段决定了在中国开展绿色 GDP 核算具有很强的现实意义。

由于中国进行现行的国民经济核算的历史并不长，核算基础尚不算十分牢固，开始时制度安排和核算方法也是不成熟，经过多年的研究，在原有基础上逐步完善而成的[1]。随着社会经济的发展，传统国民经济核算需要研究和完善的内容与方法越来越多，在实践中总是不断地完善与发展。即使到现在，许多国内外专家对我国的国民经济核算，尤其是 GDP 的统计核算也有着各种不同的质疑。同样，绿色国民经济核算由于研究的时间更短，基础更差，更需要逐步完善。不能因为技术方法和统计制度的不成熟就停滞不前，不研究绿色 GDP 核算体系。更不能国际上没有核算标准我们就不能搞绿色 GDP 核算，研究本身就是一种探索。

当然，绿色 GDP 核算也不能采用快速成长法。目前研究的核算体系离纳入统计和考核体系还有很长的路要走，至少近期之内还不可能纳入党政领导的考核体系中。

2.2 绿色 GDP 核算的科学性

一些学者对绿色 GDP 核算的提法提出了质疑，认为这种提法或概念缺乏科学性。我们认为，绿色 GDP 是一种大众性的提法，它是与传统 GDP 的概念相对应的，比较适合被政府官员、公众和媒体接受。简单地说，绿色 GDP 就是传统 GDP 扣减掉资源消耗成本和环境退化成本以后的 GDP。正如传统 GDP 是传统国民经济核算的一个重要指标一样，绿色 GDP 是绿色国民经济核算的一个重要指标，或者说是一个被公众广泛接受的指标。绿色 GDP 核算不完全等同于绿色国民经济核算。绿色国民经济核算提供的政策信息要远多于绿色 GDP 本身包含的信息。

对于国家环保总局和国家统计局两个部门开展的绿色国民经济核算试点工作来说，从科学的意义上讲，最后核算出来的是一个“经环境污染调整后的 GDP”，是一个局部的、有诸多限制条件的绿色 GDP，是一个仅考虑环境扣减的绿色 GDP。严格意义上说，我们只是提出了两个指标：一是经虚拟治理成本扣减的 GDP，或者是 GDP 的污染扣减指数；二是环境污染损失占 GDP 的比例。而且，我们第一步核算出来的环境污染损失还不完整，还未包括生态破坏损失、地下水污染损失、土壤污染损失等内容。完全意义上的绿色 GDP 是一项全新的、涉及多部门的工作，既包括资源核算，又包括环境核算，只能由国家统计局组织有关资源和环保部门经过长期的努力核算得到，是一个理想的、长期的核算目标。

2.3 绿色 GDP 核算的局部性和完整性

绿色 GDP 核算是一个复杂的体系。从国际研究进展看，绿色 GDP 核算一般是从局部核算开始的，或者着眼于特定资源主题，或者着眼于特定环境主题。由于中国进行绿色 GDP 核算研究的历史并不长，核算基础十分薄弱，不具备完成所有资源、环境经济核算的条件，其实施也将是一个逐步探索、逐步规范的过程。对于绿色 GDP 核算研究，我们工作总体原则是：先易后难、重点突破，从试点和局部开始，逐步完善，通过对这些局部核算经验予以总结，逐步完善中国绿色 GDP 核算理论与方法。因此，从这意义上讲，目前任何有关绿色 GDP 核算的结果都只能是局部的，全面的绿色 GDP 核算是一个系统的、长期的、艰巨的、复杂的任务。

在核算内容的选择上，按照传统国民经济核算和国际上大多数国家通行的做法，首先选择目前基础较好、方法较为成熟以及政策需求强烈的内容进行。对那些核算难度较大、不容易调查统计、基础较差和方法不完善的内容需要进一步研究。例如，对于自然资源核算，首先应选择森林资源、水资源、矿产资源、土地资源进行核算。对于环境核算，首先进行环境污染核算，再进行生态破坏核算。环境污染核算，又主要选择传统污染物（如 COD、氨氮、SO_2、NO_x 等）进行实物核算。在价值核算方面，目前主要利用污染损失评估法核算大气污染与人体健康、大气污染与农作物、大气污染与建筑材料、大气污染与清洁费用、水污染与人体健康、水污染与农作物、水污染与洁净水、水污染与工业预处理、固体废物与土地占用这 9 项污染经济损失。对于其他污染损失，如臭氧对人体健康和农作物造成的损失、物理污染对人体健康造成的损失等，由于研究基础较为薄弱、技术方法不成熟、调查统计困难，目前还不能进行核算。

在核算地区和时间选择上，从近期看，由于环境问题的复杂性，特别是对于生态破坏损失的核算，其基础还比较薄弱；另外，考虑到资金和时间的因素，要在全国 31 个省市中开展核算框架中提出的全部核算内容，也是比较困难的。因此，从地区方面，我们在全国选择了 10 个省（市）首先开展环境污染试点核算，而基于环境污染的绿色 GDP 核算只是完整绿色 GDP 核算中的一个部分。

3 核算技术和方法

3.1 绿色 GDP 核算与实物量和价值量核算

有人认为，由于价值量核算涉及资源环境的非市场价格问题，主观性较强，准确度难以把握，价值量核算不具有意义，因此绿色 GDP 核算只需进行资源环境的实物量核算就可以了。这种观点的局限性在于对绿色国民经济核算体系的理解不全面，没有完全认识到绿色 GDP 核算价值量核算的重要意义。

绿色国民经济核算包含两个层次：一是实物型核算，二是价值型核算。就环境污染主题来说，所谓实物型核算，是在国民经济核算框架的基础上，运用实物单位建立不同层次的实物量账户和经济—环境混合核算表，描述与经济活动对应的各类污染物排放量、生态破坏量。在价值量核算中，具体包括两个部分：一是对现存经济核算中有关环境的货币流量予以核算，主要包括污染物治理成本（或环境保护成本）核算；二是在实物核算基础上，估算环境退化成本和生态破坏的货币价值（生态破坏成本）。进而，将货币型核算的结果与国民经济核算的内容合并起来，对传统的宏观经济总量进行调整，进一步形成包含环境要素的宏观经济总量指标，如经环境调整后的 GDP 总量指标[5-9]。

因此，价值量核算与实物量核算是绿色 GDP 核算体系的两个不可缺少的组成部分，实物核算是价值核算的基础，又是环境保护和生态保护的落脚点，价值核算是计算绿色 GDP 总量指标的基础，而绿色 GDP 总量指标是衡量环境与经济协调发展和可持续发展程度的综合性指标。只有进行价值量核算，才能称得上是真正的绿色 GDP 核算。

3.2 绿色 GDP 核算中的环境污染价格

绿色 GDP 核算与传统 GDP 核算一样，所涉及的许多问题不仅仅是技术性的，而且也涉及经济理论和原理等基本问题。在绿色 GDP 核算的研究与实践中，必须考虑到背后的经济理论基础，只有这样，才能深刻理解和认识绿色 GDP 核算的技术与方法。

传统 GDP 核算的理论基础是新古典经济学和凯恩斯宏观经济学，绿色 GDP 核算的理论基础是环境经济学和福利经济学以及环境外部性理论。传统 GDP 核算是建立在市场价格的基础上，对市场经济活动的一种理性化的描述和说明。绿色 GDP 核算涉及核算资源与环境代价问题，而资源与环境往往没有在市场价格中得到全面地反映。因此，其核算必然以市场价格和非市场价格为基础相结合进行。对于资源环境代价，需要借助一定的方法，如机会成本法、人力资本法等，转化为以货币度量的经济代价。但是，这些方法的基础都是国民经济分析中采用的市场价格和影子价格。因此，绿色 GDP 核算和传统 GDP 核算的价格基础是基本一致的，特别是我们提出的采用治理成本法核算的虚拟治理成本，价格基础与 GDP 核算是完全一致的。这也是我们为什么采用两种方法核算环境代价的主要原因。

3.3 绿色 GDP 核算的数据支持问题

绿色 GDP 核算作为一项新的国民经济核算制度，涉及统计学、经济学、环境科学、水利学、农业学、植物学和生态学等多学科领域，要反映资源环境的真实代价，不仅需要研究相关的核算技术和方法，还需要大量的多部门基础统计调查数据支持。

目前，世界各国对经济社会活动的统计都比较重视，而对于绿色 GDP 核算，应该用哪些指标来衡量，采用怎样的统计方法和调查体系来收集数据，无论在理论还是实践方面都还比较薄弱[10]。一般来说，针对经济管理本身而言，我国的经济统计已经相对比较成熟，但这样的经济统计并不是针对描述环境与经济的关系而建立的；近年来环境监测与统计有了长足的发展，但仍然无法全面地描述环境的现状及其变化；如果从环境与经济活动的对应关系上考虑，统计计量的完成程度就更加有限，或许存在特定场景下的个案记录，但这些基于个案记录的微观数据并不能满足一个宏观总体（比如一个国家）的计量需求，这时就需要建立有关数学模型，在现有统计数据的基础上进行科学推算。传统国民经济核算体系对有关内容的处理也是这样做的。

我们认为，要建立绿色 GDP 核算体系，必须从基础工作抓起，统计部门应会同有关专业部门抓紧建立健全资源环境统计指标体系和相应的统计调查制度及工作体系，将各部门的核算基础数据统一归口到国家统计局。国家环保总局要在环境经济核算方面统一负责基础数据工作，同时争取水利、卫生和农业等部门的支持，建立必要的数据信息交换机制，为后续研究和核算工作提供数据保证。对那些不能统计调查的资源环境代价，尤其是以货币量表示的资源环境成本需要进行一定推算，统计与核算同时运用，以便比较全面准确地对经济发展的资源代价和环境代价情况做出定量描述。

3.4 绿色 GDP 核算与环境效益核算

绿色 GDP 核算即绿色国民经济核算体系，是指在全面、协调和可持续的发展观指导下，把经济活动过程中的资源环境因素反映在国民经济核算体系中，将资源耗减成本、环境退化成本、生态破坏成本从 GDP 中加以扣除，同时加上环境保护的效益，是一种新的国民经济核算体系。由此可见，环境效益核算和环境成本核算在绿色 GDP 核算中都具有重要意义。

但是，目前开展的绿色 GDP 核算的重点主要着眼于环境成本核算，即对经济发展过程中的资源消耗、环境污染损失和生态破坏损失进行核算，这是由绿色 GDP 核算研究进程和中国所处的经济发展阶段所决定的。当前，中国经济正处于高速增长时期，是对资源消耗最快、对环境污染破坏最大的时期。如果将中国经济发展分为弱可持续发展阶段和强可持续发展阶段，现有经济发展阶段可以说是弱可持续发展阶段，从指导国民经济发展的方向和环境保护出发，主要核算经济发展带来的资源环境代价，即环境成本。在经济发展的更高阶段，到了强可持续发展阶段，应对环境效益进行核算，同时核算环境保护的投入与产出，以完善整个绿色 GDP 核算体系。

3.5 绿色 GDP 核算中的重复计算问题

在国家环保总局和国家统计局开展的绿色 GDP 核算中，对污染经济损失共核算了 9 项，其中有专家对“因污染引起的工业预处理成本核算”提出质疑，认为在算绿色 GDP 时，这一项不应该被扣减，因为每个企业，他们都会把在工艺流程中的成本消耗（不管是工艺费用或是设施添置）加在最终的产品价格中，在核算 GDP 时已经被作为中间投入扣除了，现在又核算一次，必然造成重复扣除。对于这个问题，需要从传统 GDP 核算和绿色 GDP 核算的理论基础去回答。的确，目前污染损失中的许多计算项目都已经反映在传统的 GDP 中了，除工业用水预处理成本外，污染健康死亡损失、农业经济损失、林业经济损失等都已经实际扣减过了。如果直接从传统 GDP 核算理论上来说，如果再扣减，就是重复扣减。

然而，绿色 GDP 核算以环境经济学、效用价值理论为基础，一般来讲，环境资源（包括环境质量）没有市场价格，也没有实际的市场交换，对环境污染损失，即“环境代价”的评价是通过各种途径对经济外部性造成的环境功能的降级，即环境资源价值贬值或者环境资产品质退化的一种估计。打个比方，一台机床如果损耗，那么它的生产力必然退化，传统 GDP 中通过固定资产折旧反映它的损耗，污染造成环境的损耗，环境的生产力也会退化，传统 GDP 却无法反映，而污染损失的计算恰恰是要反映环境的这种降级损耗。因此，根据环境经济学理论，这种环境降级损耗（如由于污染引起的预处理成本增加、水污染造成农作物损失等）无论是否已在传统 GDP 中核算，在绿色 GDP 核算中都应进行核算。这样，才能通过绿色 GDP 核算得到 GDP 核算不能揭示的信息，弥补传统国民经济核算体系的缺陷，以更好地反映经济发展带来的环境代价[11-12]。

3.6 绿色 GDP 核算中的污染跨界和时效

从理论上说，单项污染损失加和就是总污染损失，但由于污染物之间存在着相互转化和影响、污染物存在着跨界污染的问题，以及污染产生的影响存在着时间累积的问题等，因而，在实际计算中经常出现重复计算、漏算甚或错算以至于算不清楚的情况。此时，在建立污染剂量—反应关系模型时，就需要充分考虑污染物之间的转化关系、污染的空间地域转移特征和污染的时间累积效应等问题。

污染的空间地域转移。大气污染、水污染和固体废物污染都存在空间上的地域转移问题。在污染损失估算时，污染的空间转移问题向我们提出了挑战。在实际核算时，我们坚持“污染终端危害”的核算原则，即只计算当地发生污染损失费用。由于虚拟治理成本不存在污染空间地域转移问题，因此同时根据虚拟治理成本法核算出环境污染的虚拟治理成本。通过污染损失费用和虚拟治理成本的比较就可以核算出各地方的污染跨境转移程度。

污染的时间累积效应。污染问题大多表现为量变引起的质变，当污染物排放量小于环境容量时，一般是不会造成显著污染损失的。污染造成的质变往往是污染时间累积效应的体现。例如，一个人如果暂时生活在大气污染物浓度稍高于健康影响临界阈值之上的环境中，不会对人体健康造成明显的危害，但如果长期生活在这种暴露环境中，就会引起人体健康的负面反应；水体污染物对人体健康危害的时间累积效应尤其明显。污染型缺水肯定也不是一年污染造成的，而是长期排污导致水环境容量超限造成的。

由于现有的科学研究还不能给诸如此类的问题一个确切的答案，在核算某一类污染物造成的某一年损失时就存在一个问题，即某一年的污染损失可能是多年污染累积而凸显出来的。但是，在建立剂量—反应关系模型时，需要考虑到污染的这种慢性效应。通常，采用的剂量反应关系都考虑了污染的慢性效应，即已经考虑了累积效应对某一年污染损失的贡献，这种累积效应对下一年的污染损失仍有贡献。由于最终的污染损失价值量是流量的概念，即在核算每一年环境质量的变化所引起的污染损失的增大或减小量。因此，在核算时指明基准年，后一年的减去前一年的，即为当年的损失，但在归因时对慢性累积效应不同情况加以具体说明。时间累积效应的一个特例是，固体废弃物堆积所造成的土地生产力永久性丧失，需要计算它的永久性机会成本，最后通过贴现计算出当年的污染损失。

4 实际操作和应用

4.1 绿色 GDP 与党政领导绩效考核

当前党政领导干部绩效考核指标中，已经纳入了环境和资源保护的指标，但是只是个别单一性指标，难以衡量发展的可持续程度。一些地方在建立全面小康社会评价指标体系方面也引入了一些环境保护指标。由于绿色 GDP 核算将自然资源耗减、环境污染与生态恶化造成的经济损失加以货币化，检验社会生产力发展得失同时，检验自然生产力的消长，可以督促决策者从根本上提高资源配置效率，构建与环境和谐的新经济体系。因此，绿色 GDP 是人们在经济活动中处理经济增长、资源利用和环境保护三者关系的一个综合、全面的指标，具有引导社会经济发展不但注重眼前效益、更追求长远利益的导向作用，它为干部政绩考核提供了科学依据。但是，目前核算体系与完全意义上的绿色 GDP 核算体系还有很大的差距，绿色 GDP 还不能作为指标纳入干部绩效考核体系，存在许多技术和制度上的困难，但主要是体制上的困难。

在体制与制度方面，一是现行的资源环境统计制度还不完善，统计数据无论在质量上还是统计范围上都不能满足绿色 GDP 核算的需要；二是绿色 GDP 核算方法和标准还没有统一规范，核算过程的监督管理制度、核算结果审核和发布制度等还没有建立。绿色 GDP 核算的体制和技术等诸多困难表明，在近期将绿色 GDP 指标纳入干部政绩考核制度时机还不成熟，但从长远来看，绿色 GDP 纳入干部的政绩考核或评价制度具有重要意义。

绿色 GDP 核算体系的建立需要有一个过程，绿色 GDP 纳入干部的政绩考核制度也可以分步进行。在绿色 GDP 核算没有完全规范化之前，也可以选择一些与绿色 GDP 相关的、体现可持续发展的环境经济指标，纳入党政领导绩效考核指标体系中，如万元 GDP 能耗、万元 GDP 水耗、万元 GDP 土地消耗、万元 GDP 污染物排放、环境支出占 GDP

比例、主要水体水质达标、空气质量达标等指标。

4.2 绿色 GDP 核算中的部门协调问题

由于绿色 GDP 核算体系的构建对应的层次是“自然环境+社会经济”，处于生态学、环境学、资源学、经济学、社会学等众多学科研究的范围，同时，绿色 GDP 核算也是一项涉及多部门的工作，所以，需要进行跨学科研究，各部门之间、各课题组之间以及国际国内之间的协调配合[14]。搭建跨学科、跨部门的统一工作机构是绿色 GDP 核算体系构建成功的保证。这也是正确引导目前绿色 GDP 核算研究“热”的一个重要措施。

国家统计局作为国民经济统计与核算的最高权威部门，是绿色 GDP 核算的总设计师和总协调员。在诸如总体核算框架设计、法规标准建立、部门核算协调、核算与统计制度改革等工作方面发挥主导作用。同时，国家统计局应该建立跨部门的工作领导小组和有关部门参加的统一工作平台，下设若干核算专题小组，包括水资源核算、森林资源核算、矿产资源核算、土地资源核算、环境污染和生态破坏损失核算等专题，在统一协调部署下，共同制订工作方案及目标，并负责组织试点及实施工作。因此，从这一角度出发，开展完整绿色 GDP 核算是统计部门的工作职责。在绿色 GDP 核算中，环保部门是重要的参与者和政策需求用户，主要开展环境经济核算工作。

4.3 绿色 GDP 核算的发布制度问题

在进行绿色 GDP 核算研究与实践中，我们逐步发现，现行体制的不完善成为建立绿色 GDP 核算体系的障碍之一。要建立绿色 GDP 核算体系，必须建立和完善相关的制度。第一，要建立和完善环境监测、统计和审核制度，目前有关部门正在着手进行环保统计制度的改革，相信会较快地看到成效；第二，要逐步提升绿色 GDP 核算方法的规范化和制度化，保证核算过程及操作方法的科学规范，进而保证最终计算结果决策导向的正确性；第三，建立和完善环境经济核算年度报告制度、核算过程监督管理制度和核算结果的发布制度。绿色 GDP 核算关系到国家、地方、人民切身利益，对此，必须建立畅通的信息沟通平台和完善的监督制度，建立绿色 GDP 核算结果发布制度。当前，比较适合的发布平台是研究机构发布，这样更能客观地评价地方政府的发展绩效。

4.4 绿色 GDP 核算与国际接轨问题

有人认为，到目前为止，既没有国际公认的绿色 GDP 核算标准，也没有看到一个国家做出了完整的绿色 GDP 核算，更没有看到一个国家官方发布了绿色 GDP 核算报告。目前，联合国、世界银行、国际货币基金组织、OECD、欧盟等国际组织正在联合修订全球通用的国民经济核算体系（SNA1993），准备推出 SNA2008。由于条件不成熟，尚不具备可实施性，并没有将绿色 GDP 列入修订内容。但是，世界各国围绕环境污染、生态破坏等方面的核算已经进行了大量研究探索，国际组织一直致力于这方面的研究和实践，其中影响广泛的就是在联合国统计署主持下的关于综合环境经济核算体系（SEEA）的三次整合，通过整合，形成了环境经济核算的理论框架，体现了从基本概念扩展到经环境调整之国内产出（EDP）的完整思路，从理论框架的提出开始向具体实践推进的进程。最近，联合国成立了联合国环境经济核算委员会，继续推动 SEEA2003 的修订工作，一个专门支持联合国环境经济核算委员会的伦敦专家小组准备提出综合环境与经济核算体系 SEEA2008 版本。SEEA 为各国绿色国民经济核算的研究提供了起点和指导，对促进和规范国际范围内的绿色国民经济核算发挥了重要作用。我国目前开展的绿色 GDP 核算与联合国推荐的综合环境与经济核算体系（SEEA2003）框架是基本接轨的，在基本概念定义、核算内容确定、核算表式设计、操作规程制定等方面保持了与国际做法的一致性[10-14]。

众所周知，环境问题具有地域性特征和不同的管理目标，各国进行环境核算的基础也存在很大差异。因此，中国的绿色 GDP 核算一方面要借鉴国际上的经验，尽可能与国际 SEEA 核算框架相接轨，另一方面，要适应中国现实情况，在核算目标模式、核算内容、表式设计等方面都要依托中国国民经济核算体系和环境统计体系的特点以及开展绿色国民经济核算已经取得的实际经验，尽可能与中国的环境统计、自然资源统计、国民经济统计，以及中国现有国民经济核算基础相衔接。中国绿色 GDP 核算必须要有中国的特点，是未来中国国民经济核算体系的重要组成部分，服务于中国的社会经济与环境的协调发展。在核算结果的比较上，也主要着眼于国内地区之间的比较，主要引导地方真正落实科学发展观。

4.5 绿色 GDP 核算的研究探索性

面对复杂的环境经济关系，面对在技术方法上的困难，绿色国民经济核算目前仍然是一个充满探索、实验的研究领域，尚不是一套成熟、规范的统计实务。这就是说，绿色 GDP 距离可以实际准确计量，目前还存在着许多理论上和实践上的困难，尚难以像 GDP 那样作为经常统计的结果加以应用，更难以在不同经济层面上计量，满足各级政府的考核管理需要[10]。因此，目前将绿色 GDP 核算主要定位于项目研究阶段，试点是一种探索性的研究，当然允许失败和成功。

尽管绿色 GDP 核算方法还不十分成熟，但我们可以通过逐步试点，探索和完善相应的核算方法和制度。在中国当前国情下，核算试点等相关工作的开展，必须通过政府部门主导才能顺利实施。首先，绿色 GDP 核算不仅仅是为了核算而核算，而是要与国家、地区的环境政策导向一致，要为国家和地区经济与环境管理服务。其次，我们知道，绿色 GDP 核算体系包括的核算内容繁多，涉及许多部门的管辖范围，需要政府各部门之间进行协调沟通。最后，绿色 GDP 核算要在 10 个省（市）甚至更大范围进行试点核算，光靠研究部门是不行的，需要国家和各级政府推动才能保证整个工作的顺利开展。因此，当前绿色 GDP 核算定位于项目研究，而且必须是政府主导下的项目研究，只有这样，才能保证绿色 GDP 核算体系在中国早日实施。

5 结语

国务院 2005 年颁布的《关于落实科学发展　观加强环境保护的决定》明确提出，要研究建立绿色国民经济核算体系，将发展过程中的资源消耗、环境损失和环境效益纳入经济发展水平的评价体系。绿色 GDP 核算已经不是一个“要不要做”的问题，而是一个如何“科学地去做”的问题。最关键的问题是，要在统计部门的统一指导下，积极组织资源管理和环保部门，加快建立绿色国民经济核算框架体系，全面开展资源和环境核算试点研究，选择若干重点领域核算取得突破，让绿色 GDP 核算尽早成为落实科学发展观、促进经济增长方式转变、建设资源节约和环境友好型社会的重要指南。

参考文献

[1] 许宪春. 中国经济发展与绿色国民经济核算[J]. 中国统计，2005（5）：6-7.

[2] 杨树庄. 该不该计算绿色 GDP[J]. 中国统计，2005（6）：30-32.

[3] 朱启贵. 绿色国民经济核算的现状分析[J]. 中国软科学，2002（9）：24-28

[4] 王世杰. 绿色 GDP 核算应当缓行[J]. 宏观经济研究，2005（11）：48-49，63.

[5] 杨缅昆. 国民福利核算的理论构造——绿色 GDP 核算理论的再探讨[J]. 统计研究，2003（1）：35-38.

[6] 厉以宁. 谈绿色 GDP 核算方式 [EB/OL]. [2006-01-08] http：//theory.people.com.cn/ GB/40534/4007382.html.

[7] 萧灼基.传统 GDP 存在三大缺陷[R]. 第三届中国竞争力论坛，2005-12-11.

[8] 梁小民：绿色 GDP 思路上有意义但不具有可操作性[EB/OL]. [2005-04-04] http：//business.sohu.com/2005 0404/n225015640.shtml.

[9] 王金南，等. 建立中国绿色 GDP 核算体系：机遇、挑战与对策//建立中国绿色国民经济核算体系国际研讨会论文集[M]. 北京：中国环境科学出版社，2005.

[10] 牛文元. 绿色 GDP 与国民经济核算制度//建立中国绿色国民经济核算体系国际研讨会论文集[M]. 北京：中国环境科学出版社，2005.

[11] 高敏雪. 绿色 GDP 核算：争议与未来走向//中国环境与发展评论（第 3 卷）[M]. 北京：社会科学文献出版社，2007.

[12] 侯元兆. 中国的绿色 GDP 核算研究：未来的方向和策略//中国环境与发展评论（第 3 卷）[M]. 北京：社会科学文献出版社，2007.

[13] 钟兆修. 研究推行绿色 GDP 核算是时候了//建立中国绿色国民经济核算体系国际研讨会论文集[M]. 北京：中国环境科学出版社，2005.

[14] 曹克瑜. 绿色国民经济核算体系框架与实现途径//建立中国绿色国民经济核算体系国际研讨会论文集[M]. 北京：中国环境科学出版社，2005.

中国循环经济的政策体系框架研究

Study on Policy Framework of Circular Economy in China

孙启宏　毛玉如　李艳萍　沈　鹏　乔　琦
（中国环境科学研究院清洁生产与循环经济研究中心，国家环境保护生态工业重点实验室，北京　100012）
Sun Qihong　Mao Yuru　Li Yanping　Shen Peng　Qiao Qi
（Center for Cleaner Production and Circular Economy Chinese Research Academy for Environmental Science，SEPA Key Lab. on Eco-industry，Beijing　100012）

[摘　要] 借鉴世界银行的创新政策矩阵，提出了我国循环经济发展的政策框架。该框架包括利用市场的政策、创建市场的政策、规章制度与控制手段、信息公开与公众参与 4 个方面，共 17 项政策。该政策体系框架是一个开放的系统，可纳入其他相关政策，从而丰富我国循环经济的政策体系。
[关键词] 循环经济　政策　矩阵　框架

Abstract：Based on the innovative environmental policy matrix proposed by the World Bank，a policy framework for circular economy development in China was established. The framework included 4 types of polices，i.e. using markets，creating markets，using environmental regulations and engaging the public，with a total of 17 items of policies. This policy system framework should be an open system and other related policies could be included，so as to enrich the policy system of circular economy in China.
Key words：Circular Economy，Policy，Matrix，Framework

0 引言

世界银行在《里约后五年——环境政策的创新》[1]中总结了里约会议 5 年来世界各国为实施可持续发展在环境政策方面的创新。书中提出了创新政策矩阵和 26 个精选的案例。政策创新包括 4 个方面：①利用市场的政策：利用市场和价格杠杆对资源进行合理配置。例如，减少补贴、征收环境税或使用费、实施押金—返还制度及专项补贴等。②创建市场的政策：针对环境资源和服务市场的缺失，创建市场。例如明确产权、分散权力、实行可交易的许可证与配额等。③规章制度与控制手段：针对环境问题制定的规章和措施。例如，制定标准、发布禁令及发放许可证与配额等。④信息公开与公众参与：鼓励公众参与环境管理的政策。例如，生态标志、公众知情计划、工业废物交换计划、社区压力等。本文借鉴世界银行提出的政策矩阵，提出了我国发展循环经济的政策体系框架。

1 框架设计

世界银行给出的政策矩阵如表 1 所示[1]。

表 1　政策矩阵：可持续发展的政策手段

主题	政策手段			
	利用市场的政策	创建市场的政策	规章制度与控制手段	信息公开与公众参与
资源管理或污染控制	减少补贴	明确产权/分散权力	制定标准	生态标志
	征收环境税	实行可交易的许可证与配额	发布禁令	公众知情计划
	使用费	国际环境补偿体系	发放许可证与配额	工业废物交换计划
	实施押金—返还制度			小区压力
	专项补贴			

根据循环经济的内涵，循环经济政策基本上包括资源政策和环境政策两个方面。按照世界银行提出的上述政策创新矩阵，设计了我国循环经济发展的政策框架[2]，即将循环经济政策分为利用市场的政策、创建市场的政策、规章制度与控制手段、信息公开与公众参与四个方面的政策（表 2）。

表 2　循环经济的政策体系设计

利用市场的政策	创建市场的政策
税收政策	国民经济核算
投资政策	生产者责任延伸制度
价格和收费政策	绿色采购制度
押金—返还制度	生态环境补偿机制
技术政策	
规章制度与控制手段	**信息公开与公众参与**
产业政策	环境标识制度
环境标准	清洁生产绩效评估制度
环境污染全过程控制	
废物生命周期管理制度	
强制性清洁生产审核制度	
环境保护行政代执行制度	

2 政策分析

2.1 利用市场的政策

2.1.1 税收政策

税收政策包括两个方面：一是制定和实施税收优惠政策，即对促进循环经济的企业予以税收方面的优惠。通过税收优惠政策，形成政策导向，促进企业重视对再生资源的利用，并缓解企业在再循环过程中遇到的成本过高等问题。二是制定和实施额外税收政策，即对不利于发展循环经济的企业，征收额外的税收。如为了促使企业少用原生材料、多进行再利用、再循环，征收新鲜材料税。

我国现行税制中，与循环经济相关的税种包括资源税、耕地占用税、消费税、城建税、车船使用税和固定资产投资方向调节税等。近年来国家陆续出台了一些废物综合利用、减少污染物排放和保护资源能源的税收政策。如企业利用废水、废气、废渣等废弃物为主要原料进行生产的，可在五年内减征或免征所得税，对用垃圾发电和混凝土的回收利用实现增值税的递退政策，对综合利用发电、风力发电实行增值税减半的政策等。今后，应研究和制定资源开发、资源消耗、废物产生、再生资源产生和社会消费等环节有利于循环经济发展的新的税收制度。

2.1.2 投资政策

政府对一些重大项目进行直接投资或资金补助、贷款贴息的支持，并发挥好政府投资对社会投资的引导作用，特别是引导各类金融机构对有利于促进循环经济发展的重点项目给予贷款支持。中央财政预算已经设立清洁生产专项资金，重点支持清洁生产的规划、培训、技术标准的制定以及冶金、轻工、纺织、建材等污染相对严重行业中的中小企业清洁生产示范项目的建设。同时也设立专门资金，支持循环经济试点项目。今后，要加强对循环经济项目投资的政策倾斜。

2.1.3 价格和收费政策

积极调整资源性产品与最终产品的比价关系，完善自然资源价格形成机制，通过水价、电价、气价等价格政策的调整，更好地发挥市场配置资源的基础性作用。合理调整城市供水价格，完善农业水费计收办法；实行尖峰电价，引导用户转移高峰负荷。

通过征收相关费用，限制高耗能、高污染行业盲目发展，促进资源的合理开发、节约使用和有效保护。例如，贯彻落实城市垃圾、城市污水、危险废物收费政策，制定废旧家电及电子废弃物、废旧轮胎、废包装物等的回收利用的收费政策等。

2.1.4 技术政策

加强循环经济支撑技术的开发、集成和推广。要研究制定节能、节水、节材技术政策和废物循环利用技术政策，组织编制钢铁、有色、煤炭、石油、石化、化工、建材、造纸、酿造等高消耗、高污染行业发展循环经济的先进适用技术，定期发布循环经济支撑技术指南。鼓励开发具有自主知识产权的循环经济支撑技术（主要包括“3R”技术、共生链接技术和系统集成技术等）。努力培育静脉产业，在有条件的地方，大力发展量大面广的固体废物再生产业园区。

2.2 创建市场的政策

2.2.1 国民经济核算

按照科学发展观要求，改革现行的国民经济核算体系，逐步建立有利于循环经济发展的国民经济绿色核算体系，并将新的核算体系与干部考核、政府绩效挂钩，引导地方政府走全面、协调、可持续发展道路。同时，也为管理部门制定经济与环境协调发展的政策提供必要的依据。要研究建立绿色国民经济核算体系的基本框架，研究资源和环境实物量核算的基本内容和方法，通过推广“绿色 GDP 核算”试点成果，初步建立起符合我国国情的绿色国民经济核算体系框架。

2.2.2 延伸生产者责任制度

延伸生产者责任制度是对“污染者付费原则”的延伸，是实行从摇篮到坟墓的过程管理制度。通过立法和制定相关法规，明确延伸的生产者责任，即生产者（包括制造商、进口商、销售商）不仅要对生产过程中造成的环境污染负责，而且要在产品整个生命周期过程中承担保护环境的责任，对报废后的产品或者使用过的包装物承担回收利用或者处置的责任。生产者可以自己回收处置，也可以有偿委托他人回收处置。可选取包装行业、家用电器和电子产品制造行业、汽车制造行业等为突破口。根据延伸生产者责任制度要求，建立配套的废物回收的押金—返还制度[3]。

2.2.3 绿色采购政策

政府绿色采购制度是绿色经济的重要组成部分，也是我国完善政府采购制度的重要内容。要积极倡导建立政府绿色采购制度。发布绿色采购清单，鼓励政府部门优先采购再生利用产品、环保标志产品、能效标识产品、通过清洁生产审核和通过 ISO 14001 认证的企业的产品。建立和完善政府绿色采购的监督制约机制。通过政府的表率作用，引导社会团体和企业积极参与绿色消费活动。要完善相关法律法规、标准和清单。

2.2.4 生态环境补偿机制

这是指自然资源使用人或生态受益人在合法利用自然资源过程中，对自然资源所有权人或对生态保护付出代价者支付相应费用的补偿机制。建立生态环境补偿机制的目的是支持和鼓励生态脆弱地区更多承担保护生态而非经济发展的责任。生态环境补偿可以相应地采取财政转移支付、项目支持和征收生态环境补偿税（费）等形式，包括三个层次：一是在全国范围内，发达地区有必要、有义务加大对中、西部重要生态功能区域资金和技术上的支持；二是下游地区对上游生态保护地区积极进行必要的补偿，这可以是跨省的，也可以是省内跨市、县的；三是局部地区不同行业、不同生态要素或自然资源开发单位之间的补偿[4-5]。

2.3 规章制度与控制手段

2.3.1 产业政策

用循环经济的理念指导产业政策的制定和落实。国家制定产业政策，在《产业结构调整指导目录》中，鼓励发展资源消耗低、附加值高的高新技术产业、服务业和用高新技术改造传统产业。对钢铁、有色、煤炭、石油、石化、化工、建材、造纸、酿造等高消耗、高污染行业，产业政策中要充分体现发展循环经济的要求。要特别避免一些企业和园区不顾资源条件、产业布局、市场需求以及经济和环境成本，片面强调产业链的延伸的弊端。

2.3.2 环境标准

环境标准是为了防治环境污染、维护生态平衡、保护人体健康，依照法律规定的程序，由立法机构或政府环保部门对环境保护领域中需要统一和规范的事项所制定的含有技术要求及相关管理规定的文件总称。我国环境标准体系以国家环境质量标准和国家污染物排放标准为主体，以环境方法标准、标准样品标准和基础标准相配套，以地方环境标准和环保行业标准为补充的环境标准体系。要加强环境标准工作，分行业制定废物回收、循环利用的污染控制标准以及实施这些标准的监督管理规定，把整个生产、消费、循环利用、再生利用环节的管理完善起来。以标准制定为龙头，在环评、“三同时”、排污收费等各项制度中纳入可操作的循环经济方面的标准和配套措施。组织制定清洁生产标准，尽快建立起比较完善的清洁生产标准体系；组织制定清洁生产审核指南，指导各地、各行业进行清洁生产审核工作。

2.3.3 环境污染全过程控制

要切实转变污染控制模式，加强环境污染的全过程控制，推进循环经济的发展。

一是在项目审批环节，通过强化规划和建设项目的环境影响评价工作，严格环境准入，逐步建立环境准入制度。规划和建设项目的环评要体现调整结构、转变增长方式、发展循环经济、实行清洁生产等方面的要求，同时防止以发展循环经济为名，进行粗放型和低水平的重复建设，污染生态环境。

二是在污染管理环节，加强对污染行业、企业的生产全过程和排污的控制，严格控制污染物排放总量。重点加强对钢铁、有色、煤炭、石油、电力、化工、建材、造纸、酿造等资源消耗大、环境污染严重行业的污染物过程控制。

三是在废物处置环节，按照循环经济的“减量化、再利用、资源化、无害化”原则，加强废物的减量、回收和循环利用。

四是在环境监督环节，组织开展重点地区、行业打击环境违法企业环保执法专项行动，从规范单个企业的环境守法行为、促进共生企业群构建、增强全社会守法意识的角度出发，严格环境执法，创造公平竞争环境，推进循环经济。

2.3.4 废物生命周期管理制度

运用生命周期分析方法建立城市和工业园区的废物生命周期管理体系。在生命周期分析基础上，给出城市废物和工业废物的最佳处置方案，制定废物管理的政策措施，从而尽量减少废物的产生，促进废物的再使用和无害化处理，最大限度地降低产品全生命周期的环境影响，扩大废物处理服务范围。目前在中国，废物回收和再循环水平还比较低，已经造成重大的资源浪费和环境污染。推广生命周期管理，可以促进废物的资源化和再利用，从而在一定程度上有助于循环经济的发展。

2.3.5 强制性清洁生产审核制度

根据《清洁生产促进法》和《关于印发重点企业清洁生产审核程序的规定的通知》（环发[2005]151 号），我国对“双超双有”企业实施强制性清洁生产审核。我国现有企业污染物超标排放的比例很大，相当一部分企业超标运行，不能达到国家或地方污染物排放标准。现有的老污染源中有许多是“双超”企业，技术工艺落后，生产设备陈旧，资源能源浪费严重。新污染源项目立项时通过了环境影响评价和“三同时”验收，但是项目运行后污染治理设施未正常运行。还有不少企业大量使用有毒有害物质，管理不严，造成重大污染事故隐患。一条重要原因，就是现有的八项环境管理制度都没有渗透到生产过程的环境管理。强制性清洁生产审核正是对现有环境管理制度的有效补充，以一种操作性很强的方式将环境管理引入生产过程的污染防治，对我国企业污染物达标排放必然发挥明显的作用。

2.3.6 环境保护行政代执行制度

环境保护行政代执行是指在义务人拒不履行法定环境保护义务时，环保部门可以自行代其履行，或者委托第三人代其履行，因此而产生的费用由义务人承担的行政法律制度或间接强制措施。行政代执行是一项重要的环境管理制度，目前只适用于对危险固体废物的环境管理，目的是及时消除危险固体废物污染的危害，维护环境安全。随着保护环境的程度和质量的提高，其适用范围将会越来越宽。

2.4 信息公开与公众参与

2.4.1 环境标识制度

环境标识制度，是指由政府部门或公共、私人团体依据一定环境标准向有关厂商颁发的，证明其产品符合环境标准的一种特定标志。标志获得者可把标志印在或贴在产品或其包装上。它向消费者表明，该产品从研究开发、生产、销售、使用，到回收利用和处置的整个过程都符合环境保护要求，对环境无害或损害极少。环境标识制度的确立和实施，超越了以往的末端治理模式，强调产品在整个生产周期的无害化或低害化，备受公众欢迎。我国的环境标志产品认证、有机食品认证等工作已经取得了显著的成绩，培育了绿色消费市场，促进了绿色技术和清洁技术的发展。当前，要进一步完善和推广环境标识制度。环境标志产品认证要立足于整体推进 ISO 14000 国际环境管理标准，把生命周期评价的理论和方法、环境管理的现代意识和清洁生产技术融入产品环境标志认证，推动环境友好产品发展，坚持以人为本的现代理念，开拓生态工业和循环经济。

2.4.2 清洁生产绩效评估制度

清洁生产绩效是指企业经审核并实施清洁生产方案，在节能、降耗、减污、增效方面所取得的实际效果，一般以达到清洁生产标准级别和达到排放标准的方式表示[6]。清洁生产的环境绩效评估对企业实施清洁生产进行评价，将清洁生产由过去的概念变成一个可以直观表现出来的实际效果。既可使企业有了明确的奋斗目标，又可使管理者有明确的要求，还可以为清洁生产审核提供评价的尺度。与强制性清洁生产审核制度不同，清洁生产绩效评估制度建立在环保部门与企业间自愿协议的基础上。

3 结论

本文探讨的循环经济的政策体系框架是一个开放的系统。尽管还有其他一些政策尚未提及，但基本上应能纳入该体系框架中。当前，我国循环经济发展尚处于初级阶段。党的十七大报告中提出将“建设生态文明”作为中国实现全面建设小康社会奋斗目标的新要求之一，并明确提出“循环经济形成较大规模”的具体要求。今后，随着《循环经济法》的出台，我国的循环经济政策研究将会越来越活跃，并有力地促进循环经济的健康发展。

参考文献

[1] WORLD BANK. Five Years after Rio：Innovations in Environmental Policy[M]. 1997.

[2] 孙启宏，段宁，毛玉如，等. 中国循环经济发展战略研究[M]. 北京：新华出版社，2006.

[3] 李艳萍. 论延伸生产者责任制度[J]. 环境保护，2005，33（7）：13-15.

[4] 中国致公党中央委员会. 建立生态环境补偿机制推进循环经济发展模式[J]. 中国发展，2003（2）：17-21.

[5] 中国环境规划研究院. 关于推进中国生态补偿实践与国际合作倡议书，2004-12.

[6] 国家环境保护总局科技标准司. 清洁生产审计培训教材[M]. 北京：中国环境科学出版社，2001.

对节能减排目标的理解和再思考*

Analysis and Recommendation on Energy Saving and Pollution Reduction Target*

石　磊　马　中　杨　鹂　崔格格

（中国人民大学环境学院，北京　100872）

Shi Lei　Ma Zhong　Yang Li　Cui Gege

(School of Environment and Natural Resources，Renmin University of China，Beijing　100872)

[摘　要] 本文在阐述“节能减排”约束性指标提出背景和意义的基础上，探讨了“节能”与“减排”指标之间的联系与区别；进而从“节能减排”代表性指标选取、指标分配和指标执行等角度，分析了我国目前实施“节能减排”指标存在的缺陷与不足，进而提出了未来完善和促进节能减排工作的政策建议，以期丰富目前对于节能减排研究和实践工作的思路和内容。

[关键词] 节能　减排　问题　建议

Abstract： In this paper，the authors firstly introduce the background significance of the “Energy Saving and Pollution Reduction” index，analyze the relationship and distinction between “Energy Saving” index and “Pollution Reduction” index. And the authors analyze the problem exist in “Energy Saving and Pollution Reduction” index from the perspectives of index selection，index distribution and index enforcement. The paper also provide some recommendations for promoting the “Energy Saving and Pollution Reduction” index.

Key words：Energy Saving，Pollution Reduction，Problem，Recommendation

十届全国人大四次会议于 2006 年 3 月 14 日表决通过了《关于国民经济和社会发展第十一个五年规划纲要》（以下简称《“十一五”规划纲要》）的决议，决定批准了这个纲要。在这个纲要中提出了“单位国内生产总值能源消耗降低 20%左右，主要污染物排放总量减少 10%”的目标。《“十一五”规划纲要》首次将节能减排指标与经济增长目标置于同等重要位置，同时也是首次将能源消耗指标纳入宏观调控目标体系。

1 “节能减排”指标提出的背景与意义

节能减排这两个约束性目标指标的产生直接背景，在于“十五”计划的环境目标并

* 原文收录在张坤民，潘家华，崔大鹏主编的《低碳经济论》，略作修改。

未完成。正如温家宝总理在第六次全国环境保护大会上所提到的："'十五'"计划期间，我国经济发展的各项指标大多超额完成，但环境保护的指标没有完成，主要是两个指标："一个是二氧化硫排放量，一个是化学需氧量"[1]。未完成指标背后是更为严峻的环境形势：仅以 2007 年为例，有 39.5%的地级及以上城市空气质量为三级或三级以下，近 1/3 的国土受到酸雨的侵害，七大流域珠江、长江总体水质良好，松花江为轻度污染，黄河、淮河为中度污染，辽河、海河为重度污染；我国目前已成为世界上最大的 SO_2、工业烟尘和粉尘的排放国[2]。而同时我国的能源形势也十分紧迫，仅以 2006 年我国单位产值能耗为例，我国是美国的 5.2 倍、日本的 8.5 倍、印度的 1.6 倍[3]。面临这如此严峻的环境与能源形势，我国在《"十一五"规划纲要》中提出了节能减排的指标。

节能减排指标的提出，具有十分重要的意义[4]。指标的提出是实现经济持续发展的重要保障。30 年我国经济取得了辉煌的成就，国内生产总值（GDP）年均实际增长 9.8%，2007 年 GDP 居世界第四位。经济的快速发展首先得益于我国所实施的改革开放的政策，这是根本原因。但同时不能忽视的是我国 30 年经济增长在相当程度上是建立在能源价格低、环境破坏成本没有完全内部化，以及其他生产要素如土地、劳动力等价格低的基础上。同时以第二产业为主的产业结构在拉动经济快速发展的同时，也带来了高耗能、高排放的问题。随着我国改革开放的进一步推进和市场化程度的不断加深，以及对于能源环境的日益重视，可以判断未来我国能源价格和劳动力成本将进一步上涨，同时环境成本将日益成为决策的重要依据。因此，原有那种低成本发展模式（能源低成本、环境低成本、劳动力低成本）已无法支持经济的健康快速发展。如何在第二产业为主导的条件下，促进经济平稳快速发展，实施节能减排无疑成为首选之举。

指标的提出是保障国家能源安全的必由之路。尽管我国是世界上第二大能源生产国，但人均拥有量远低于世界平均水平：人均能源探明储量仅为世界平均水平的 33%，人均煤炭、石油、天然气可采储量分别为世界平均水平的 57%、7.69%和 5%。同时，随着经济的发展，我国能源生产已无法满足自身需求，自 1992 年起，我国已出现能源供需的缺口，到 2007 年缺口已达 30 138 万 t 标煤[5]。为满足需求，我国不得不大量依赖能源进口：我国石油依存度已近 50%[6]。同时国际能源价格的上涨和国内能源价格管制逐步放开，无疑为对我国的能源消费带来更大的压力。一方面是能源需求的持续旺盛，能源供给无法满足自身需求，不得不依靠能源进口；另一方面能源价格的上涨，增加了能源供给的不稳定性和风险，加之我国能源利用效率不高，这使得我国能源安全面临着严峻挑战，如何应对这一挑战，大力实施节能，提高能源利用效率，将是保障我国能源安全的必由之路。

指标的提出是确保环境质量改善的重要途径。我国不仅是 SO_2、COD 等污染物的排放大国，同时也是温室气体第二大排放国[7]。减少温室气体排放、应对全球气候变化，已成为世界各国的共识和努力地方向。而据估计，在我国所排放的温室气体中，70%来自燃煤[8]。因此，实施节能减排，减少污染物和温室气体排放，是实施可持续发展战略，改善环境质量的根本途径。

2 "节能"与"减排"指标关系的理解与认识

"单位国内生产总值能源消耗"和"主要污染物排放总量"这两个节能减排指标在《"十一五"规划纲要》中同是以约束性指标的形式提出的。所谓约束性指标是在预期性基础上进一步明确并强化政府责任的指标，是中央政府在公共服务和涉及公众利益领域对地方政府和中央政府有关部门提出的工作要求。政府要通过合理配置公共资源和有效运用行政力量，确保实现。在目前各种文献资料中，这两个指标均被合称为“节能减排指标”，充分反映了两者之间的密切相关性和联系[9]。但同时二者之间又存在较为显著的差异。总的来看，“节能”和“减排”的关系是既密切联系又有所差异。

2.1 “节能”和“减排”密切相关

众多污染物的产生来自能源的使用，特别是我国以煤炭为主的能源结构。我国能源消费主要依赖煤炭，2006 年达到 69.5%，在相当长的时间内，能源消费以煤炭为主，这直接带来了严重的环境污染。我国已成为世界上最大的 SO_2 排放国，仅 2007 年 SO_2 排放量就达到 2 294.4 万 t，而 SO_2 排放与燃煤密切相关[10]；我国的酸雨面积约占国土面积的 30%，酸沉降已给生态系统造成很大破坏。同时全国烟尘排放量的 70%、氮氧化物的 67%都来自于燃煤。煤炭使用过程产生的污染是中国最大的大气环境污染问题。而且中国煤矿每年产生的各种废污水约占全国总废污水量的 25%。我国目前已成为仅次于美国的第二大温室气体排放国，2005 年占全球排放总量的 18.8%左右。而据估计，在我国所排放的温室气体中，70%来自燃煤。因此，实施节能，提高能源利用效率，在很大程度上将有助于污染物的控制和排放；同时从减排的角度分析，同时推进减排目标的实现，离不开从源头抓起，必将要求提高能效、减少能源投入使用，从而促进节能目标的实现，因此两个指标之间是相互促进、密切联系的。

2.2 “节能”和“减排”各具特点

“节能”和“减排”两个指标尽管密切相关，但同时也有着本质的差别。“节能”指标，正如前面所表述的，是以“单位国内生产总值能源消耗”为表征的，因此实质上它是一个比率指标，也就是说是一个二次指标：它是通过能源消耗除以 GDP 获得的。因此只要能源消耗增长速率小于 GDP 的增长速率，这一指标就会下降，但其并非意味着实际能源消耗数量的下降。马中教授等曾测算过假定 2006—2010 年 GDP 年均增速保持 7.5%（规划增长率）和 10%（近似的实际增长率）两种情景：按照单位 GDP 能耗下降 20%的目标，在第一种情景下，2010 年全国能源消费总量将达到 25.65 亿 t 标准煤，比 2005 年增长 14.9%，在第二种情景下，2010 年能源消费总量为 28.77 亿 t 标准煤，比 2005 年增长 28.8%。可见，在实现能源消耗强度下降 20%的目标情况下，能耗的总量依然将保持较快增长，甚至能源消耗总量的增幅超过单位 GDP 能耗下降的幅度[11]。

相比较“节能”指标的二次性特征，“减排”指标则为一次性指标，是绝对数量概念的总量指标，它是以“十一五”期间污染物排放总量减少 10%为表征的。这与“节能”指标相比，脱离了与经济增长挂钩的关系，也就意味着，无论“十一五”期间经济增长多快、总量多大，污染物排放数量一定要比 2005 年下降 10%，也就是说 COD、SO_2 要分别从 2005 年的 1 414.2 万 t、2 549.3 万 t，下降到 2010 年的 1 131.4 万 t 和 2 039.4 万 t。如果按照“节能”指标思路来计算的话，则意味着，单位国内生产总值污染物排放（以 COD 和 SO_2 计；同时以 GDP 年均增长 7.5%计算）要由 2005 年的 76.9 t/万元 GDP、138.6 t/万元 GDP 下降至 2010 年的 86.9 t/万元 GDP、48.2 t/万元 GDP，降幅均为 37.4%。由此可以得出，“减排”指标具有双重约束性：总量和强度；而“节能”指标则仅具有单边约束性，即强度约束。因此，“减排”指标较“节能”指标要求更高、完成的难度也更大。

同时，相比较“节能”指标，“减排”指标的公共福利属性更加明显[11]。能源是一种商品，具有较为明确的价格，作为生产重要要素之一，企业出于经济利益的考虑，企业会比较重视能源成本的节约。因此，“节能”有助于降低企业生产成本、增强企业的竞争力，特别是在我国能源价格管制逐步放开、与国际市场接轨的大形势下，企业对于“节能”往往积极性比较高，有助于“节能”指标的推进和完成。而“减排”指标则存在着显著的正外部性效益，但对于个体企业自身而言，其并未从“减排”指标完成中获得更多实质的经济利益，相反，需要承担“减排”指标完成所需的费用，因此，企业往往缺少主动性。总的来说，“节能”更具有私人物品属性，而“减排”则主要体现公共物品属性，这就决定了对于这两个指标的完成，应当根据其特性，采用不同的政策、体制、手段。减排工作需要更强的政府管制和激励机制的完善。

3 “节能减排”指标存在问题识别

由于“节能减排”指标的提出实施关系着我国经济、社会、环境的协调发展，因此社会各界均给予了高度的关注。众多学者从不同角度阐析了目前“节能减排”指标实施所面临的困难和存在的问题：李霞、吴舜泽等学者从中央政府层面探讨了实施“节能减排”所面临的困难，并进而提出了相应的建议对策[11-13]；房桂干、吴萱、包建兴等学者则分别从造纸、电力、煤矿开采等行业层面分析了实施“节能减排”所面临的障碍和缺陷，提出了自己对于完善指标的意见建议[14-16]；沈金华、吕莹、陈振鹭等研究人员则从地方层面评价了其实施“节能减排”目标的情况，基于此分析了指标在地方层面执行存在的问题，提出了下一步修改完善的思路[17-19]。综观目前对于“节能减排”指标存在问题的分析，主要还是集中于指标执行过程中存在问题的解析，而且这种解析大多是从政府管理者角度进行的，而对于“节能减排”指标本身选择和分配方面存在的问题很少涉及，基于企业主题的问题查找也少见于已有的文献资料。因此，本文将分别从“节能减排”指标选取、指标分配和指标执行（侧重于企业主体）等方面分析目前“节能减排”指标存在的问题。

3.1 “节能减排”指标选取

将“节能减排”指标纳入到《“十一五”规划纲要》，并被作为约束性指标来执行，反映了国家节约能源、改善环境的决心。因此相应的指标应该能够反映这一决心和趋势。但就目前指标的选取而言尚无法充分反映或者说代表环境质量和能源利用情况。

在“主要污染物排放总量减少 10%”这一指标中，主要污染物选择的是 COD 和 SO_2。诚然这两个指标具有相当的代表性，而且我国历来将这两个作为环境表征的重要指标，目前这两个指标的监测方法、程序、网络、数据等方面都已经比较健全。但问题是随着我国经济的发展，环境问题已呈现复杂化、多样化的趋势，由氮（N）、磷（P）等营养盐所引发的湖泊富营养化和海洋赤潮已成为不少区域的首要环境问题；而且我国地域辽阔、经济社会发展差异显著，随之而来的是环境问题差异也十分明显，有些地方 SO_2 已非主要的大气污染物，由机动车尾气所引发的碳氢化合物污染已成为不少发达地区（特别是城市）的首要环境问题。因此，目前所采用的 COD 和 SO_2 指标无法完全表征整个国家的环境质量，需要进一步考虑指标的普适性和特殊性，加以修订。

同时，正如前面所分析的那样，对于“节能”指标的选择、表述，仅是一个相对指标的概念，这实质上是无法完全控制我国能源的增长的。而基于我国严峻的能源形势，减少能源使用是需要得到进一步明确的。

3.2 “节能减排”指标分配

我国在“节能减排”各地方分配方面，已有所差异，例如对于能耗指标的分配，如表 1 所示。从表 1 中可以看出，尽管 31 个省市行政区中有 19 个其地方规划指标要高于或等于国家下达的指标，但同时也有 12 个省市自身规划设计的指标要低于国家下达的指标。这其中既有经济发达的省份，例如北京、天津、浙江，这些省市经济发达，单位能耗在 2005 年时已接近或低于国家 2010 年目标，此外，随着产业结构的调整，这些经济较为发达地区高能耗工业占整个经济比重的持续下降，单位 GDP 能耗下降的空间已经不大，较为“一刀切”的 20%指标对其而言既不具有经济性，同时操作难度也极大。同时像宁夏、青海等经济较为不发达地区，其需要进一步发展经济，能源消耗会显著增加，较为一致指标的提出，同样未充分反映地区的特性。我国地域辽阔，地区间经济、社会、环境差异显著，实施节能减排应充分考虑地区间的差异，使得指标分配能够一方面促进可持续发展，另一方面有助于体现区域特性。此外。笔者运用 DEA 模型分析了我国 31 个省行政区 SO_2 减排潜力也发展，地区见差异显著，对于经济比较发达的地区，在不损害经济稳定增长的前提下，其 SO_2 减排潜力很少；而对于经济处于发展初级阶段的中西部地区，由于其能耗高、技术落后、管理相对薄弱，致使其污染物排放效率很低，具有更大的减排建立，因此，国家应通过资金投入、技术转移等方式，促进中西部地区的节能减排工作，这一做法目前较为一致的指标分配做法，更加有助于经济、社会和环境的协调发展，更有助于节能减排目标的实现[20]。

表 1　能耗分配与各地方自身规划指标值比较[21-22]

地区	2005 年基数（以标煤计）/（t/万元）	2010 年目标（以标煤计）/（t/万元）	下降幅度/%	地方规划指标/%
全国	1.22	0.98	20	—
北京	0.80	0.64	20	15
天津	1.11	0.89	20	15
河北	1.96	1.57	20	20
山西	2.95	2.21	25	25
内蒙古	2.48	1.86	25	25
辽宁	1.83	1.46	20	20
吉林	1.65	1.16	30	30
黑龙江	1.46	1.17	20	20
上海	0.88	0.70	20	20
江苏	0.92	0.74	20	20
浙江	0.90	0.72	20	15
安徽	1.21	0.97	20	20
福建	0.94	0.79	16	—
江西	1.06	0.85	20	20
山东	1.28	1.00	22	22
河南	1.38	1.10	20	20

地区	2005年基数（以标煤计）/（t/万元）	2010年目标（以标煤计）/（t/万元）	下降幅度/%	地方规划指标/%
湖北	1.51	1.21	20	20
湖南	1.40	1.12	20	20
广东	0.79	0.66	16	13
广西	1.22	1.04	15	10
海南	0.92	0.81	12	7.5
重庆	1.42	1.14	20	20
四川	1.53	1.22	20	20
贵州	3.25	2.60	20	20
云南	1.73	1.44	17	12
西藏	1.45	1.28	12	13
陕西	1.48	1.18	20	19
甘肃	2.26	1.81	20	20
青海	3.07	2.55	17	10
宁夏	4.14	3.31	20	15
新疆	2.11	1.69	20	20

3.3 “节能减排”指标执行

正如前文所分析的，“节能减排”指标的实施具有很强的社会福利性质，因此，政府应当起到主导作用，但同时也不应忽略企业的行为。“节能减排”指标最终落脚于具体企业，因此指标的完成不开企业的执行。笔者日前在某市所得企业对于实施“节能减排”指标意识、态度和行为调查发现，目前在企业层面执行“节能减排”指标方面存在着不少困难，这从一个侧面反映出目前“节能减排”指标执行方面还存在着一些问题：在被调查的企业中，70%的受访企业表示，目前政府只是将“节能减排”指标平均分配给各个企业，而并未考虑企业性质，所处行业，目前能耗、污染物排放水平等因素的差异性；同时超过 80%的企业表示其在“节能减排”指标执行过程中面临着资金、技术、信息等方面的困难，而相应的政府并未有相关政策、资金、技术方面的支持帮助[23]。诚如前文所分析的，“节能减排”指标的完成具有很强的正外部特性，需要政府发挥主导作用，而通过调查发现，地方政府在协助企业执行“节能减排”目标中，仅重视指标分配、监督，而忽视了对企业的帮助支持，这很不利于指标的实施和企业的正常发展，需要进一步改进。

4 完善“节能减排”指标的建议

首先在“节能减排”指标选取方面，应该本着普适性与针对性相结合的原则，充分考虑地区污染的特点，选择合适的“减排”指标，例如在“三湖”地区，应选择引起富营养化的N、P等作为控制指标，而对于比较发达的地区，在大气污染控制指标选择方面，除了 SO_2 指标外，应充分考虑碳氢化合物的控制。在“节能”指标方面，是否可以考虑在未来增加节能绝对数值的指标，真正实现我国的节能。

其次，在“节能减排”指标分配方面，建议应充分考虑地区经济、社会和环境特征，使得指标分配就满足国家可持续发展战略的要求，要不能大幅损害地区发展的诉求，同时应积极加大对中西部地区的政策、资金和技术的扶持力度，促进其节能减排。

最后，如何促进执行“节能减排”指标，关系到整个目标完成与否。因此，根据笔者所做的调研来分析，应充分考虑企业性质、所处行业、工艺技术水平、能耗和污染物排放数量，合理分配企业指标，同时采用积极的资金、技术和信息扶持政策，促进企业执行“节能减排”目标。

“节能减排”是一个长期的过程，它不仅需要在“十一五”期间执行，而且应作为我国的长期政策加以推进，同时在推进过程中不断总结经验、发现不足与缺陷并加以完善，从而实现我国的可持续发展目标。

参考文献

[1] 温家宝.温家宝在第六次全国环境保护大会上的讲话[EB/OL]. [2006-04-18] http：//news.xinhuanet.com/video/2006-04/18/content_4443864.htm.

[2] 中华人民共和国环境保护部. 2007年中国环境状况公报[EB/OL]. [2008-08-25] http://www.chinaenvironment.com/view/ViewNews.aspx？k＝20080825093404481.

[3] 刘伟，鞠美庭，邵超峰，于敬磊. 中国能源消耗趋势与节能减排对策[J]. 环境保护，2008（17）：38-42.

[4] LEI SHI. Evaluation of rational industrial solid waste abatement in China[J]. International Journal of Environment and Waste Management，2008，2（1-2）：187-199.

[5] 国家统计局. 中国统计年鉴 2008[M]. 北京：中国统计出版社，2008.

[6] 2020 年我国石油和天然气——对外依存度将达 50% [EB/OL]. http：//www.chitec.cn/hitech/showDoc_ff8080810a29ca01010a2f10a2cc0651.html.

[7] 张志强，曲建升，曾静静. 温室气体排放评价指标及其定量分析[N]. 地理学报，2008（7）：693-702.

[8] Cook，W F，LIOUSSE C，CACHIER，H，FEICHTER J. Construction of a 10×10 fossil fuel emission data set for carbonaceous aerosol and implementation and radiative impact in the ECHAM4 model[J]. Journal of Geophysical Research，1999，104（18）：137-162.

[9] 薛鹏. 节能减排的一个宏观解析[J]. 财经问题研究，2008（9）：19-23.

[10] 王金南，等. 中国的能源与环境：2020. 中国环境政策（第二卷）[M]. 北京：中国环境科学出版社，2006.

[11] 马中，吴健，魏珣，张红亮. 建立基于效果和效率的减排长效机制[J]. 环境保护，2007（24）：20-22.

[12] 李霞. 破除节能减排思想障碍的路径思考[J]. 中国高新技术企业，2008（22）：166.

[13] 吴舜泽，王倩，叶帆. 从节能和减排指标的关系看污染减排问题[J]. 环境保护，2007（6）：26-29.

[14] 房桂干. 我国造纸工业节能减排现状和应采取的对策[J]. 江苏造纸，2007（4）：13-21.

[15] 吴萱. 电力行业节能减排政策及技术浅析[J]. 环境保护与循环经济，2008（3）：23-24.

[16] 包建兴，栗秀华. 龙东煤矿节能减排工作现状的调查与对策研究[J]. 科技信息（学术研究），2008（30）：322-323.

[17] 沈金华，曾翔旻，聂佩进. 武汉市节能减排面临的挑战与应对之策[J]. 武汉学刊，2008（1）：29-33.

[18] 吕莹. 对济宁市推进节能减排工作的调查[J]. 中国经贸导刊，2008（21）：34-35.

[19] 陈振鹭，郭菲，张亚芬，韩叶. 石家庄市节能减排调查报告[J]. 河北企业，2008，11：49-50.

[20] LEI SHI，LU XING，GENFA LU，JI ZOU. Evaluation of rational sulphur dioxide abatement in China[J]. International Journal of Environment and Pollution，2008，35（1）：42-57.

[21]“十一五”期间各地区单位生产总值能源消耗降低指标计划[EB/OL]. [2006-11-06] http：//www.sdpc.gov.cn/fzgh/zcfg/W020061106598277076293.doc.

[22] 宋雅琴，古德丹.“‘十一五’规划”开局节能、减排指标“失灵”的制度分析[J]. 中国软科学，2007（9）：25-32，87.

[23] LEI SHI，LU XING，GENFA LU. Scale，Ownership and Market：Which Matter in Corporate Environmental Governance[J] Proceedings of the 3rd East Asian Symposium on Environmental and Natural Resources Economics，2008.

从财政视角看中国横向生态补偿机制的构建

Mechanism for Horizontal Ecological Compensation in China from a Financial Perspective

郑雪梅
（大连行政学院，大连　116013）
Zheng Xuemei
（Dalin School of Administration，Dalian　116013）

[摘　要] 生态补偿是保护生态环境的一种重要经济手段，因此，《国民经济和社会发展“十一五”规划纲要》将建立生态补偿机制列为“十一五”时期的主要任务之一，党的十七大报告也再次强调要“建立健全资源有偿使用制度和生态环境补偿机制”。与纵向生态补偿相比，尚处于起步阶段的横向生态补偿机制的构建对当今中国来说更艰难也更为迫切。鉴于生态环境是典型的公共产品，本文主要从财税政策的角度出发，提出了建立横向生态补偿机制的基本原则和总体思路。

[关键词] 横向生态补偿机制　财税政策　生态转移支付制度

Abstract：Ecological compensation is an important economic methods to environmental protection，so “11th Five-Year Plan” list establishment mechanism of ecological compensation as one of major tasks. By comparion with longitudinal ecological compensation，horizontal ecological compensation is still in its infancy. In this paper，the author provide the principles and general idea of establishment of horizontal ecological compensation from a financial perspective.

Key words：Horizontal Ecological Compensation，Fiscal and Taxation Policy，Eco-Transfer Payments

良好的生态环境是居住在不同地区的人们共同的生产和生活基础，如何使区域经济与生态环境协调发展是我国实现可持续发展过程中必须要解决的重大课题。作为公共产品（或公共服务），生态环境具有显著的跨区域性，因此在一国范围内，它既有全国属性，又有鲜明的地域属性。全国性的生态服务理所当然应由中央财政支出来解决，而具有地域属性的生态服务应该由区域内所有受益者共同承担，这是毫无疑问的。但在具体实践中，区域性生态服务的各受益地区往往隶属于不同的行政区划，分属于不同级次的财政，而且不同区域的政府财力又存在巨大差异，因此，协调处理好区域内生态与经济的关系实际上要复杂得多[1]。笔者认为，破解这道难题的一条重要途径是建立以生态转移支付制度为核心的横向生态补偿机制。其环境效应在于：通过经济和生态上的补偿，可以使生态环境的提供者和受益者在成本分担与收益享受上趋于合理，从而实现环境保护正外部效应内在化，激励经济主体积极参与环境保护事业。

1 横向生态补偿的基本内涵

横向生态补偿是生态补偿的一种特殊形式。在发达国家，生态补偿通常指生态（环境）功能付费，即生态功能受益者对生态功能提供者付费的行为[2]。在我国的环保实践中，关于生态补偿的内容较广泛，至今尚无统一公认的定义。从补偿的对象看，大体可以分为三类：第一类是对生态环境本身的补偿；第二类是与国际概念较相似的生态（环境）功能付费，体现着“受益者分担”的原则；第三类则是对因资源开发而造成的生态破坏，以其治理与恢复的成本为标准来补偿，体现的是“破坏者赔偿（付费）”的原则。本文所涉及的生态补偿属于第二类，主要是依照“谁受益谁补偿”的原则，根据生态系统服务价值、生态保护成本、发展机会成本，通过财税、生态购买等经济政策，实现生态保护的外部收益（或外部成本）内部化，以激励生态产品足额供给的一种制度安排。

从受偿方向看，生态补偿大致可以分为纵向生态补偿和横向生态补偿两种类型。前者是中央对地方的补偿，主要通过中央财政纵向转移支付的方式展开，比如 2000 年启动的“退耕还林还草”“天然林保护工程”等基本属于这一补偿类型。后者则发生在经济与生态关系密切的区域（包括流域、行业，下同）之间，是由生态受益区向生态提供区支付一定的资金或以其他方式进行的补偿。考虑到我国地区经济发展极不平衡、生态资源空间分布又不均衡，而且这两种不平衡还不完全匹配的特点，本文认为，目前中国的横向生态补偿应当主要是指经济发达地区向欠发达地区，尤其是东部沿海地区向西部地区支付的经济和生态上的补偿。

2 建立横向生态补偿机制的现实意义

与纵向生态补偿相比，横向生态补偿在中国几乎处于空白状态，目前只是少数经济发达的省份如广东、浙江等在本省范围内进行了实施和探索，从全国情况看，生态环境服务基本还是“免费的午餐”。而横向生态补偿机制的缺失，恰恰是造成我国许多地方环境保护进展乏力，生态破坏、环境污染难以遏制的主要根源，同时也严重影响了社会公平和资源配置效率，由此而产生了一系列的不良后果，包括以下 3 个方面。

2.1 地区之间的社会不公平性日趋加剧

我国经济地理分布的基本特点是：经济发达地区所处的生态位势较低，资源相对短缺，而欠发达和贫困地区则生态位势较高，资源也相对丰富。从全国来看，无论是按东、中、西部划分的地带，还是区域间、流域间，甚至一个地区内部，向社会提供大量生态服务的地区以及生态脆弱和环境敏感地区，往往是贫困地区或欠发达地区，如长江、黄河等河流的上游，云南、贵州等省生物多样性丰富的山林地区，内蒙古和西北农牧交错带等等。即使在经济发达地区也不例外，比如浙江省的西南部地区属于落后地区，而这里恰恰是全省的水源地及生态林集中分布区。在这样的经济地理格局中，横向生态补偿机制的缺失，无疑对地区差距进一步扩大及社会不公平性日益加剧起到了推波助澜的作用。这些不公平性主要表现在：

（1）发展不公平。改革开放以来，中国资源丰富的地区（如西部地区）经济发展相对落后，而资源比较缺乏的地区（如东部沿海地区）却获得了高速发展。资源丰富地区的居民并没有得到资源利用的优先权，他们的资源大规模流向了经济发达地区，却没有相应形成资金和技术的回流。而且，这种资源大规模与远距离转移所形成的高昂成本最终是由中央政府来承担的（而非经济发达地区自身），中央政府支付的转移成本来自国家的财政收入，而这些财政收入中包括了资源所在地居民向国家缴纳的税收，也就是说，资源丰富的经济欠发达地区不但没有获得应有的收益，反而为经济发达地区承担了部分发展成本，形成“反溢出效应”[3]，加倍增加了社会不公平性。此外，这些落后地区还常常因为担负着保护饮用水源、生态林、湿地、生物多样性等环境责任而限制了当地的经济发展，但它们并没有因为“保大局而舍小局”所做的牺牲获得任何补偿。

（2）享受收益与分担成本不对称。生态建设与环境保护是典型的公共产品，生产这类产品投资大、见效慢、外溢性强，在没有生态补偿，又缺乏多元化投融资渠道的情况下，地方政府提供生态服务主要靠财政投资，而我国地区经济发展很不平衡，经济发达地区与贫困地区之间存在着巨大的横向财政缺口，与富裕地区相比，贫困地区通常没有能力筹措到提供大量生态服务所需的自有财政资源。于是，一方面，经济发达地区财力充足，却“免费搭车”享受贫困地区提供的生态服务；另一方面，贫困地区财政困难，甚至背负巨额财政赤字，却要为本地区以外的多个地区提供大量的生态服务，即使它们提供的生态服务在未来能产生很好的经济效益，由于环境经济效益的滞后性，也往往很难在短期内见效，因此，作为生态环境提供者的贫困地区居民不得不“饿着肚子呼吸新鲜空气”。

（3）环境不公平。发达地区工业部门大规模地廉价开发和转移贫困地区的自然资源，在一定程度上改变甚至破坏了资源所在地的生态环境，损害了当地居民及其后代的利益，但发达地区却没有因此而补偿当地生态系统和居民所付出的代价。另外，随着发达地区近些年来环境保护力度不断加大，它们逐渐将自己经济增长的生态环境成本转嫁给了落后地区，包括污染物排放从城市转移到农村、高污染产业从东部转移到西部。这样的环境负担大转移，造成广大农村地区，特别是西部落后地区的生态系统严重退化，从长远看，这无疑会成为对中国发展威胁最大的环境问题。这个问题若不能得到及时有效地解决，我国社会主义新农村建设、西部大开发乃至全面建设小康社会的伟大战略都将很难顺利实现[4]。

2.2 生态产品（或生态服务）的供给严重不足

随着我国经济的持续快速发展，公共需求发生了很大的改变。一方面，经济规模的迅猛扩张对环境所产生的压力越来越大，另一方面，随着居民生活由温饱型向小康型乃至富裕型转变，生态环境、安全等满足享受和发展需要的公共产品或公共服务日益成为重要的公共消费需求。这些变化要求政府必须加强其公共环境职能，增加对环境污染治理和生态环境保护的投入，以满足区域内经济主体对生态环境的公共需求。

然而环境保护与地方经济利益对地方政府来说犹如鱼和熊掌，虽非不可兼得，却也绝非互不冲突。资源有效配置的一个基本原则是成本与效益对等，只有当产品的边际效益等于边际成本，该产品的供给量才是有效率的。生态环境这类公共产品具有显著的效益外溢性，其受益范围往往是跨行政区间的，提供生态环境而产生的利益会溢出到那些不为此分担成本的其他地区。在没有得到相应补偿的情况下，生态供给区的地方政府是不可能“甘为他人作嫁衣”的，它所愿意提供的生态服务数量仅限于本辖区的边际效益与边际成本相等时所决定的供应量[5]，大大低于该项服务的社会最优水平。从社会范围看，这样的供应水平并不符合资源配置的效率要求。

显然，由于横向生态补偿机制的缺失，使环境保护沦为“赔本的买卖”，严重挫伤了生态建设者的积极性，导致生态产品（或生态服务）的供给效率大大降低，这在贫困地区体现得尤为明显。贫困地区自身财力严重匮乏，根本无力筹措足额资金来向社会提供大量的生态服务，如果没有一种从外部注入资金和提供帮助的机制，是不可能真正保护和改善当地生态环境的。而我国长期以来资源和环境服务价格一直偏低甚至无价，再加上缺乏合理的生态补偿，位于“生态重地”的贫困地区居民被迫陷入了“要温饱还是要环保”的两难境地。为优先满足生存需要，它们当然更倾向于选择舍环境而取经济[6]，甚至可能为了所谓的经济发展，不惜以牺牲环境、掠夺性开发自然资源为代价。

2.3 最终的后果：生态环境总体趋于恶化

我国现行环保投融资体制决定了地方政府提供生态服务主要靠的是财政投资，这样，生态服务的供给数量和质量，就主要取决于地方政府的财力水平。在缺乏横向生态补偿的情况下，其结果必然是“强者恒强，弱者恒弱”，即经济发达地区地方政府公共环境职能逐渐增强，而欠发达地区则逐渐减弱。一些学者对 1992—2003 年间地方政府公共环境职能演进所作的实证分析已证实了这一总体态势[7]。这样的趋势如果任其发展下去，后果将是灾难性的。

正如前文所分析的，在中国的经济地理分布格局中，贫困地区的环境状况往往直接影响着较大区域甚至全国范围内的生态安全，从这个意义上说，贫困地区与发达地区实际上是“一荣俱荣，一损俱损”的生态关系。过去相当长的时间里，发达地区凭借既有优势，将自己的发展与进步建筑在夺取、占用弱势群体的资源和生态空间的基础之上，这样的做法是难以为继的。1998 年长江流域特大洪灾以及近年来每年春季都在大半个中国肆虐横行的沙尘暴，均已充分说明：一旦上游、上风口的贫困地区生态环境恶化，处在下游、下风口的发达地区也无法“独善其身”。最终，无论是想“白搭车”的发达地区，还是以环境换温饱的贫困地区，都不得不承受共同的环境灾难。

未来 13 年，是中国全面建设小康社会的重要时期，随着中国工业化、城镇化的不断推进，资源和环境对经济发展的约束将进一步加大，为避免因区域之间的利益冲突所导致的环境悲剧及经济、社会矛盾愈演愈烈，加快研究和建立横向生态补偿机制已经刻不容缓。

3 构建横向生态补偿机制的基本原则

建立横向生态补偿机制的主要目的是促进区域经济发展中公平与效率的协调，使生态服务实现以社会公平为目标的有效率增长，因此，横向生态补偿制度的核心应当是解决生态服务在辖区间的外溢效应问题。按照英国福利经济学家庇古的理论，要解决外部性问题，必须由政府进行干预，通过征税或补贴的方式使外部成本内在化，即对生产和消费使他人受损的行为，采取征税的方式；对生产和消费使他人受益的行为，政府则应从受益者那儿取走一部分用于补贴相应的利益受损者。半个世纪以来，庇古的税收—补贴制度已经在许多国家的环境领域得到了推行和应用，实践证明它对解决外部效应问题是非常有效的，由此也确立了财税政策在环境保护领域不可或缺的作用和地位。

我国自 20 世纪 80 年代起就开始了对庇古外部性理论的研究和应用，但遗憾的是，长期以来我国把重点都放在通过征收税费对污染环境的负外部性进行矫正上，却轻视了对环境保护的正外部性予以激励的重要性，因此生态补偿一直没有被正式列入国家的制度建设日程。1998 年长江特大洪灾之后，党和政府及时总结教训，做出天然林保护、退耕还林还草和退耕还湖的决定，从此启动了迄今为止中国规模最大的生态补偿实践。从实际效果看，这种以中央财政纵向转移支付开展的生态补偿确实使特定地区的生态环境得到了改善。但中央财政资金毕竟非常有限，仅仅依靠纵向生态补偿方式来解决普遍存在的区域之间的利益冲突显然是不现实的，根本出路还在于尽快实现财政资源从经济发达地区向贫困地区的横向转移，构建以生态转移支付制度为核心的横向生态补偿体系。

本文认为，在横向生态补偿机制的建设过程中应当坚持以下几项基本原则：

第一，谁受益谁付费。实行横向生态补偿不是“劫富济贫”，也不是发达地区对贫困地区的怜悯施舍，而是生态在二者之间平等的市场交换，因此构建横向生态补偿机制必须坚持“谁开发谁保护、谁破坏谁恢复、谁受益谁补偿”的基本原则。这样，一方面，有利于形成对生态供给者的长效激励机制；另一方面，也有利于形成对生态受益者的约束机制，改变以往受益区普遍存在的公共消费“搭便车”心理，帮助其树立“谁受益，谁就必须付费”的生态消费观念。

第二，循序渐进、分时分区进行。由于横向利益协调牵涉上游地区与下游地区、开发方与保护方、受益者与受损者等各种错综复杂的关系，而且生态受益范围及外溢效应又很难精准确定和计量，因此，构建横向生态补偿机制不可能一蹴而就，必须在时间和空间上按轻重缓急有序地进行。“十一五”规划提出将国土空间分为四大类主体功能区来推进区域发展的构想，为分时分区建立横向生态补偿机制奠定了基础。鉴于“禁止开发区域”和“限制开发区域”的资源环境状况关系到全国或较大区域范围的生态安全，它们又大多属于“三位一体”地区（即生态脆弱、环境敏感且贫困），本文认为，当务之急是在这两类区域优先实施横向生态补偿，强力推动当地生态环境的改善与保护，为全国的环境安全构筑起绿色生态屏障。待条件成熟时，再在所有生态关系密切的区域、流域、行业之间全面开展生态补偿[4]。

第三，横向生态补偿与扶贫工作相结合。贫困与生态环境恶化既互为原因，又互为结果。与贫困相联系的往往是低素质的人口，因为缺乏生存和发展条件，他们无力吸纳先进的生产技术，获取可持续收入的能力也很低，其生存主要依靠高强度开发和低效率利用自然资源，由此导致生态环境恶化；而生态环境的恶化必然增加自然灾害的发生频率和强度，这不但使当地的生态环境更加趋于恶化，同时也造成更进一步的贫困，于是，形成了“贫困→过度开发利用自然资源→生态恶化→更加贫困”的恶性循环。因此，必须改变过去那种就事论事、“单打独斗”的做法，把改善生态环境与发展经济、摆脱贫困结合起来，在建立横向生态补偿机制的同时，将扶贫工作有机地融合进来，使之成为一个综合战略来予以推进。

4 建立横向生态补偿机制的总体思路

4.1 核心：建立区际生态基金模式的生态转移支付制度

横向生态补偿机制是协调在环境保护中各相关区域（包括流域、行业）之间经济利益关系的一项制度。要实现我国区域经济与生态环境的协调发展，创造一个可持续发展的绿色未来，迫切需要通过适当的财政制度安排来建立和完善横向生态补偿机制，以维护社会公平，提高贫困地区保护生态环境的积极性，促进区域性生态服务的有效供给。而这种财政制度安排的核心应当是建立生态转移支付制度。本文所谓的生态转移支付，确切地说是基于生态补偿的横向转移支付，即按照“谁受益谁付费”的原则，由生态服务的受益区政府向该服务的提供区政府支付一定的资金，使后者提供的生态服务成本与效益基本对等，从而激励其提高生态产品或服务的有效供给水平。对中国来说，目前的生态转移支付制度应主要是指经济发达的生态受益区向欠发达或贫困的生态提供区转移一定的资金，以促进生态建设与环境保护的一项财政制度。

公共产品的辖区间外溢效应决定了要想提高该辖区生态服务的供应效率，就必须通过特定目的的政府间转移支付来弥补边际辖区利益与边际社会利益的差距，使生态服务的外部效应的内在化，达到激励投资的作用。但我国现行的政府间转移支付制度尚无法做到这一点。长期以来，我国的转移支付制度一直采取的是单一纵向转移模式，从设计意图看，中央制定这项制度的主要动机是均衡地方财政收入能力的差别，在制度设计中根本没有涉及省际外部效应内在化的问题[8]，生态补偿当然也就不在考虑之列。

从世界范围看，采取专门措施来实现外部效应内在化的国家也非常少，目前通过规范化横向转移支付制度来解决同级政府间财力平衡问题的只有德国。在以纵向平衡为主的前提下，德国实施了独具特色的横向财政转移辅助性方法，他们通过建立财政平衡基金，实现了财政收入在各州之间及各市镇之间的横向转移，从而缩小了贫困地区与富裕地区之间的财政收入差距，在一定程度上起到地区间财力平衡的作用。德国这种州际财政平衡基金模式的横向转移支付制度，无疑为我们设计生态转移支付制度提供了一条很好的思路，即在经济和生态关系密切的同级政府间建立区际生态转移支付基金，通过辖区政府之间的相互协作，实现生态在某一区域内的有效交换，从而形成生态服务的生产与消费的良性循环。当然，除了借鉴德国财政平衡基金的做法外，在我国的财政实践中，具有公共服务性质的社保基金的市场化运作经验也可以拿来作参考。

本文对建立区际生态转移支付基金的基本设想是：该生态基金由区域内生态环境受益区和提供区政府的财政资金拨付形成，拨付比例应在综合考虑当地人口规模、财力状况、GDP 总值、生态效益外溢程度等因素的基础上来确定。各地方政府按拨付比例将财政资金缴存入生态基金，并保证按此比例及时进行补充。基金的交付要体现“抽肥补瘦”、共担责任的目的。生态基金必须用于绿色项目，包括生态服务提供区的饮用水源、天然林、天然湿地的保护，环境污染治理，生态脆弱地带的植被恢复，退耕还林（草），退田还湖，防沙治沙，因保护环境而关闭或外迁企业的补偿等。其中适合产业化经营的绿色项目，应通过招标来选择专业公司进行市场化运作。生态基金的运行管理应以绿色项目为基础，而不能以某地方政府、某公司或组织为基础，以保证资金投入的准确性和有效性。

在生态转移支付制度的设计中，要着重两个方面的建设：一是决策机制，二是监督机制。与基金使用相关的一切决策必须科学、民主、透明。要成立区际基金管理委员会，负责召集区域内各地区相关的政府官员、专家学者和当地群众代表，对区域内重大环保工程或项目共同进行可行性论证，并联合审查该项目是否符合申请使用区域生态基金的条件。委员会的重要职责还包括：聘请有资质的中介环评机构对绿色项目作环境影响评价，公开招标选择区域生态基金的开户银行，制定严格、规范的基金缴纳、使用和绩效评价制度，建立顺畅的区域环境合作对话机制和信息系统机制，通过公开招标选择对绿色项目进行产业化经营的公司等。同时在监督方面，对每一笔基金的拨付使用要聘请第三方专业机构进行审计，重点审计基金的实际用途是否与申请用途相符，资金的使用效率如何，绿色项目产生的生态效益、社会效益是否达到预期等。必须建立严格的责任追究制度，在区际生态转移支付基金的运作过程中，哪个环节出现问题，该谁负责，负什么责任，如何惩治，由谁来执行，谁来监督等，这些都必须做出明确的规定。

需要强调的是，基于生态补偿的横向转移支付，与通过中央财政纵向转移财力来实现生态补偿相比，二者只不过是分工不同，操作方式不同而已，并非互相排斥、非此即彼的对立关系。前者是以区域生态转移支付基金的模式进行运作，用于区域性生态服务的补偿，而后者则是采用专项补助的方式，对全国属性的生态服务进行补偿，比如西部地区的退耕还林（草）、防沙治沙工程等。当然，如果实行区际生态基金的区域内有国家级的生态保护工程，中央政府也应向生态基金中拨付一定的财政资金作为管护费用的补偿[1]。

4.2 其他配套措施

除重点建立生态转移支付制度外，构筑横向生态补偿体系还应从以下几方面着手：

（1）加大对生态补偿的预算投入比例。财政对环境保护的投入是最直接的生态补偿。近年来，我国财政环保支出逐年快速递增，但从支出结构看，与政府大搞生态工程建设相比，对生态补偿的研究和投入则少得可怜。而事实上很多地区的生态保护实践证明：只要能充分调动广大贫困地区农民保护环境的积极性并尊重自然规律，一些地方已经退化的生态系统恢复起来要比想象的更快些，花钱也比自上而下的生态工程建设要少得多。因此，开展环境保护工作，尤其是“禁止和限制开发区域”的环境保护应当以生态补偿为支撑，而不是人工生态建设唱主角。建议今后中央和地方财政对环境保护的支出应加大投入生态补偿的比例，资金要重点投向：①重要生态功能区的生态恢复、环境治理与保护；②生态移民安置及对不符合环保标准的当地企业进行搬迁补偿；③扶贫帮困、发展生态农业、增加当地居民收入；④对生态补偿价值核算、补偿标准计量等基础性研究以及相关环保技术的应用研究等方面。

（2）拓宽生态补偿资金的筹资渠道。从 1998 年起，我国利用部分增发国债来安排环境保护方面的支出，使得环境保护投资占 GDP 的比重逐年大幅增加（“十五”期间该比例高达 1.3%），效果非常显著。但必须认识到，中国经济目前仍处于转轨过程中，政府职能范围在不断扩大，而财力却十分有限，仅仅依靠政府的大量投入来完成全面生态补偿是不可能的。今后在继续利用国债的同时，还应采取各种财税政策，鼓励多渠道投资，比如，通过提供低息贷款、延长贷款偿还期、给予税收减免、允许固定资产加速折旧等优惠政策，鼓励私人积极参与绿色产业的投资。此外，我国超过 16 万亿元的居民储蓄额为利用资本市场进行环保融资提供了可能。因此，可以考虑发行生态补偿基金彩票或中长期环保债券，或者提供各种优惠政策鼓励更多的环保企业上市，在股票市场中形成环保板块[9]，以筹集更多的生态补偿和环保资金。

（3）完善有关环境保护的税收政策。“禁止和限制开发区域”主要位于我国的西部地区，因此，对这两类区域的生态补偿实际上就是对西部欠发达地区的补偿。可以考虑率先在东部地区试点推行生态税和生态环境补偿税（可在现行生态环境补偿费的实践基础上以“费改税”方式形成），并通过中央财政转移支付给西部地区用于环境综合治理、生态恢复与建设。这种“东税西补”的做法是符合经济学的补偿原则的[10]。“七五”计划以来，我国实行向东部沿海地区倾斜的非均衡发展政策，促使东部地区经济得到了迅猛发展，而与此同时，西部地区却牺牲了自己的发展利益并付出了多方面的代价，无论从维护社会公平还是提高资源配置效率的角度考虑，作为政策受益方的东部地区对受损的西部地区进行利益补偿都是理所应当的[4]。

除了在东部地区率先征收生态税、生态环境补偿税外，要建立横向生态补偿机制，还必须尽快改革和完善资源税，并将所征收的税金主要用于资源所在地的生态恢复和帮助当地居民脱贫增收。

（4）采取灵活多样的补偿方式。生态转移支付制度主要是资金形式的补偿，实际上，区域环境合作及生态补偿还可以配套采取一些其他形式。比如，绿色技术及教育援助。经济发达地区出钱、出物、出人力来研究解决贫困地区在环境保护中遇到的技术难题，由此产生的专利或专有技术可供贫困地区在一定期限内免费使用。也可以由经济发达地区每年有针对性地安排一定数量的技术项目，帮助贫困地区发展无污染的替代产业或生态产业。环保教育方面，经济发达地区可以每年有计划地帮助贫困地区培养一批环保技术人员，并组织专家、环保志愿者到贫困地区开展各种形式的环保教育，提高当地居民的环保意识，帮助他们掌握实用的环保知识和技能。另外，广东、浙江等地实行的“异地开发”式发展空间补偿也是很好的方法。以广东为例，广东省龙门县统一规划设立了一个金龙开发区，安排上游各镇那些不符合水源地保护区功能要求的招商引资项目[11]。这种“异地开发”模式，通过下游给上游提供发展空间，既保护了上游地区的主要生态功能，又能促进其经济发展，是一种非常有效且实用的生态补偿方式，很适合在生态关系密切的区域间或流域内上、下游地区之间推广应用[1]。

参考文献

[1] 郑雪梅. 生态转移支付——基于生态补偿的横向转移支付制度[J]. 环境经济，2006（7）：11-16.

[2] 王金南，万军，张惠远. 中国生态补偿机制的政策评述与展望//中国环境与发展评论：第三卷[M]. 北京：社会科学文献出版社，2007.

[3] 中国 21 世纪议程管理中心，可持续发展战略研究组. 发展的基础——中国可持续发展的资源、生态基础评价[M]. 北京：社会科学文献出版社，2004.

[4] 郑雪梅，韩旭. 建立横向生态补偿机制的财政思考[J]. 地方财政研究，2006（10）：25-29.

[5] 在市场经济条件下，地方政府作为代表本地区利益的团体利益主体，它只考虑本地居民的利益，在对效益外溢的地方性公共产品或服务进行成本效益比较时，只计算本辖区产生的效益与成本，并按照本辖区的边际效益与边际成本相等的条件来决定供应量，而对外溢到其他辖区的利益则不考虑在内.

[6] 2005 年 7 月 27 日，中华环保联合会公布的中国公众环境保护态度的调查结果可以作为一个佐证。在被问及是否愿意“为环境保护，宁可放慢经济发展速度”时，只有 45.7%的公众表示赞同，而且越是落后地区、低收入人群持反对态度的越多.

[7] 何文君，马顺福. 中国地方政府公共职能演进的实证分析[J]. 财政研究，2005（12）：36-38.

[8] 贾康. 地方财政问题研究[J]. 北京：经济科学出版社，2004.

[9] 邢丽. 关于建立中国生态补偿机制的财政对策研究[J]. 财政研究，2005（1）：20-22.

[10] 按照补偿原则，假设某国经济由甲、乙两个地区组成，如果一项发展政策的实施，使甲地获益的同时却令乙地受损，那么，只要甲地的利益所得大于乙地的利益损失，就存在卡尔多改进，所以，政策受益地区应当向利益受损地区进行经济补偿.

[11] 异地开发破解生态补偿难题[N]. 中国环境报，2005-12-15.

生态环境服务付费的国际经验及其对中国的启示

Payment for Environmental Services：International Experiences and Implications for China

靳乐山　李小云　左　停
（中国农业大学人文与发展学院，北京　100094）
Jin Leshan　Li Xiaoyun　Zuo Ting
（College of Humanities and Development，China Agricultural University，Beijing　100094）

[摘　要] 生态环境服务付费在国际上引起关注的 3 个背景是：① 生态问题的凸显；② 新古典经济学意识形态的流行；③ 保护环境和减少贫困一石两鸟的期望。与生态环境服务付费理念相似的概念，在中国一般被称为生态补偿。生态补偿在中国受到重视是中国国情使然。这一国情与上述 3 个背景有共通之处，也有独特之处。这决定了生态环境服务付费的国际经验对中国生态补偿有潜在的借鉴意义，同时生态补偿又有中国特色。生态环境服务付费的国际经验对中国的主要启示是：① 需要提高下游（环境服务需求方）的生态补偿意识；② 公平的生态补偿机制要求考虑上游保护生态环境的机会成本；③ 权属明晰化是使生态补偿机制长久可持续的前提；④ 政府应鼓励地方创新形式多样的补偿形式等。

[关键词] 生态环境服务付费　生态补偿　流域生态补偿　生态系统服务付费

Abstract：Payment for Environmental Services（PES）draws much attention in the international arena with the following three backgrounds：①ecosystem or ecological problems take over the conventional environmental pollution as the most important environmental issues；②the neo-classic economics ideology prevails these years；③policy makers are interested to explore the potentials of PES as an instrument to solve the environmental problems and reduce poverty at the same time. Ecological Compensation（EC）in China is something similar to PES. The almost same backgrounds in China as worldwide make EC be much emphasized recent years although EC has its Chinese characteristics. China could learn from international PES practice and lessons, such as ①the compensation awareness of the downstream should be raised as it is going to be the main drive of the PES scheme；②the opportunity costs of environmental conservation of the upstream should be accounted in a equitable PES scheme；③clear tenure system would help PES scheme sustainable；④PES scheme will take various forms instead of a uniform one.

Key words：Payment for Environmental Services，PES，Ecological Compensation，Payment for Ecosystem Services，Payment for Watershed Services

0 引言

与我国生态补偿相近的概念，在国际上一般称为环境服务付费（Payment for Environmental Services，PES）或者生态系统服务付费（Payment for Ecosystem Services，PES），在这里我们统一简称“生态环境服务付费”。生态环境服务付费的研究和实践在 20 世纪 90 年代引起国际，尤其是发达国家，学术界和发展领域的高度关注。其中的大背景主要有 3 个。第一个背景是，先前不易显现的生态问题（如流域水质水量问题，生物多样性问题，碳排放与森林固碳等）逐渐凸显出来，成为和传统环境污染问题同等重要，甚至更加重要的社会问题。第二个背景是，国际上市场化浪潮，即推动市场配置资源，包括配置生态环境资源的新古典经济学意识形态的流行。第三个背景是，生态环境服务付费被许多决策者认为潜在的具有同时解决生态保护和改善贫困的作用。这激发了许多国际发展机构大量投入研究生态服务付费的热情，如国际农发基金（IFAD）投入国际混农林业组织（ICRAF）进行的为期 5 年的生态环境服务付费与奖励山地穷人的行动研究项目 RUPES，英国国际发展部（DFID）投入国际环境与发展研究所（IIED）进行的为期 5 年的流域生态环境服务付费与改善穷人生计的行动研究项目 DMWPSIL。

生态补偿近年在中国得到高度重视，这是由中国的国情所决定的。中国目前的国情和生态环境服务付费得到国际关注的国际背景，有相似之处，也有不同之处。这决定了中国的生态补偿与国际上的生态环境服务付费既有相似之处，又有所不同。总结生态环境服务付费的国际经验对建立和完善中国的生态补偿机制具有借鉴意义。本文首先分析国外对生态环境服务付费的概念界定，然后在概览国外生态环境服务付费案例的基础上，总结其经验和特点，探讨它对中国建立生态补偿机制的借鉴作用。

1 国外生态环境服务付费的概念界定

国外的生态环境服务付费是一个比较狭义的概念。国际上比较有影响的对生态环境服务付费的概念界定有两个。一个是 RUPES 项目的界定，另一个是国际林业研究中心（CIFOR）的界定。

RUPES 认为（Noordwijk et al.，2005）[1]，具备以下 4 个条件的生态环境保护经济手段才是生态环境服务付费（PES）。

（1）现实性，即该机制手段是基于某种现实的因果关系（如种树有固碳和减缓温室效应的作用），和基于对机会成本的现实权衡。如有研究者提出，在寒温带种树会加剧而不是减缓温室效应，那么，排碳企业为寒温带种树而支付的费用，就不能叫做是生态环境服务付费。

（2）自愿性，即付费的一方和接受费用的另一方在这个机制中所做的，是充分知情下的自愿行为。

（3）条件性，即付费是有条件的，付费的条件是可监测的。有合同约束，达到什么条件就付多少费。

（4）有利于穷人的，即该机制应是促进资源的公平分配，不致使穷人受损。

国际林业研究中心（CIFOR）的界定（Sven Wunder，2005）[2]是，生态环境服务付费 PES 应是：

（1）一个自愿的交易行为，不同于传统的命令与控制手段；

（2）购买的对象“生态环境服务”应得到很好的界定；

（3）其中至少有一个生态环境服务的购买者和至少一个生态环境服务的提供者；

（4）只有提供了界定的生态环境服务，才付费。

国际环境与发展研究所（IIED）较早地对全球65个国家的287个生态环境付费案例进行了总结和归类，发现已有的生态环境服务付费中的生态环境服务可以分成4类：流域生态服务、森林的碳汇、生物多样性和景观（Landell-Mills and Poras，2002）[3]。其中大部分生态环境服务付费案例都是针对流域生态服务的。流域提供的生态环境服务如表1所示。

表1 流域提供的生态环境服务

改善的流域管理能提供的生态环境服务	生态环境服务的使用者			
	流域当地	流域下游	全国	世界
流域水土保持（保持土壤、肥力）	√			
水流调节（防洪、枯水季水流增加）	√	√		
水质提高（河道湖泊淤积减少、水浑浊度降低）	√	√	√（全国游客）	
景观价值（游憩）	√		√	
关键生态功能保护（候鸟中转地、沙化屏障、地下水保持区，或其他未知的生态系统功能）			√	√
碳固定（森林立木）			√	√
生物多样性保护（野生动植物栖息地）			√	√

2 国外生态环境服务付费案例

国外有许多生态环境服务付费的例子，这里仅举4个为例。

2.1 美国纽约市在Catskill流域的生态环境服务付费

纽约市北部绵延200公里的Catskill流域（位于纽约州之外的特拉华州），为人口达900万的纽约市提供了90%的水源。1993年的美国清洁水法（Clear Water Act）要求水源满足联邦水环境质量标准。为达到这一标准，建设水净化处理厂的投资费用是50亿美元左右，这些水净化处理厂的年运转费用将达2.5亿美元。但是，纽约没有建这些水净化处理厂，而是实施了一个流域生态环境服务付费项目。在该项目中，处于下游的纽约市出资帮助上游的农场主进行农场污染的治理，同时帮助改善他们的生产管理和经营。这些工作交由专业机构（独立的第三方）负责实施。污染治理的初始投资和日后运转费等都由纽约市支付。这些农场主通过他们的联合组织“流域农业理事会”与纽约市进行协商谈判和交易。

经过5年的项目实施，目标流域中93%的农场主自愿加入到项目中。而按照原项目设计，只要85%的农场加入到该项目中，流域水质就能达到目标要求。该流域生态环境服务付费项目所花费的费用，只有使用水净化处理厂这一替代方案费用的1/8。在实施该生态环境服务付费项目之前10年，纽约市自来水的价格平均每年上涨14%。但该项目实施之后，纽约市自来水价格的上涨不超过通货膨胀率（4%左右）（Gouyon，2003）[4]。

2.2 厄瓜多尔（中美洲）流域水保基金

厄瓜多尔 1998 年在基多成立了流域水保持基金。基金的资金来自于用水费，具体有以下来源：MBS-Cangahua 灌区、流域下游农户、水电公司 HCJB、Papallacta 温泉、基多市政水务公司（交纳水销售额的 1%）以及国家和国际补充资金。

流域水保基金用于保护上游 40 万 hm^2 的 Cayambe-Coca 流域的水土，以及上游的 Antisana 生态保护区。这些区域有 2.7 万居民。具体的活动包括购买生态敏感区土地、为上游居民提供替代的生计方式、农业最佳模式示范、教育和培训。该水保基金交由一个公司来运作（Enlace Fondos），公司设有理事会，成员来自地方社区、水电公司、保护区管理局、地方 NGO 以及政府。

流域水保基金独立于政府，但和政府的生态环境保护项目相配合。基金项目交由专业机构去实施，运用参与式方法运作。按照水保基金条例规定，基金的管理费用不得超过总费用的 10%～20%（Landell-Mills and Poras，2002）。

2.3 哥斯达黎加 FONAFIFO 生态服务付费

1996 年哥斯达黎加森林法（修订）第 7575 条规定，森林提供的环境服务应当得到支付。根据这一规定，政府成立了一个机构“森林生态环境效益基金”（FONAFIFO）来执行这一法律。FONAFIFO 被授权支付森林提供的以下生态环境服务：温室气体减少、城乡及水电水源保护、生物多样性保护、自然景观保护。

哥斯达黎加虽然只有 400 万人口，但 FONAFIFO 的年度预算有 1 550 万美元（约 1.2 亿元人民币），主要资金来源有：

（1）从燃料税中提取 3.5%，每年有 350 万美元；

（2）公共部门或企业的协议贡献，每年约 56 万美元；

（3）GEF 项目赠款及市场手段收入（如环境服务认证费），每年 1 100 万美元。

到 2004 年，有 7 000 个林业/农场主参加了 FONAFIFO 生态服务付费项目，项目面积达 40 万 hm^2。保持森林的付费标准是 64 美元/hm^2/a，种树的付费标准是 1.3 美元/株。FONAFIFO 总预算的 7%用于该机构的管理费，帮助农户申请项目的中介机构如FUNDECOR 等将花费项目总预算的 12%～15%，其余全部用于支付给提供生态环境服务的土地所有者（FONAFIFO，2005）[5]。

2.4 澳大利亚新南威尔士环境服务投资基金

由于地下水位升高，澳大利亚新南威尔士州大片地区土地盐化加剧，并导致土壤植被退化。为应对这一生态环境问题，新南威尔士州政府建立了“河水出境盐度总量控制”计划，并实施“排盐许可证”交易制度。“排盐许可证”制度允许排盐者购买“减盐”信用，该减盐信用是由其他土地所有者因采取措施（如植树）而减低了排盐量而获得的。这样一来，因植树而有效地控制了土地和河水盐化的农场主，就可以出售自己的减盐信用，从而获得回报。

新南威尔士州为了管理这一减盐信用交易，成立了环境服务投资基金会。该基金会从减排盐分的农场主那里购买减盐信用（采取措施控制盐化的农场主得到支付），同时向买主出售该减盐信用。该基金会充当减盐信用交易所的作用。减盐信用的出售采用拍卖的形式（Landell-Mills and Poras，2002）。

3 国外流域生态环境服务付费的特点

环顾国外流域生态环境服务付费案例，尽管它们各不相同，但仍可以看到它们具有一些共同特点。

（1）要解决的流域生态环境问题主要是，森林植被减少引起的水量减少问题和面源污染引起的水质问题。

（2）在政府出台的法律法规的要求下，生态环境服务的需求方推动着生态环境服务付费机制的建立。

（3）生态环境服务付费机制的建立既有自下而上的模式（如在厄瓜多尔），也有自上而下的模式（如在哥斯达黎加）；但大部分是由小规模实施开始，再加以推广。

（4）生态环境服务付费机制多种多样，有基金形式、一对一交易、政府机构运作、交易所形式等。资金来源也是多样化的，来自政府、私人、企业、捐赠等。

（5）运作成功的生态环境服务付费案例，其中的土地和森林具有明晰的产权结构。这是中美洲国家有较多生态环境服务付费案例的一个原因。

（6）生态环境服务付费机制更多的是一种奖励机制（遵循受益者付费原则），与惩罚机制（遵循排污者付费原则）相对应。

4 国外生态环境服务付费对我国的借鉴与启示

我国目前的国情与产生生态环境服务付费的国际背景有相似之处。一是中国生态问题的严重性（如水量减少、土地退化）日益得到社会和政府的认可。1998 年中国提升国家环保局为正部级机构时，强化了其生态保护职能，并首次在国家环保总局成立自然生态保护司。二是中国市场化经济改革日益深化，政府鼓励更多用市场来配置资源。如中国从 20 世纪 90 年代开始土地的招（标）、拍（卖）、挂（牌）出让制度，从 2006 年开始探矿权的有偿取得制度，以及国家发改委拟议中的排污权有偿取得政策。三是中国决策者寄希望于生态补偿机制能贡献于缩小上下游和东中西部的发展差距，达到人与自然、城乡之间、地区之间的和谐发展。这些和国际背景相似的国情背景，使得中国在积极探索生态补偿机制时有必要借鉴国外生态环境服务付费的做法。但同时，中国有一些特殊的国情，这些也许会使中国的生态补偿机制不同于国际上的生态环境服务付费。

国外生态环境服务付费对我国建立流域生态补偿机制有以下启示：

（1）应提高下游地区（需求方）的生态环境服务受益者补偿意识，使下游明白，污染后修复成本常常更高（如纽约例子）。

（2）建立生态补偿机制时，应考虑上游地区维持或转变为良好生态环境的机会成本。这样才会是一个对上游（常常是贫穷地区）公平的制度安排。

（3）权属明晰化是使生态补偿机制长久可持续的前提。如应实施初始水权分配与交接断面污染配额。

（4）鼓励地方创新形式多样的补偿形式，通过试点来积累经验，然后推广扩大。潜在的有各种各样的补偿形式，有些可能特别适应于某种流域或人文环境。政府在鼓励地方创新和进行生态补偿试点上的投入是特别值当的。

（5）由于以“污染者付费”为原则的排污收费政策能较好地解决点源污染，但很难应用于面源污染治理，所以流域生态补偿机制应重点关注面源污染治理和下游水量减少问题。

参考文献

[1] NOORDWIJK M，CHANDLER F，TOMICH T P. An Introduction to the Conceptual Basis of RUPES[N]. ICRAF working paper，2005.

[2] WUNDER，SVEN. Payments for Environmental Services：some nuts and bolts. CIFOR occasional paper，2005（42）.

[3] LANDELL-MILLS，NATASHA，INA PORAS. Silver Bullet or Fools' Gold [M]. A global review of markets for forest environmental services and their impacts on the poor. London：IIED，2002.

[4] GOUYON A. Rewarding the Upland Poor for Environmental Services：A Review of Initiatives from Developed Countries[J]. ICRAF，2003.

[5] FONAFIFO. The Environmental Services Payment Program：A Success Story of Sustainable Development Implementation In Costa Rica. FONAFIFO：Over a Decade of Action. San Jose：FONAFIFO（National Forestry Financing Fund），2005.

北京经济系统物质流分析研究*

Study of Material Flow Analysis in Economic System in Beijing*

张　颖[1, 2]　单永娟[1]

（1 北京林业大学经济管理学院，北京　100083；2 耶鲁大学森林及环境研究学院，纽黑文　CT06511）

Zhang Ying[1, 2]　Shan Yongjuan[1]

（1 School of Economics and Management，Beijing Forestry University，Beijing　100083;

2 School of Forest & Environmental Studies，Yale University，New Haven，CT 06511）

[摘　要] 物质流分析（Material Flow Analysis，MFA）作为对经济运行过程的物质吞吐量度量的一种新型方法，开始在国内广泛兴起。但目前物质流分析在区域层面的研究和应用还很少。因此，开展区域层面的物质流分析研究具有重要的意义。北京作为首都，开展物质流分析对北京的环境改善、社会经济的协调发展和绿色奥运的开展等具有重要的价值。本文运用物质流分析方法首先对北京经济系统的物质流的实物量进行了分类整理，并从物质流总体分析角度，编制了 2004 年北京经济系统物质流投入产出表；然后从时间序列角度分析了北京经济系统物质流的变化趋势，并收集了 2000—2005 年北京物质流的年度数据，在此基础上进行了北京环境库兹涅茨曲线分析和环境冲击影响分析。最后，研究建议北京应通过改进增长方式，提高资源的使用效率，特别是要通过技术进步和产业结构调整来提高资源的使用效率，促进社会、经济、环境的和谐、可持续发展。

[关键词] 物质流　经济系统　投入产出表　北京

Abstract：Material flow analysis（MFA）as an important new measurement method for the material throughput in the process of economic operation has been started at home extensively. However，the research and application at the regional level is still few. Therefore, the study on material flow analysis at the regional level is great significance. Beijing as China’s capital，study of material flow analysis is necessary and it is important for Beijing's environmental improvement, socio-economic development and the green Olympic held in 2008 yet. This paper firstly classifies the physical materials of material flow according to material flow analysis methods, and designs the input-output table in 2004 based on Beijing economic material flow system. Secondly, the paper analyzes of the change trend of material flow on the basis of 2000 to 2005 material flow data and studies of the change of Beijing environmental Kuznets curve as well as the impact of environment in Beijing. Finally，this paper suggests that the development

* 基金项目：New Century Excellent Talents in University （NCET-06-0123）。

pattern should be improved, and the efficient of resources using should be increased, especially the technological progress and industrial restructuring should be enhanced to promote social, economic, environment harmoniously and sustainable development in Beijing.

Key words: Material Flow, Economic System, Input-Output Table, Beijing

大众消费对物质产品日益提高的需求与生态环境的压力日益增大之间的矛盾，要求必须改革现有的生产、消费模式，使物质消费向整个经济系统的物质减量转化。因此，研究经济系统的物质代谢，对经济运行过程的物质吞吐量进行度量和监控，是目前经济系统研究的一个热点问题。物质流分析方法提供了研究经济系统物质代谢的有力工具，它是以实物单位衡量经济系统中物质输入、贮存和输出之间的关系，并以此评价经济发展对环境的影响程度。

北京作为中国的首都，也作为循环经济的试点示范城市，其经济系统的物质代谢情况对周围环境的影响十分重要。物质流分析不仅可以为北京经济建设提供决策依据，更能为北京经济结构的调整和物质资源的优化提供重要的参考。

1 北京社会经济概况和分析的系统边界

北京位于华北平原的北部边缘，总面积 1.68 万 km^2。在行政区划上，北京市辖 18 个区县。根据 2005 年北京市统计局公布的统计报告，北京市常住人口约 1 500 万人，GDP 总量达 6 814.5 亿元人民币，人均 GDP 为 5 457 美元，已达到上中等收入国家 5 040 美元的人均 GDP 水平[1]。另外，2005 年，北京能源消费量 5 500 万 t 标准煤，比 2004 年增长 7%，全市万元 GDP 能耗为 0.81 t 标准煤，总用水量 34.5 亿 m^3，林木覆盖率达到 50.5%，比 2000 年提高 8.6 个百分点。近几年，北京市 GDP 年均增长 11.9%，经济保持较快的增长水平，但经济增长方式较为粗放，经济社会发展与资源环境的矛盾仍比较突出，就业压力增大，社会保障体系尚待进一步完善[2]。因此，开展北京经济系统物质流分析，对促进北京社会经济和环境协调发展，加强资源与环境的管理等有重要的意义。

北京经济系统物质流分析的活动范围包括整个生产活动，即第一、第二、第三产业，也包括人的各种消费活动。系统具体的边界与北京市现行的行政区划相一致，即包括 18 个区县，分析研究的时间跨度界定为 2000—2005 年。

2 分析框架和物质分类

北京经济系统物质流分析框架参照夏传勇《经济系统物质流分析研究述评》一文中的有关内容[3]，具体如图 1 所示。

在物质流分析中，物质一般分为三大类：固体物质、水和空气。在北京经济系统物质流具体分析中，主要参照我国学者陈效逑的物质划分方法分类（表 1）[4]。

3 基本参数和分析的指标体系

物质流分析中涉及的基本参数主要是隐流和隐流比率，并使用相应的指标体系进行分析。

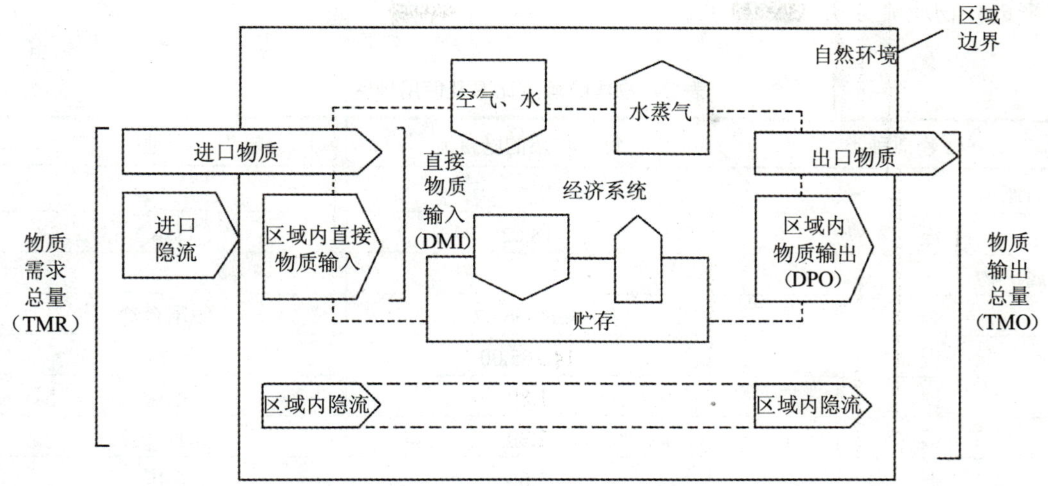

资料来源：参考文献[3]。

图 1　北京物质流分析结构框架

表 1　经济系统代谢物质的分类

物质输入		物质输出	
类目	指标	类目	指标
国内固体物质输入	化石燃料、金属和工业矿物产量、农业、林业、牧业和渔业生物产量	国内固体废弃物输出	工业和生活固体废弃物排放量、农用化肥施用量
国内水输入	供水量和用水量	国内废水输出	工业和生活废水排放量
国内气体物质输入	化石燃料燃烧、工业过程及生物呼吸消耗的氧气量、植物光合作用消耗的二氧化碳量	国内废气和其他气体输出	化石燃料燃烧和工业废气排放量生物呼吸排放的二氧化碳量植物光合作用排放的氧气量
进口物质	原材料进口量	出口物质	原材料出口

资料来源：参考文献[4]。

3.1 隐流及隐流比率

隐藏流（简称隐流），也称生态包袱，是人类为获得有用物质和生产产品而动用的没有直接进入交易和生产过程的物料。例如，为了生产钢铁，直接投入铁矿石，为了开采铁矿石又必须开挖许多巷道及剥离大量岩石。后者并未直接进入产品的生产过程和产品本身。隐流可以从输入端全面地揭示产品对自然资源的消耗和对生态环境的冲击。计算方法通常利用物质的生态包袱来计算。一件产品含有的和生产中消耗的各种物质的重量 w_i 乘以各自的生态包袱系数 r_i 再求和就是该产品的物质投入总重量，再减去产品自身的重量 w 就是该产品的生态包袱 R。即：$R=\sum_{i=1}^{n} r_i w_i - w$，其生态包袱系数，即隐流比率（也称隐流系数）为：$r=\frac{1}{w}\sum_{i=1}^{n} r_i w_i$。

目前，我国各类物质的隐藏流实测数据还很少，大多国家采用德国乌博特研究所（Wuppertal Institute）、欧盟生态经济研究所和中国台湾永续发展中心提供的全球平均隐藏流比率来进行物质流分析（表 2）[5]。

率来进行物质流分析（表 2）[5]。

表 2　物质隐藏流比率及使用地区

物质种类	每吨物质的隐藏流	使用地区
化石燃料		
煤	18.62	日本*
金属矿物		
金	666 666.67	中国台湾
银	14 265.00	日本*
铁	1.80	德国
锰	2.30	德国、美国
铜	2.00	德国
铝	0.48	世界平均值
镍	17.50	德国
铅	2.36	德国
锌	2.36	德国
锡	1 448.90	德国
铬	3.20	日本
钨	61.30	德国
钼	665.00	日本
钛	232.00	德国
锑	12.60	德国
工业矿产产品		
砂	0.02	美国
大理石	3.00	中国台湾
石灰石	4.00	中国台湾
成品和半成品	4.00	中国台湾

注：* 为日本测算国外物质隐藏流使用的比率。
资料来源：参考文献[5]。

3.2 分析的指标体系

物质流分析的指标体系分为四类：物质输入指标、物质输出指标、物质消耗指标和强度效率指标。具体来说：

3.2.1 物质输入指标

直接物质输入量（DMI）：指直接进入经济生产和消费活动的物质，分为区域内投入和从区域外进口两部分。

物质需求总量（TMR）：是衡量一个区域的经济系统所动用的整个自然界物质总量指标，为直接物质输入量和隐流的总和。

3.2.2 物质输出指标

区域内物质输出（DPO）：从经济系统返回到自然环境中的废弃物和排放物。

直接物质输出量（DMO）：包括区域内物质输出量和通过系统边界输出到其他区域的出口物质量。

物质输出总量（TMO）：区域总的物质输出量，包括直接物质输出和区域内隐流。

3.2.3 物质消耗指标

物质储存净增量（NAS）：等于物质需求总量减去物质输出总量。

区域内物质消耗（DMC）：等于直接物质输入减去出口物质，不包括隐流。

物质贸易差额（PTB）：经济系统的年度物质进口与出口的差额。

3.2.4 强度和效率指标

物质消耗强度（IMC）：用来衡量经济系统年度人均资源消耗量的指标，等于区域物质需求总量除以区域人口总数。

物质生产力（MP）：表示单位物质消耗所创造的经济价值，等于区域的国内生产总值除以物质需求总量。

4 数据收集

北京经济系统物质流分析中的直接输入、输出的数据分别来自《北京市统计年鉴》[6]《中国区域经济统计年鉴》[7]《中国工业经济统计年鉴》[8]《中国能源统计年鉴》[9]和《中国水利年鉴》[10]，部分数据和资料参考了现有的相关研究成果。本文中的进出口是指北京市与其他省市区的物资交换，不仅包括海关进出口的有关统计数据，还包括北京市与其他省市区的物质贸易数据。

5 数据计算

按照国内外通用的物质分类方法，输入端的固体物质分为生物物质和非生物物质。生物物质主要包括农林牧渔的年生物产量，但未包括人工饲养、以农产品为饲料的水产品和畜产品产量，其中木材的输入、输出量主要以立方米为单位。本研究考虑到北京多以阔叶林为主，按照阔叶林木每立方米折合 975 kg 进行计算。非生物物质由化石燃料、金属、非金属矿物的年产量代表，其中化石燃料由原煤、原油和天然气 3 部分组成。因北京地区只产原煤，对从区域外进口的化石燃料主要统计了以质量为单位的煤炭、汽油、煤油和柴油。金属矿物按北京地区的铁矿石原矿量、几种金属的工业产量如铜、铝等的总和代表。非金属矿物由于缺乏砂石等工业矿物的年产量统计，以年新建房屋、道路交通等主要矿石资源，如砂子、石子的消耗量和水泥的年产量总和代表。新建房屋、道路交通、水利设施建设等的土方、石方挖方量作为区域内所动用的环境物质，并以隐流的形式表示。

水的输入量包括工业用水、生活用水、农业环境用水，具体数据均来自《中国水利统计年鉴》。2000 年和 2005 年的部分缺失数据依据相近年份的用水比率进行调整得到。

空气的计算方法，主要参照陈效逑的《经济系统的物质输入与输出分析》中有关空气的输入输出计算方法进行计算[4]。由于缺少不同气体消耗和排放量的统计数据，本研究主要统计了 O_2 和 CO_2 的消耗和排放量，前者主要用于化石燃料燃烧、生物呼吸、土壤呼吸等，后者主要产生于植物光合作用。这两种气体的统计量均通过计算得到。化石燃料燃烧的耗氧量按照 CO_2、SO_2 的排放量估计。

输出量主要分为固体废弃物、废水、废气和耗散性物质等，数据直接取自《北京市统计年鉴》《中国区域经济统计年鉴》和《北京市环境统计公报》等。

固体废弃物包括工业固体废弃物、生活垃圾、农药、化肥的耗散量。其中农药化肥作为耗散性物质很容易转化成污染物并随水和空气的运动而流失到环境中去，耗散量无法统计，在此用施用量代替。

废水排放量包括工业废水和生活废水两部分。

空气的输出分为废气和其他气体，其中废气包括工业、生活 SO_2、工业、生活烟尘粉尘；CO_2 主要由化石燃料燃烧及生物呼吸作用产生；O_2 来自植物光合作用。CO_2、O_2 数据通过计算求得，其中化石燃料燃烧排放的 CO_2 采用消耗量法计算，各种燃料的历年消耗量根据《北京市统计年鉴》的能源平衡表（实物量）求得。在计算中，只考虑煤、石油和天然气 3 种化石燃料，并折合成标准煤 t。

进出口物质资源数量只将以质量为单位的各种原材料物质纳入统计的范围，并与区域内输入输出物质的种类进行归类合计计算。

另外，本研究的区域内隐藏流，只对输入北京地区经济系统的化石燃料（煤）、金属、非金属矿物等非生物物质的隐流量进行了计算。主要计算了上述主要成分和基础设施挖方量，并用此代替区域内隐流物质的数量。进口隐流同样计算了非生物物质中以质量为单位的各种原材料的隐流量。

在化石燃料类物质流计算中，因北京地区只产煤，煤的隐流系数参照日本的估算方法，即取 18.62（表 2）。在金属矿物质计算中，主要对铁矿石原矿量进行了计算，并按照 2000 年中国铁矿石生态包袱系数 2.92 计算[11]；非金属矿物质主要计算了包括本地区生产的水泥、建筑活动投入的沙子、石灰等和道路修建中的矿石资源投入，水泥、沙石的隐流系数分别取水泥生产过程资源消耗的隐流系数，即按 2.42、1.26 计算[12]。

经过上述计算，具体得到 2004 年北京经济系统物质流投入产出如表 3 所示；2000—2005 年物质输入与输出表如表 4 所示。

6 结果分析

6.1 物质流总体分析

由编制的北京经济系统物质流投入产出表（表 3）可以看出：

2004 年，北京地区的直接物质投入量（不含水的供应量和循环物质的再利用量），第一产业即农林牧渔生物量的投入占到总投入的 0.89%，采矿业占到 11.59%。在直接物质输入中，以 O_2 和 CO_2 为主的空气输入占到直接物质输入的 78.42%，其中 O_2 的输入量在空气输入中最大，占到空气输入总量的 99.15%。

在污染物质中，即在直接物质输出和空气输出中，固体物质、废气和粉尘烟尘、废水分别占直接物质和空气输出总计的 0.71%、38.70%和 60.58%。在固体废弃物排放量中，工业废弃物和生活垃圾分别占固体废弃物排放的 72.04%、27.15%。在废气排放中，CO_2 的排放量最多，占废气排放总量（空气输出）的 99.98%，其中化石燃料的燃烧占 CO_2 排放量比例最大，为 94.47%。

表 3　2004 年北京经济系统物质流投入产出

单位：万 t

投入		消耗	第一产业	第二产业	第三产业
第一产业	农林	1 260.75	90.77	344.18	825.79
第二产业	采矿	16 341.16	312.97	9 264.53	6 763.66
	水	346 000	135 000	77 000	134 000
循环物质	固体物质	973	18.68	551.59	402.72
	水	20 000	7 000	10 000	3 000
贮存物质合计	不含循环物质	223 714.74	5 369.15	84 116.74	134 228.84
进口	物质	12 816.39	576.74（生物量）	12 239.65（工业原材料等）	—
	隐流	25 912.66	—	25 912.66	—

产业	直接物质输出：固体废物	直接物质输出：烟尘粉尘	直接物质输出：废水	空气输出：SO_2	空气输出：CO_2	空气输出：O_2	区域内隐流	出口物质	物质输出总量
一	14.69（农化肥）	—	—	—	7 768.66（土壤排放）	943.01	—	442.88 生物量	9 169.24
二	1 303（工业固废）	6.5（工业）	12 600（工业）	12.54（工业）	144 054.21（化石燃烧）	—	36 765.17	9 547.29 工业原料	204 288.71
三	491（生活垃圾）	4.1（生活）	85 400（生活）	6.58（生活）	637.06（生物呼吸）	—	—	—	86 538.74
合计	1 808.69	10.6	98 000	19.12	152 459.93	943.01	36 765.17	9 990.16	299 996.68

[指标注释]

1.直接物质输入量 DMI＝区域内物质投入+进口物质

2.直接物质输出量 DMO＝区域内物质输出+出口物质

3.物质需求总量 TMR＝区域内物质投入+进口+区域内隐流物质

4.物质输出总量 TMO＝区域内物质输出+区域内隐流+出口物质

5.区域内物质消耗 DMC＝直接物质输入量－出口物质

6.物质贸易差额 PTB＝进口物质－出口物质

7.物质消耗强度 IMC＝物质需求总量/人口总数

8.物质生产力 MP＝国内生产总值/物质需求总量

投入＼消耗		消耗	第一产业	第二产业	第三产业	产业	直接物质输出			空气输出			区域内隐流	出口物质	物质输出总量
							固体废物	烟尘粉尘	废水	SO_2	CO_2	O_2			
空气输入	O_2	109 591.86	3 884.33（土壤呼吸）	105 169.13（化石燃料）	538.40（生物呼吸）										
	CO_2	943.01	943.01（植物光合作用）	—	—										
直接物质输入	不含水、循环物质	140 953.16	5 807.82	127 017.49	8 127.85										
物质需求总量		549 630.99	140 807.82	266 695.33	142 127.85										

[指标注释]

1.直接物质输入量 DMI＝区域内物质投入+进口物质

2.直接物质输出量 DMO＝区域内物质输出+出口物质

3.物质需求总量 TMR＝区域内物质投入+进口+区域内隐流物质

4.物质输出总量 TMO＝区域内物质输出+区域内隐流+出口物质

5.区域内物质消耗 DMC＝直接物质输入量－出口物质

6.物质贸易差额 PTB＝进口物质－出口物质

7.物质消耗强度 IMC＝物质需求总量/人口总数

8.物质生产力 MP＝国内生产总值/物质需求总量

注：“—”表示不足万吨忽略或者不予统计的物质流数据。

表 4　北京经济系统 2000—2005 年的物质输入与输出

类　目	年　份					
	2000	2001	2002	2003	2004	2005
常驻人口/万人	1 363.60	1 385.10	1 423.20	1 456.40	1 492.70	1 538
GDP/亿元	3 161	3 710.50	4 330.40	5 023.80	6 060.30	6 886.30
人均 GDP/元/人	24 122	26 998	30 840	34 892	41 099	45 444
物质需求总量/万 t	498 677.41	513 574.14	487 580.70	524 482.92	536 814.74	566 799.87
直接物质的输入量/万 t	463 565.44	470 340.57	442 858.87	471 593.09	474 136.90	495 907.16
其中：						
区域内产量/万 t	3 665.55	3 640.22	4 092.21	4 382.81	4 785.65	4 683.70
生物产量/万 t	748.37	748.08	753.16	709.71	684.01	641.69
化石燃料产量/万 t	553	690.20	880.90	822.60	1 067.90	897.90
金属矿物/万 t	1 184.70	1 028.94	1 140.71	1 526.96	1 232.34	1 300.15
非金属矿物/万 t	1 179.48	1 172.20	1 317.44	1 323.54	1 801.40	1 843.96
基础设施建设挖方量/万 t	7 867.84	13 622.87	9 184.98	9 835.93	9 618.41	11 149.88
空气输入/万 t	50 670.71	71 816.28	85 818.01	98 175.17	110 534.87	128 732.21
其中：						
化石燃料燃烧耗氧量/万 t	43 486.80	65 545.03	79 921.30	92 886.81	105 169.13	123 372.61
生物呼吸耗氧量/万 t	498.45	542.57	619.37	578.93	538.40	528.42
土壤呼吸耗氧量/万 t	5 658.96	4 703.39	4 244.22	3 735.41	3 884.33	3 946.38
植物光合作用吸收 CO_2 量/万 t	1 026.50	1 025.30	1 033.12	974.02	943.01	884.80
水的输入量（全市用水总量）/亿 t	404 000	389 000	346 000	358 000	346 000	345 000
其中：						
工业用水/亿 t	10.47	10.14	8.12	8.40	7.70	7.68
生活用水/亿 t	12.20	11.61	12.56	13	12.80	12.76
农业、环境用水/亿 t	17.73	16.73	13.92	14.4	14.10	14.06
废水输出总量/万 t	85 900	89 900	93 500	93 700	98 000	101 000
其中：						
工业废水/万 t	23 200	21 200	18 000	13 100	12 600	12 800
生活废水/万 t	66 300	68 700	75 500	80 600	85 400	88 200
地下水抽取量/亿 t	27.20	27.20	24.20	25.40	26.80	24.90
区域进口物质（以质量单位的各种原材料）/万 t	5 229.18	5 884.07	6 948.64	11 035.12	12 816.39	17 491.25
生物物质/万 t	253.91	566.17	451.80	932.93	576.74	800.58
化石能源/万 t	4 525.51	4 472.71	5 164.17	8 358.45	10 166.62	13 978.25
金属和非金属矿物质/万 t	307.69	578.53	822.38	1 080.67	1 612.84	2 167.90
其他原材料/万 t	142.07	266.66	510.30	663.06	460.19	544.52
物质输出总量/万 t	187 335.68	228 247.66	250 924.11	271 331.12	299 981.99	331 903.11
直接物质输出量/万 t	163 266.80	196 354.13	219 324.52	239 032.94	263 216.81	296 544.87

类　目	年　份					
	2000	2001	2002	2003	2004	2005
其中：						
区域内物质输出（除水外）/万 t	73 916.11	102 322.55	121 129.99	138 028.29	155 226.65	180 272.17
工业固体废弃物/万 t	1 139	1 136	1 053	1 186	1 303	1 229.02
生活固体废弃物/万 t	244.39	303	321.40	454.50	491	537
工业烟尘粉尘排放量/万 t	14.55	10.65	7.96	6.14	6.50	5.02
生活烟尘排放量/万 t	4.85	4.65	4.78	4.16	4.10	3.99
工业 SO_2 排放量/万 t	14.64	12.63	12.06	11.40	12.54	10.55
生活 SO_2 排放量/万 t	7.75	7.44	7.14	6.88	6.58	8.51
化石燃料燃烧排放 CO_2/万 t	59 555.62	89 773.96	109 468.20	127 229.68	144 054.21	168 990.52
生物呼吸排放 CO_2/万 t	590.89	642.14	733.89	684.69	637.06	710.01
土壤呼吸排放 CO_2/万 t	11 317.92	9 406.78	8 488.44	7 470.82	7 768.66	7 892.76
植物光合作用释放 O_2/万 t	1 026.50	1 025.30	1 033.12	974.02	943.01	884.80
区域出口物质（以质量单位的各种原材料）/万 t	3 450.69	4 131.58	4 694.49	7 304.60	9 990.16	15 272.70
生物物质/万 t	295.49	414.57	354.10	648.36	442.88	704.08
化石能源/万 t	2 612.61	3 111.93	3 451.98	5 412.01	7 998.72	12 293.31
金属和非金属矿物质/万 t	407.01	405.80	563.36	825.26	1 186.43	1 906.58
其他原材料/万 t	135.58	199.29	325.05	418.99	362.14	368.72
隐藏流						
区域内隐藏流/万 t	24 068.88	31 893.53	31 599.63	32 298.23	36 765.17	35 358.24
进口隐藏流/万 t	11 043.08	11 340.04	13 122.19	20 591.60	25 912.66	35 534.47
出口隐藏流/万 t	6 749.82	7 903.22	8 763.05	13 681.05	20 292.94	30 777.62

2004 年，北京人均物质消耗达到 368.21 t/人，物质生产力达到 110.26 元/t。固体废弃物和废水的再资源化利用率比较低，分别占直接投入物质的 0.25%和 5.20%。在出口物质中，生物产量和工业原材料分别为 4.43%、95.57%。进口比出口数量多 2 826.22 万 t，显示了北京地区显著的外界资源依赖型发展模式。

另外，从计算结果可以看出，2004 年北京地区的经济发展主要依靠从区外进口物质，其中主要以工业原材料进口为主。计算也表明，北京地区的空气输入、输出量很大，且以化石燃料燃烧的耗氧量和 CO_2 排放量为主，两者均占到空气输入、输出量的 90%以上。因此，北京地区的废气排放 CO_2 占有很大的比重，这也是影响北京环境质量的一个因素。

6.2 物质流时间序列分析

6.2.1 总量的时间序列分析

北京经济系统 2000—2005 年物质输入输出的总量如图 2 所示。由图 2 可以看出，北京经济系统的物质需求总量一直处于波动上升中，上升幅度约为 2.59%。

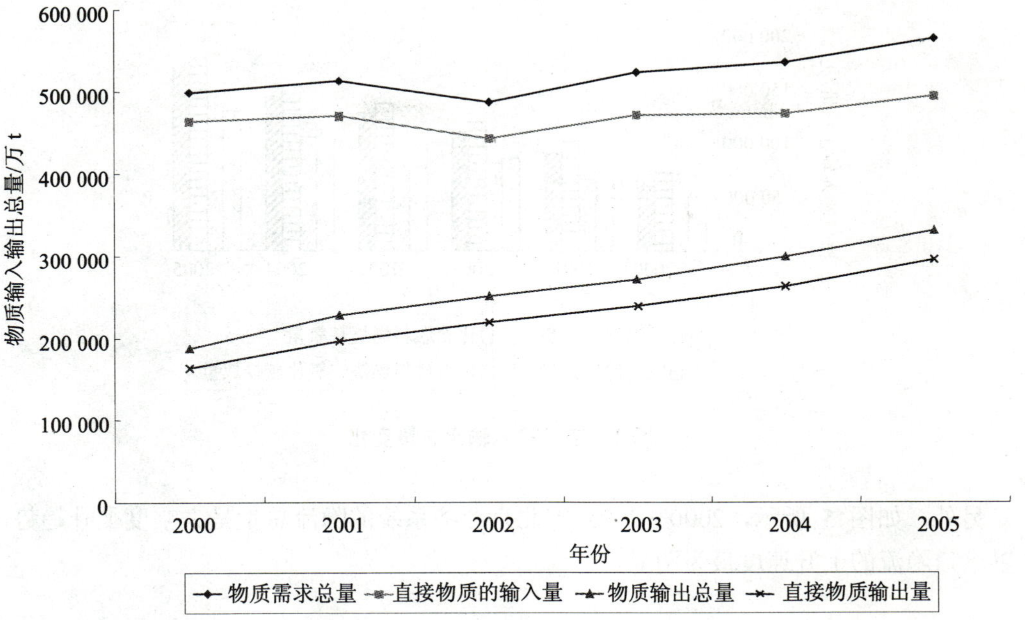

图 2　物质输入输出总量变化

另外，由图 3 可以看到，2000—2005 年，北京水的供应量有所下降，但废水排放量有小幅度上升。

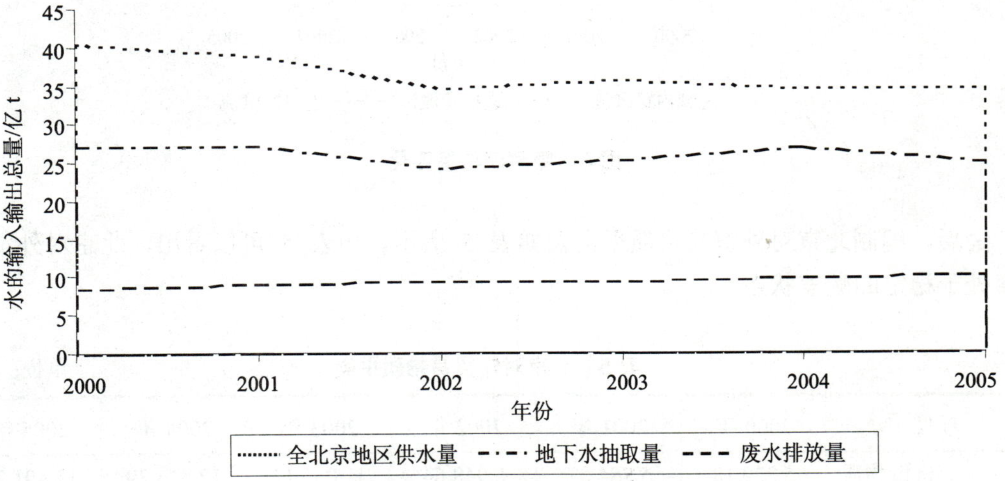

图 3　水的输入输出总量变化

同样，如图 4 所示，北京空气的输入输出量也比较大，6 年以来一直处于快速上升阶段，其中化石燃料燃烧的贡献量最大。

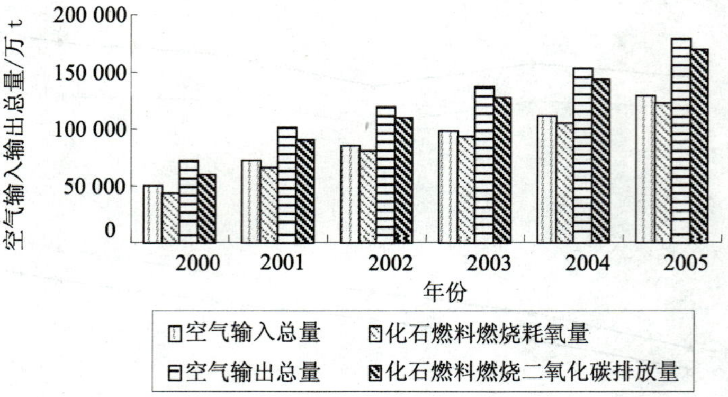

图 4　空气输入输出总量变化

另外，如图 5 所示，2000—2005 年北京经济系统的隐流总量呈大幅度上升趋势，其中以进口隐流的上升速度最为明显。

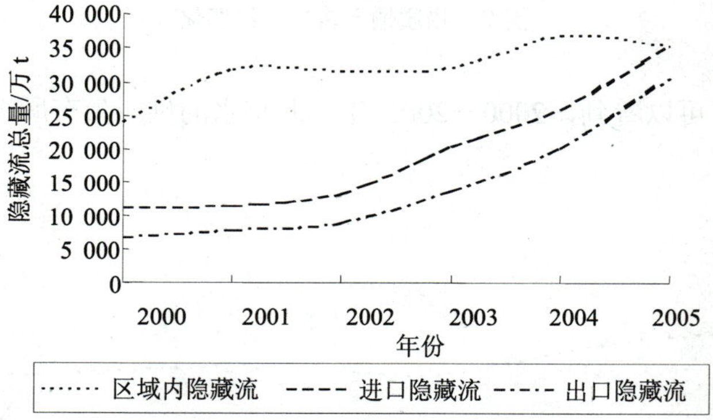

图 5　隐藏流总量变化

最后，编制北京对外贸易物质平衡表如表 5 所示。由表 5 可以看出，北京对外贸易一直处于稳定的顺差状态。

表 5　北京对外贸易物质平衡　　单位：万 t

项目		2000 年	2001 年	2002 年	2003 年	2004 年	2005 年
进口	进口物质	5 229.18	5 884.07	6 948.64	11 035.12	12 816.39	17 491.25
	进口隐流	11 043.08	11 340.04	13 122.19	20 591.60	25 912.66	35 534.47
出口	出口物质	3 450.69	4 131.58	4 694.49	7 304.60	9 990.16	15 272.70
	出口隐流	6 749.82	7 903.22	8 763.05	13 681.05	20 292.94	30 777.62
物质贸易平衡	物质平衡	1 778.50	1 752.49	2 254.15	3 730.51	2 826.22	2 218.56
	隐流平衡	4 293.26	3 436.83	4 359.15	6 910.56	5 619.73	4 756.85
	总平衡	6 071.76	5 189.31	6 613.30	10 641.07	8 445.95	6 975.40

6.2.2 物质投入结构时间序列分析

6.2.2.1 基本物质投入总量

在北京经济系统的物质投入总量中，如图 6 所示，在不考虑水的投入质量的情况下，空气的投入居第一位，超过物质需求总量的 50%。另外，2000—2005 年，隐流作为物质需求总量中的第二大成分，所占比例有所下降，主要原因是近年来来自区内基础设施的挖方量的比例有所下降。2000—2005 年，区域内外基本物质投入量结构如表 6 所示。

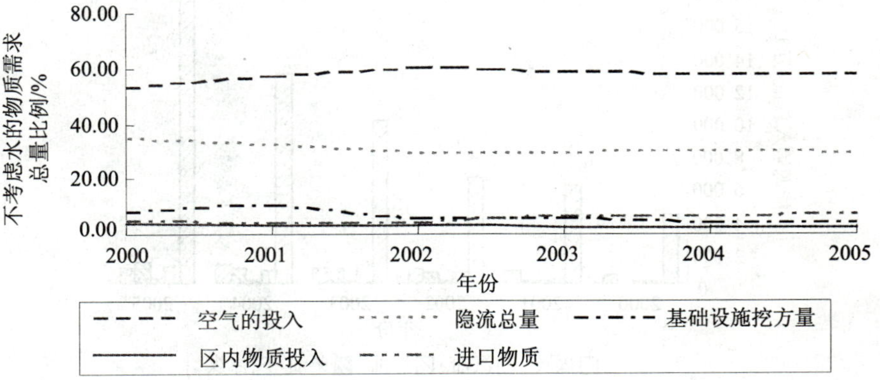

图 6　不考虑水的物质需求总量结构

表 6　区域内外基本物质投入量结构　　单位：万 t

项目	2000 年	2001 年	2002 年	2003 年	2004 年	2005 年
区内基本物质产量	3 665.55	3 640.22	4 092.21	4 382.81	4 785.65	4 683.70
区外基本物质进口量	5 229.18	5 884.07	6 948.64	11 035.12	12 816.39	17 491.25
区外基本物质投入比例/%	58.79	61.78	62.94	71.57	72.82	78.88
进口物质投入占物质需求总量（除水外）的比例/%	9.39	7.64	7.80	9.26	9.23	10.00

6.2.2.2 能源输入总量结构

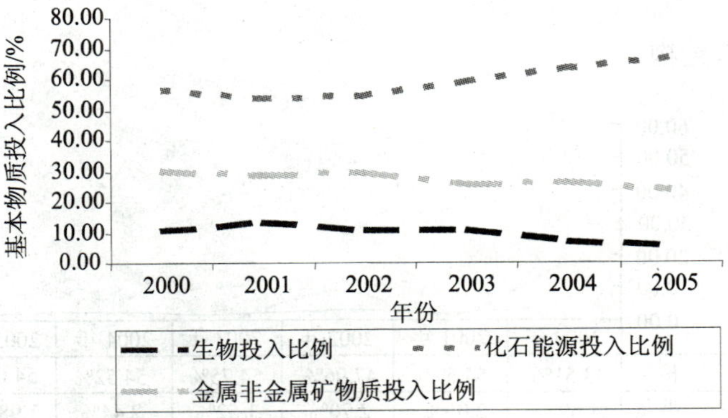

图 7　基本物质投入结构

进一步分析能源输入总量的结构，如图 7 所示，在不考虑水、空气和隐流的直接物质输入量时，化石能源的输入最高，达到 70%，金属非金属和生物量的投入比例在 2000—2002 年基本平稳，但之后 3 年均呈小幅波动的下降趋势。

因此，从能源输入总量结构来看，能源的投入总量结构中煤炭的输入量很大，而且年均增长率达到 32.8%（图 8）。由于煤炭的消耗量均来自区外进口，说明北京经济发展所动用区外的环境物质在迅速增大（表 7）。

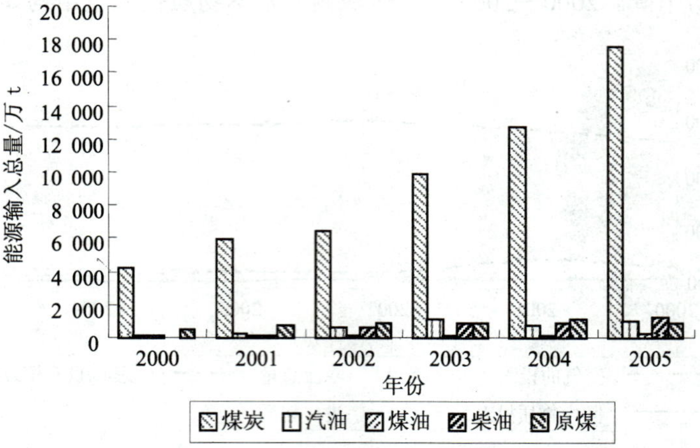

图 8 能源输入总量结构

表 7 北京内外能源投入量结构 单位：万 t

项目	2000 年	2001 年	2002 年	2003 年	2004 年	2005 年
本地开采能源（原煤）	553	690.2	880.9	822.6	1 067.9	897.9
原煤隐流	10 296.86	12 851.52	16 402.36	15 316.81	19 884.30	16 718.90
原煤占隐流总量比例/%	29.33	29.73	36.68	28.96	31.72	23.58
区外进口能源	4 525.51	4 472.71	5 164.17	8 358.45	10 166.62	13 978.25
进口能源隐流	10 458.10	14 963.30	17 267.53	26 510.59	33 023.55	43 307.34
其中：煤炭	4 235.76	5 945.46	6 470.87	9 832.43	12 738.53	17 496.89
煤炭隐流	9 996.38	14 031.29	15 271.26	23 204.54	30 062.93	41 292.66
煤炭占隐流总量比例/%	28.47	32.45	34.15	43.87	47.96	58.25

6.2.2.3 生物量输入结构

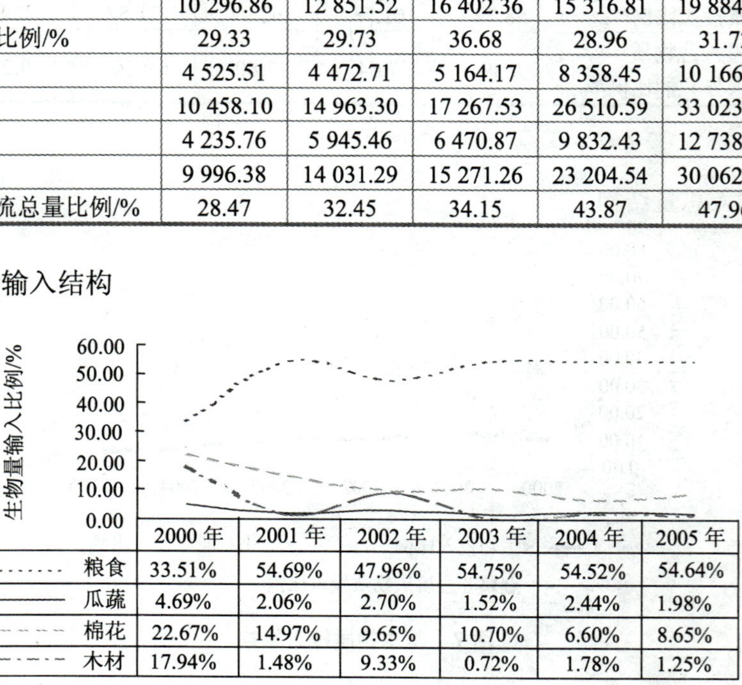

	2000 年	2001 年	2002 年	2003 年	2004 年	2005 年
粮食	33.51%	54.69%	47.96%	54.75%	54.52%	54.64%
瓜蔬	4.69%	2.06%	2.70%	1.52%	2.44%	1.98%
棉花	22.67%	14.97%	9.65%	10.70%	6.60%	8.65%
木材	17.94%	1.48%	9.33%	0.72%	1.78%	1.25%

图 9 生物量输入结构

同样，由图 9 可以看出，在生物量输入结构中，北京的粮食输入从 2003 年后呈现稳定状态。在生物量中，木材的波动最为明显，且呈下降趋势。

6.2.2.4 金属、非金属矿物质的投入结构

在金属、非金属矿物质的投入结构中（图 10），金属矿物质的投入以本地区产的铁矿石原矿产量为主，非金属矿物以水泥生产量为代表，两者均在大幅度下降。而其他矿物质总量在持续增长（表 8），这些变化与北京的奥运工程、基础设施和大量商品房建设有很大的关系。

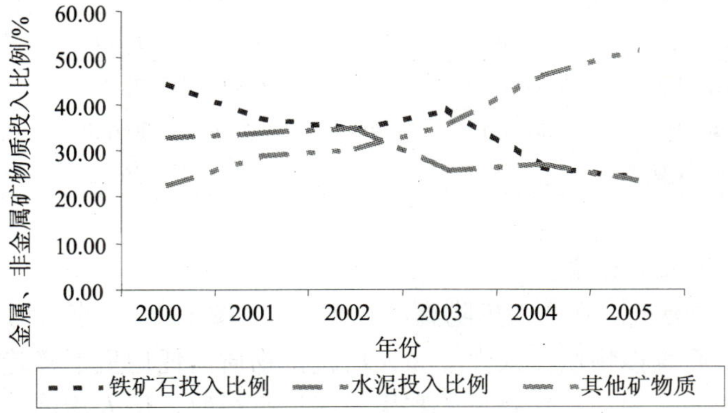

图 10　金属、非金属矿物质投入比例

表 8　金属、非金属矿物质投入量结构　　单位：万 t

项目	2000 年	2001 年	2002 年	2003 年	2004 年	2005 年
矿物质投入总量	2 671.87	2 780.47	3 280.53	3 931.17	4 646.58	5 312.02
其中：						
铁矿石	1 184.7	1 028.51	1 139.56	1 525.81	1 231.29	1 298.89
水泥	879.63	943.96	1 141.52	1 007.37	1 259.09	1 257.23

6.2.3 污染排放结构分析

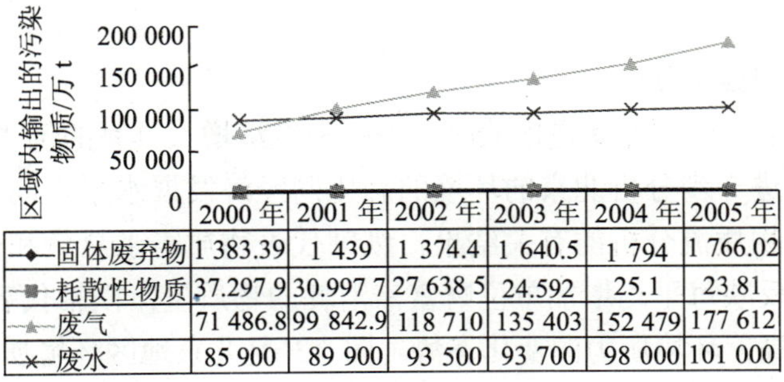

	2000 年	2001 年	2002 年	2003 年	2004 年	2005 年
固体废弃物	1 383.39	1 439	1 374.4	1 640.5	1 794	1 766.02
耗散性物质	37.297 9	30.997 7	27.638 5	24.592	25.1	23.81
废气	71 486.8	99 842.9	118 710	135 403	152 479	177 612
废水	85 900	89 900	93 500	93 700	98 000	101 000

图 11　区域内输出的污染物质结构

2000—2005 年，北京地区污染物质排放结构如图 11 所示。由图 11 可以看出，污染气体排放量从 2001 年就开始迅速上升并远远超过污水排放量成为首要的污染物质。废气对北京地区的环境质量压力是最大的。而在废水排放量中，无论从数量还是比例上生活废水均呈现直线上升的趋势（表 9），这与近年来北京市流动人口的大量增加有直接的关系。

表 9 固体废弃物、废水的输出结构

项目	2000 年	2001 年	2002 年	2003 年	2004 年	2005 年
工业固废排放总量/万元	1 139	1 136	1 053	1 186	1 303	1 229.02
固废中的工业固废的比例/%	82.33	78.94	76.62	72.30	72.63	69.60
生活废水排放总量/万元	66 300	68 700	75 500	80 600	85 400	88 200
废水中的生活废水的比例/%	77.18	76.42	80.75	86.02	87.14	87.32

6.2.4 物质流强度及人均规模分析

同理，2000—2005 年，在不考虑隐流量的情况下（图 12），北京人均 GDP 达到 13.5%的年均增长速度，而直接物质投入强度和人均直接物质消耗均呈下降趋势，年均降幅分别为 13.26%、1.05%。说明直接物质的利用效率提高很快，但人均消耗下降较慢。污染排放强度也年均下降 4.12%，相反人均污染排放却以 9.38%的速度增长。

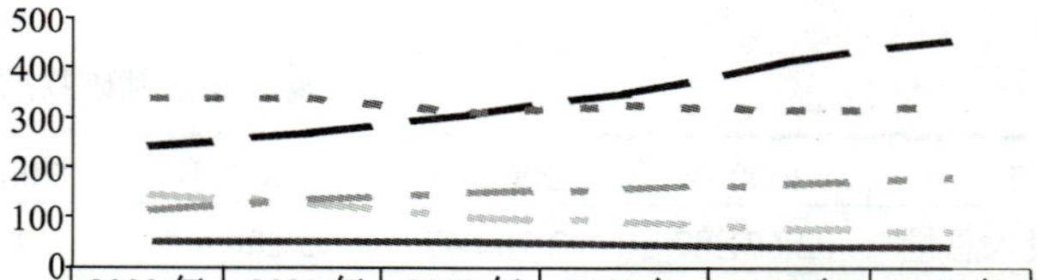

	2000 年	2001 年	2002 年	2003 年	2004 年	2005 年
人均 GDP（百万/人）	241.22	269.98	308.4	348.92	410.99	454.44
人均直接物质消耗（t/人）	339.957 1	339.571 6	311.171 2	323.807 4	317.637 1	322.436 4
直接物质投入强度（t/万元）	146.651 5	126.76	102.27	93.87	78.24	72.01
人均污染排放（t/人）	116.461 9	138.049 9	150.092 6	158.451 4	169.021 3	182.316 1
污染排放强度（t/万元）	50.239 6	51.53	49.33	45.94	41.63	40.72

图 12 北京市物质流强度及人均规模曲线

6.3 环境库兹涅茨曲线分析

依据美国经济学家库兹涅茨提出的收入差距和经济增长具有的倒“U”形关系，在上述分析的基础上，进一步分析北京的环境的恶化同经济发展水平之间的关系是否遵循这一规律。根据北京物质流分析的有关结果，纵轴代表物质需求总量和国内生产总值的比值（TMR/GDP），反映每平均增加单位财富需消耗的物质量；横轴代表人均 GDP，反映随着生活水平的提高，环境压力的变化态势。图 13 是北京地区环境质量的变化与本地区经济水平之间的库兹涅茨曲线。

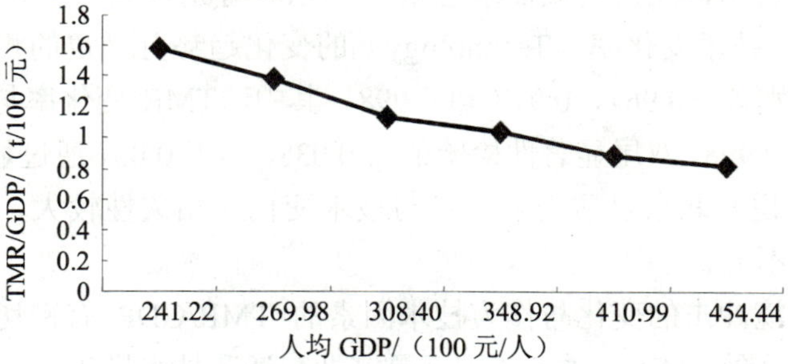

图 13　北京物质流分析的环境库兹涅茨曲线

从图 13 可以看出，北京环境库兹涅茨曲线的最高点已经过去，已完全进入下降阶段。2000—2005 年北京环境库兹涅茨曲线处于持续下降的态势。虽然北京地区的物质需求量巨大，但是随着产业结构的优化和技术的不断进步，资源的利用效率在稳步提高，环境质量也在逐步改善，使得北京地区的经济发展没有超过生态环境容量的安全界限。

6.4 北京环境冲击的影响分析

按照 Ehrlic 提出的环境冲击影响程度理论，环境冲击影响可分解为人口、财富和技术三部分[13]。在实际应用中，财富常以人均国内生产总值（GDP）表示，物质需求总量与国内生产总值的比值（TMR/GDP）代表技术。用公式表达为：

环境冲击影响＝人口×财富×技术＝人口×（GDP/人口数）×（TMR/GDP）＝TMR

在此将 TMR 表示为人口、财富和技术的线性函数，从而找出影响 TMR 的关键因素。根据计算的 2000—2005 年北京物质流分析的有关数据，计算的北京环境冲击影响指标如表 10 所示，并进行相关分析如图 14 所示。

表 10　环境影响冲击分解指标　　单位：%

项　目	2000 年	2001 年	2002 年	2003 年	2004 年	2005 年
人口增长率		1.58	2.75	2.33	2.49	3.04
财富变化率		11.92	14.23	13.14	17.79	10.57
技术变化率		−12.66	−18.12	−7.96	−14.42	−7.87
TMR 变化率		2.99	−5.06	7.57	2.35	5.59

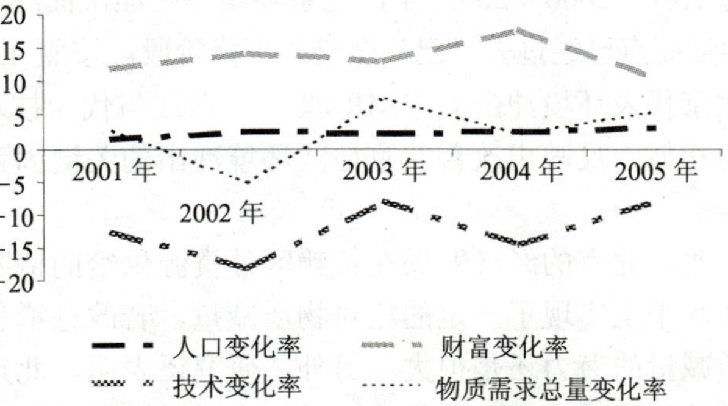

图 14　北京地区物质流的环境影响冲击分解

由图 14 可以看出，北京物质需求总量（TMR）分别与人口变化率（People）、财富变化率（Fortune）、技术变化率（Technology）的变化趋势有一定的相似性，进一步求它们的偏相关系数分别为－0.967、0.977 和 0.998。其中，TMR 变化率与 TMR/GDP 的变化率偏相关系数高达 0.998，双尾显著性检验值为 0.038，小于 0.05，通过显著性检验（表 11），具有统计学意义，说明北京物质需求总量与技术变化率相关性较大，而与个人财富以及人口的增长相关性不大。

因此，北京环境冲击的变化与作为技术因素的 TMR/GDP 有密切的关系，也反映了影响北京物质需求总量 TMR 的关键的因素是产业变迁和技术进步。

表 11 物质需求总量与技术变化率相关系数表

控制变量			物质需求总量（TMR）	技术
人口和财富	物质需求总量	相关系数	1	0.998
		显著性	.	0.038
		自由度	0	1
	技术	相关系数	0.998	1
		显著性	0.038	.
		自由度	1	0

7 结论

通过对北京经济系统 2004 年物质流的总体分析和 2000—2005 年物质流的时间序列分析可以看出：

（1）2004 年北京输出经济系统的物质总量占物质需求总量的 55.88%，一方面主要依靠区外资源支持本地区经济发展；另一方面，化石燃料燃烧造成的空气的输入输出量对本地区的物质流动总量影响最大，对环境质量影响最直接。

（2）从时间序列的分析来看，北京的物质需求和物质排放总量呈不断上升的趋势。在物质需求总量中，水的供应量呈现逐步下降趋势。化石燃料的投入量继续上升，其中又以煤炭的增长最为明显。6 年来，北京的对外生态贸易一直呈现稳定的顺差趋势，包括物质顺差和隐流顺差。即随着人均 GDP 的增长，北京的直接物质投入强度与人均直接物质消耗均呈现下降的趋势，污染物排放强度也呈现下降的趋势。

（3）从变化形态上看，2000—2005 年，北京环境库兹涅茨曲线一直处于持续下降态势，库兹涅茨曲线的最高点已经过去，已完全进入下降阶段。按照 Ehrlich 提出的环境冲击影响程度理论，北京代表环境冲击的 TMR 变化率曲线与代表技术水平的 TMR/GDP 曲线的变化趋势最为相似，反映出改善北京地区环境冲击的关键因素是产业变迁和技术进步。

因此，研究也表明，北京的经济发展在依赖区外资源供给的情况下，环境质量正在不断改善，在低效率水平上实现了一定的相对物质减量。若改进增长方式，提高资源的使用效率，实现物质减量的潜力还是很大。另外，研究还表明，北京迫切需要改进经济增长方式，提高资源的使用效率，尤其是要通过技术进步和产业结构调整提高资源的使用效率，促进社会、经济、环境的可持续发展。

参考文献

[1] 鲍颖. 2005 年北京人均 GDP 达 5 457 美元[N]. 华夏时报，2006-01-23.

[2] 北京市统计局，国家统计局，北京调查总队. 2005 年北京市国民经济和社会发展统计公报[EB/OL]. [2006-11-28] 辽宁咨询网（www.lnzxw.gov.cn）.

[3] 夏传勇，经济系统物质流分析研究述评[N]. 自然资源学报，2005（3）：415-421.

[4] 陈效逑，赵婷婷，郭玉泉，宋升佑. 中国经济系统的物质输入与输出分析[N]. 北京大学学报：自然科学版，2003（4）：538-547.

[5] 李刚. 基于可持续发展的国家物质流分析[J]. 中国工业经济，2004（11）：11-18.

[6] 北京市统计局. 北京统计年鉴 2005[M]. 北京：中国统计出版社，2005.

[7] 国家统计局国民经济综合统计司. 中国区域经济统计年鉴 2006[M]. 北京：中国统计出版社，2007.

[8] 国家统计局工业交通统计司. 中国工业经济统计年鉴 2006[M]. 北京：中国统计出版社，2007.

[9] 国家统计局工交司. 中国能源统计年鉴 2005[M]. 北京：中国统计出版社，2006.

[10] 中国水利年鉴编纂委员会. 中国水利年鉴 2005[M]. 北京：中国水利水电出版社，2005.

[11] 姜鹏，刘敬智，丁一. 南芬露天矿生态包袱系数分析[J]. 本钢技术，2004（4）：6-9.

[12] 张楷，周国梅，马永亮. 物质流分析理论方法与循环经济评价指标体系研究. [EB/OL]. http：// www.zhb.gov.cn/japan/ mateflo/ m2_05.pdf，2005.

[13] EHRILCH，P，JOLDREN J. Impact of population growth[J]. Science，1971（171）：1212-1217.

基于能源投入产出分析的居民生活能源需求预测

Forecast of Residents' Energy Demand Based on Energy Input-Output Analysis

邢　璐[1,2]　邹　骥[1]　石　磊[1]

（1 中国人民大学环境学院，北京　100872；2 伦敦政治经济学院，伦敦　WC2A 2AE）

Xing Lu[1,2]　Zou Ji[1]　Shi Lei[1]

（1 School of Environment and Natural Resources，Renmin University of China，Beijing　100872;

2 The London School of Economics and Political Science，London WC2A 2AE）

[摘　要] 从居民的基本需求着手，运用混合能源投入产出模型，预测我国在 2020 年全面实现小康目标条件下，由居民最终消费引起的能源直接和间接需求。结果表明，2020 年我国由居民衣食住行等基本生活需求所产生的一次能源总需求将在 2002 年的基础上增加 14.2 亿 t 标煤；其中间接需求占 86%。在能源效率和经济结构不变的条件下，这意味着 2020 年我国的一次能源需求将至少达到 29.40 亿 t 标煤，排放二氧化碳约 66.55 亿 t。提高能源利用效率，引导居民合理节约的消费行为，是我国可持续发展目标下的必然要求。

[关键词] 能源　投入产出　居民　需求　预测

Abstract：The paper establishes a hybrid energy input-output table based on the 2002 I-O table with 122 departments to forecast the residents' direct and indirect energy demand on the condition of realizing the well-off target by 2020. The results shows, the residents' basic primary energy demand will increase 1.42 billion tce by 2020，of which 86% comes from indirect demand. It means the total energy demand will reach 2.94 billion tce and CO_2 emission from that will be 6.7 billion tons，if no energy efficiency or structure improvement takes place. Therefore，improving energy efficiency and guiding residents' rational energy consumption behavior should be given a high priority in China's sustainable development plans.

Key words：Energy，Input-Output，Resident，Demand，Forecast

0 引言

随着经济快速增长，能源消费不断增加，我国已成为世界第二大能源消费国，能源短缺已成为我国可持续发展面临的最主要问题之一[1-2]。伴随着工业化和城市化进程的继续推进，我国未来能源需求将继续保持增长，能源供需矛盾将更加凸显；同时由于能源消费所带来的温室气体大量排放以及由此而引发的全球气候变化已成为全球关注的焦点。因此，分析研究和科学预测未来的能源需求，对应对国际能源和气候变化形势、完善能源政策以及制定未来能源发展战略具有重要意义。

能源是国民经济的基础性行业，进行能源系统分析，从本质上说就是研究能源在国民经济发展过程中的供求平衡问题，实现供求平衡的最优途径，研究各种能源产品在国民经济中的地位和发展趋势。尽管国内外研究机构和学者构建了一系列能源系统模型预测我国未来的能源需求[3-8]，但都忽略了刚性的社会最终需求——满足居民基本生活需要和未来发展空间的能源需求，而这正是制定未来能源战略和政策的首要约束条件。为分析居民消费支出与各经济部门之间的生产联系，本文采用了能够系统体现国民经济部门联系的投入产出分析方法[9]，在此基础上编制混合型能源投入产出表，预测在 2020 年全面实现小康目标条件下，由居民最终消费支出引起的能源直接和间接需求，并估算了由此带来的温室气体排放量。

1 能源投入产出模型

1.1 能源投入产出模型基本原理

投入产出分析方法从列昂惕夫提出以后，在与宏观经济相关的各个领域得到了广泛的应用。20 世纪 70 年代初期，Bullard，Herendeen，Hannon 等人首先提出了混合型的能源投入产出分析方法[10-11]。能源投入产出分析实际上是将能源部门的物质流分析和经济系统的投入产出分析进行了结合。它将所有部门划分为能源生产部门和非能源生产部门，如表 1 所示。其中，A 表示直接消耗系数矩阵，下标 EE、EI、IE、II 用来表征四个子矩阵。能源生产部门对各部门的投入以实物量表示（如万吨标准煤），这是因为能源在不同生产部门具有不同价格，使用统一标准的实物量能够避免能源价格差异造成价值混乱。非能源生产部门的投入量仍然使用价值量，因此，A_{II} 与价值型投入产出表相同，单位为万元/万元；A_{EE} 表示能源生产部门的内部转化利用水平，单位（以标准煤计）为万 t/万 t；A_{EI} 单位（以标准煤计）为万 t/万元，A_{IE} 单位（以标准煤计）为万元/万 t，Y_E 和 X_E 单位（以标准煤计）为万 t，Y_I 和 X_I 单位为万元。

表 1 能源投入产出

	中间产品			最终产品	总产品
	能源生产部门	非能源生产部门	合计		
能源生产部门	A_{EE}	A_{EI}		Y_E	X_E
非能源生产部门	A_{IE}	A_{II}		Y_I	X_I

由于混合模型破坏了投入产出的列项平衡，因此，根据行向关系：

$$X_E = A_{EE} \times Y_E + A_{EI} \times Y_I + Y_E \quad (1)$$

$$X_I = A_{IE} \times Y_E + A_{II} \times Y_I + Y_I \quad (2)$$

求解即可得对能源生产部门总产品的需求：

$$X_E = [I - A_{EE} - A_{EI}(I - A_{II})^{-1} A_{IE}]^{-1} \times [Y_E + A_{EI}(I - A_{II})^{-1} Y_I] \quad (3)$$

基于已编制的能源投入产出表，直接消耗系数矩阵为固定参数，最终产品 Y_E 和 Y_I 为外生变量，总产品 X_E 和 X_I 为内生变量。因此，可以得到与（3）相等价的增量计算公式（4）：

$$\Delta X_E = \left[I - A_{EE} - A_{EI} \left(I - A_{II} \right)^{-1} A_{IE} \right]^{-1} \times \left[\Delta Y_E + A_{EI} \left(I - A_{II} \right)^{-1} \Delta Y_I \right] \quad (4)$$

本文即采用增量等式（4）计算出了2020年居民消费水平下的最终能源总需求。

1.2 能源投入产出表构建

根据能源投入产出表的原理，将整个能源经济系统划分为能源生产部门和非能源生产部门。能源生产部门分为 4 个一次能源部门（煤炭、石油、天然气和水电核电）和 4 个二次能源部门（火电、供热、炼油和炼焦）。非能源生产部门在 2002 年 122 部门投入产出表的分类基础上，结合能源统计年鉴的行业统计分类，划分为 34 个部门。其中，第一产业为农业；采掘业包括黑色、有色、非金属矿采选业 3 个部门；制造业中将食品加工业、食品制造业、饮料加工业和烟草加工业合并为食品加工制造业，其余制造业部门分类同能源统计年鉴，共 25 个部门；其余 5 个部门为水的生产和供应业、建筑业、交通运输仓储及邮电通信业、批发和零售贸易餐饮业、其他行业。

1.3 参数设定及数据来源

能源生产部门的直接消耗系数矩阵，表示的是能源生产部门之间的能源转换和消耗。其中，直接投入 q_{ij} 由两部分组成：一部分来自于能源平衡实物表中的加工转化能源投入产出统计，另一部分来自于能源生产部门作为工业终端的能源消费统计。二次能源生产部门对一次能源生产部门的转换投入为 0，则 q_{ij} 仅为一次能源供应部门对二次能源的终端消耗。

石油加工部门的终端能源消费统计，按照石油和天然气的标准煤产量比例进行划分，非能源部门的价值投入同样按照这一比例划分。将水电核电从电力部门中划出，其对于能源供应部门的消耗仅包括电力部门作为工业终端的能源消费，比例按照水电核电发电量占当年总发电量的比例折算；非能源部门的价值投入同样按照这一比例划分。

最终使用采用增量形式表示，而且仅考虑居民最终消费部门的改变。假设政府消费、资本形成总额和进出口值均不变。

表 2 第一行数据源自 2004 年能源统计年鉴中的“2002 能源平衡表（实物量）”和“2002 工业分行业终端能源消费量（实物量）”，所有能源均换算为万吨标准煤单位；第二行数据源于 2002 年 122 部门投入产出表（价值型），单位为万元。两行数据均经过一定程度的重新组合计算[12]。

2 全面实现小康目标下的居民消费水平测算

消费是生产活动的最终目的，也是拉动经济增长的主要因素之一。全面实现小康目标下的居民消费水平，本文选取与居民日常生活直接相关且具有可得性的指标加以代表，包括居民对饮食、住宅、交通通信、医疗、教育等项目的支出，以上支出项目均可从中国统计年鉴中的居民生活支出项目中获得，如表 2 所示[13]。

表2　2002—2020年居民各项消费支出的增量计算　　　单位：元

	部门	指标	2002年		2020年（可比价格）		消费增量
			人均	总量	人均	总量	
能源生产部门	煤炭	生活用煤		4 824.0		1 708.0	−3 116.0
	石油			0		0	0
	天然气			680.0		1 680.0	999.0
	水电核电			470.0		2 581.0	2 111.0
	火电			1 990.0		10 324.0	8 334.0
	热力			908.0		4 104.0	3 196.0
	炼油			2 457.0		9 237.0	6 780.0
	炼焦			610.0		892.0	282.0
非能源生产部门	食品制造加工业	食品	1 149.1	147 604 334.0	2 245.8	336 871 739.0	189 267 405.0
	纺织业	床上用品	14.6	1 872 103.0	55.6	8 336 467.0	6 464 364.0
	纺织服装、鞋、帽制造业	衣着	294.9	37 884 707.0	942.2	141 328 790.0	103 444 083.0
	家具制造业	家具材料	1.9	238 992.0	3.9	578 696.0	339 704.0
	文教体育用品制造业	文化娱乐用品	130.6	16 781 005.0	529.2	79 387 255.0	62 606 250.0
	电气机械及器材制造业	耐用消费品①	53.0	6 807 284.0	165.5	24 820 596.0	18 013 312.0
	通信、电子设备制造业	耐用消费品①	53.0	6 807 284.0	165.5	24 820 596.0	18 013 312.0
	其他制造业	家庭日用杂品，室内装饰品	65.4	8 396 579.0	226.1	33 919 896.0	25 523 317.0
	交通运输仓储邮电通信业	交通和通信	323.0	41 491 174.0	1 262.7	189 404 740.0	147 913 566.0
	批发和零售贸易餐饮业	在外用餐	255.7	32 845 443.0	714.7	107 206 043.0	74 360 600.0
	其他行业	房地产，家务服务，医疗保健，教育文化娱乐服务，杂项商品和服务，旅游②	1 313.8	168 760 251.0	3 216.7	482 501 632.0	313 741 381.0

说明：①耐用消费品包括电视机、DVD、计算机等通信电子类产品，也包括洗衣机、空调等电器产品，因此，其消费支出归于电气机械及器材制造业和通信电子设备制造业各50%；②旅游支出由于数据获得性有限，采用全国城市人均国内旅游支出水平。

2.1 居民直接生活能源消费的计算说明

根据国内多家机构对中国2010年和2020年远景发展目标的研究，2020年我国人均生活用电量700 kW·h以上，达到中等收入国家水平[1]。根据《可再生能源中长期发展规划》和《核电中长期发展规划（2005—2020 年）》的设置目标，2020 年我国以水电核电为主的一次电力供应量约占总发电量的 20%，因此，水电核电部门和火电部门的电力最终消费按照 2∶8 分配。其他生活能源消费，根据 1990—2002 年生活能源消费统计趋势外推得到。

2.2 居民其他生活消费支出的计算说明

由于十六大报告提出的发展目标以及国内外机构对中国 2020 年远景发展目标的研究，都是从宏观层面出发，并没有涉及居民生活最终消费水平方面的指标，因此，本文所采用的居民消费支出水平主要参考了2006年江苏省城市居民消费水平。因为江苏省2003年建立了全国第一个“全面建设小康社会指标体系”，四大类 18 项 25 个指标目标值中，2006 年全省已有 18 个指标达标，而苏南地区已经基本达到全面小康，因此以 2006 年江苏省城市居民消费水平为参照设定全国 2020 年实现全面小康目标下的基本生活消费支出水平，具有合理性。而且，相比于北京、上海，江苏省从经济发展特征上，与全国水平更具有可比性。

基于 2002 年的各类生活能源消费标准值和增长比例，即得到表 2 中直接生活能源消费的万吨标准煤增量。

表 3　1990—2002 年生活能源直接消费增长

	1990 年	2002 年	年均比例系数 $\left(\frac{2002\text{年值}}{1990\text{年值}}/\text{年数}\right)$
生活消费煤合计（以标煤计）/kg	16 699.7	7 602.6	0.01
天然气供气量（家庭用量）/亿 m^3	11.6	35.0	0.14
集中供热面积/亿 m^2	2.1	11.6	0.25
液化石油气供气量（家庭用量）/万 t	142.8	656.2	0.21
人工煤气供气量（家庭用量）/亿 m^3	27.4	49.0	0.08

数据来源：煤炭数据源自《中国统计年鉴 2005》煤炭平衡表；其余数据源自《中国统计年鉴 2003》城市公用事业基本情况。

非能源生产部门的居民消费支出，2002 年数值来源于中国统计年鉴 2003 中的城镇居民和农村居民的人均各项消费支出，全国人均消费支出水平为 2002 年年末城乡人口加权值；2020 年数值采用 2006 年江苏省城镇居民各项消费支出水平，经过各类消费品价格指数折算为 2002 年价格，数据来源于《中国统计年鉴 2003》。2020 年全国总人口设为 15 亿。

十六大报告提出，到 2020 年 GDP 要比 2000 年翻两番。而在过去的 20 多年中，人均收入翻两番所需要的时间不仅久于 GDP 翻两番的时间，也久于人均 GDP 翻两番的时间。1997 年，我国的人均 GDP 比 1980 年翻了两番，而城镇居民人均可支配收入只有 1980 年的 3.0 倍，农村居民人均纯收入只有 1980 年的 3.5 倍。因此，估计在 2020 年 GDP 翻两番之时，居民人均可支配收入将是 2002 年的 3.0～3.5 倍。而根据边际消费倾向递减的经济规律，居民的消费支出增长低于收入增加的水平。由表 2 的计算结果可见，2020 年各项消费支出水平比 2002 年增长 1～3 倍，其中文化娱乐用品和交通通信的消费支出增幅最高，分别为 3.1 倍和 2.9 倍；纺织用品、衣着和耐用消费品等制造行业增长 2.5 倍左右；食品支出增幅最低，仅增长了 1.0 倍。这不仅符合上述增长规律，而且与生活水平提高以后，恩格尔系数下降、娱乐性支出比例提高的消费倾向相符。由此可以验证，本文设置的 2020 年消费支出水平是具有合理性的。

3 结果与讨论

在 2020 年达到全面小康生活水平的情况下，我国由居民衣食住行等基本生活需求所产生的一次能源总需求将在 2002 年的基础上增加 141 621 万 t 标煤，具体见表 4。其中，直接生活能源需求仅占 13.9%，间接能源需求占 86.1%。在能源效率和整体经济结构不变的条件下，这意味着 2020 年我国的一次能源需求将至少达到 29.4 亿 t 标煤。如果考虑累计资本形成和进出口贸易增长，由于我国目前依然处于资本积累阶段，同时在国际贸易分工中处于加工制造环节，实际国民经济各部门的最终消费增量要高于本文仅考虑居民部门的值，因此，一次能源总需求还要高于 29.4 亿 t 标煤。

表 4　2020 年分品种一次能源需求　　单位：（以标煤计）/万 t

	2002 年消费量	2020 年新增消费量	年均增长/%
煤炭	97 294	87 811	3.6
石油	31 964	44 142	4.9
天然气	3 697	4 380	4.4
一次电力	3 993	5 288	4.8

数据说明：2002 年各品种一次能源根据《中国能源统计年鉴 2004》能源平衡表分类计算；2002 年一次能源总消费量来自《中国统计年鉴 2004》，与各品种一次能源消费量总合存在误差。

根据结果，2020 年一次能源需求比 2002 年增长接近 1 倍，年均增长 3.7%。国际能源署（IEA）、美国能源信息署（EIA）和亚洲太平洋能源研究中心（APERC）的预测结果分别为 3.2%（2005—2030 年）[6]、3.9%（2004—2030 年）[7]和 3.7%（2002—2030 年）[5]，与这一计算结果较为接近。其中，煤炭的增长速度最低，但仍然占一次能源的 60%以上；相对地，石油和一次电力需求增长较快，石油需求全部来自于经济系统的中间消耗，而一次电力需求中 40%来自于直接生活能源消费。

从国际经验看人均 GDP 达到 3 000 美元以上的国家，其人均能源消费至少达到 3.5 t 油当量（5 t 标煤）；目前我国上海、北京的人均 GDP 已超过 3 000 美元，人均能源消费量也超过了 4 t 标煤；如果 2020 年我国城市居民能源消费总体水平达到目前上海或北京水平，农村地区能源消费水平得到改善，按此标准简单测算，届时我国的能源需求量将会超过 40 亿 t 标煤[5]。本文没有简单使用人均能源消费量来计算未来能源需求，但同样是从居民生活消费支出的角度出发，考察我国在 2020 年实现全面小康目标下所产生的能源需求。结果表明，如果现有的能源转换效率和能源利用效率不能得到提高，未来十几年由经济社会发展带来的能源刚性需求，将会对我国的经济社会发展和工业化进程产生巨大压力。由于我国目前所处的经济发展阶段和工业化进程，经济结构短时间内难以根本改变，因此，全面提高能源利用水平，积极引导人们合理节约的消费理念和习惯，是减少未来能源需求的必然要求。

大量能源的消耗一方面支撑了经济社会的快速发展，另一方面由于能源消耗所产生的大量以 CO_2 为代表的温室气体排放而引发的全球气候变暖已经成为国际关注的焦点。表 5 列出了一次能源 CO_2 的排放系数，结合表 4 所预测的 2020 年煤炭、石油和天然气的能源需求，可以大致得到其 CO_2 排放量为 66.55 亿 t（2005 年全球燃料燃烧造成的 CO_2 排放量为 271.4 亿 t）。

表 5　一次能源的二氧化碳排放系数[14]

数据来源	煤炭消耗排放系数 t（CO_2）/t	石油消耗排放系数 t（CO_2）/t	天然气消耗排放系数 t（CO_2）/t
DOE/EIA	2.574	1.753	1.426
日本能源经济研究所	2.772	2.149	1.646
国家科委气候变化项目	2.662	2.138	1.500
徐国泉	2.741	2.136	1.624
平均值	2.687	2.044	1.550

说明：二氧化碳排放系数由参考文献[14]折算而得。

随着经济的快速增长和基础设施的大规模建设，中国目前已经成为世界第一大 CO_2 排放国，在全球气候博弈中面临越来越严峻的减排压力。由于煤炭的碳排放密度远高于其他一次能源，而我国能源结构在未来相当长一段时间内仍将以煤炭为主，因此通过政策引导、技术研发等手段提高能源效率，同时提高清洁能源的使用，是保障我国能源安全、减缓全球气候变化的必然途径。

4 结论

针对目前相关研究的不足，本文编制了能够有机反映能源使用和经济各部门联系的能源投入产出表，预测了在 2020 年全面实现小康目标条件下，由居民最终消费所引发的能源需求。结果表明，我国由居民衣食住行等基本生活需求所产生的一次能源总需求，将在 2002 年基础上增加 141 621 万 t 标煤，在能源效率和整体经济结构不变的条件下，这意味着 2020 年我国的一次能源需求将至少达到 29.4 亿 t 标煤，由此产生的 CO_2 排放将达 66.55 亿 t。因此，政策制定上应该注重引导居民合理的消费理念，避免奢侈性消费和过度消费倾向；促进居民生活用能节约化、理性化，鼓励公众购买和使用节能产品和可再生能源产品，采用清洁节能的交通方式，从生活各方面注意节约能源，以促进我国实现可持续发展。

参考文献

[1] LI ZHIDONG. An econometric study on China's economy，energy and environment to the year 2030[J]. Energy Policy，2003，31（11）：1137-1150.

[2] 张衍广，李茂玲. 中国能源供需 EMD 分析及动力学预测[J]. 地理与地理信息科学，2008（4）：6770.

[3] 刘豹. 能源模型与系统分析[M]. 北京：能源出版社，1984.

[4] 张丽峰. 中国能源供求预测模型及发展对策研究[M]. 北京：首都经济贸易大学出版社，2006.

[5] ASIA PACIFIC ENERGY RESEARCH CENTRE. APEC ENERGY DEMAND AND SUPPLY OUTLOOK 2006[R]. Tokyo，2006：138 [EB/OL]. [2008-02-23] http：//www.ieej.or.jp/aperc/outlook2006.html.

[6] INTERNATIONAL ENERGY AGENCY. WORLD ENERGY OUTLOOK 2007 [R]. Paris，2007：191 [EB/OL]. [2008-04-07] http：//www.iea.org/Textbase/about/copyright.asp.

[7] ENERGY INFORMATION ADMINISTRATION. Annual Energy Outlook 2007 [R]. Washington DC，2007：101. [EB/OL]. [2008-03-02] http：//www.eia.doe.gov/oiaf/ieo/pdf/0484（2007）. pdf.

[8] 戴彦德. 全面实现小康社会目标下的能源需求[J]. 建设机械技术与管理，2004（9）：51-54.

[9] 张红霞. 对投入产出价格影响模型的发展和改进[J]. 系统工程理论与实践，2008（1）：90-94.

[10] BULLARD C W，Herendeen R A. The energy costs of goods and services [J]. Energy Policy，1975，3（4）：268-278.

[11] SHONALI PACHAURI. An Energy Analysis of Household Consumption-Changing Patters of Direct and Indirect Use in India[J]. Dordrecht，Netherlands，2007.

[12] 国家统计局工业交通统计司，国家发展和改革委员会能源局. 中国能源统计年鉴 2004[M]. 北京：中国统计出版社，2005.

[13] 国家统计局. 中国统计年鉴 2003[M]. 北京：中国统计出版社，2003.

[14] 谭丹，黄贤金. 我国东、中、西部地区经济发展与碳排放的关联分析及比较[J]. 中国人口·资源与环境，2008（3）：54-57.

绿色核算中的环境污染实物量核算方法

Physical Pollution Accounting Methodologies in Green GDP

於　方　王金南　高树婷　严　刚
（环境保护部环境规划院，北京　100012）
Yu Fang　Wang Jinnan　Gao Shuting　Yan Gang
（Chinese Academy for Environmental Planning，Ministry of Environmental Pollution Protection，Beijing　100012）

[摘　要] 环境污染实物量核算是基于环境污染的绿色国民经济核算的重要内容，同时也是进行环境污染价值量核算的基础。绿色核算中的环境污染实物量核算由废水、废气和固体废物核算等 3 部分组成，核算以环境统计数据为基础，补充估算了尚未列入常规环境统计的种植业、规模化畜禽养殖、农村生活废水及其污染物以及 NO_x 排放量，并根据调查对工业废水和污染物排放量以及大气污染物进行了修正。通过核算，得到了全国 31 个省级行政区以及 39 个工业行业、农业以及城镇生活的主要污染物的产生量、排放量以及排放绩效水平。

[关键词] 实物量　废水　废气　固体废物

Abstract：Physical accounts for environmental pollution are a major component of Green National Accounting that reflects the cost of environmental pollution. They are also the foundation for valuation of environmental pollution in monetary term. A physical account for environmental pollution consists of three parts（wastewater, waste gas and solid waste）. The accounts are based on environmental statistics and some information neglected in conventional environmental statistics （such as wastewater and pollutants discharged from crop farming，large-scale animal farming and rural household uses；NO_x emission.） In addition，the data of industrial wastewater and air pollution discharge/pollutants is adjusted according to surveys. The accounting efforts result in the figures of produced quantity，discharged quantity and the ratio of emission to GDP for major pollutants from industrial，rural and urban domestic sources in China's 31 provinces，metropolitans and autonomous regions.

Key words：Physical Accounts，Wastewater，Waste Gas，Solid Waste

1 水污染实物量核算

（1）种植业：由于种植业废水不存在治理的问题，因此，其废水排放量即为排放未达标量。

（2）畜禽养殖业：这里专指规模化畜禽养殖场的废水和污染物实物量核算，非规模化畜禽养殖的废水核算归入农村生活废水实物量核算部分。

（3）工业：工业废水实物量核算包括废水排放量、排放达标量和排放未达标量，以及 COD、氨氮、氰化物、石油类和重金属等五种污染物的产生量、去除量和排放量。

（4）城市生活：核算指标包括废水排放量、排放达标量和排放未达标量，以及 COD 和氨氮两种污染物的产生量、去除量和排放量。按城市自来水供水比例对生活消费和第三产业的废水和污染物实物量进行折算。

（5）农村生活：核算指标包括废水排放量、排放达标量和排放未达标量，以及 COD 和氨氮两种污染物的产生量、去除量和排放量。

（6）其他：①第一产业仅核算种植和养殖业的废水排放量，其他不予核算；②第二产业中自来水生产和供应业作为向其他行业提供生产用水的部门，废水和污染物排放量比例极低，而且由于企业样本数有限，环境统计中该行业的数据不具有代表性，因此，不进行自来水生产和供应业的核算。

（7）废水排放未达标量＝废水排放量－废水排放达标量。

（8）污染物产生量＝污染物去除量＋污染物排放量。

1.1 种植业废水污染实物量核算方法

1.1.1 废水产生量、排放量和排放未达标量

种植业废水产生量取决于用水量和种植业生产耗水率，计算模型见式（1-1）。种植业废水排放量为产生量与污水流失系数的乘积，计算模型见式（1-2），这里将流入水体的废水量视为废水排放量，也即废水排放未达标量。

$$\text{废水产生量（万 t）}=\text{灌溉用水量}\times\text{（1－种植业的生产耗水系数）} \quad (1\text{-}1)$$

$$\begin{aligned}\text{废水排放量（万 t）}&=\text{废水排放未达标量}\\&=\sum_{n=1}^{2}\left(\text{不同类型农田的废水流失系数}\times\text{废水产生量}\right)\end{aligned} \quad (1\text{-}2)$$

式中，灌溉用水量从各地水利资源公报或水利部门获得，万 m^3；全国计算时种植业的生产耗水系数取 0.655，各地应根据实际情况对该系数进行修正；不同类型农田的污水流失系数，水田取 0.2，旱田取 0.05，各地核算时根据当地情况加以调整。

1.1.2 污染物排放量

1.1.2.1 核算模型

污染物产生和排放量主要取决于农田污染物源强系数和农作物种植面积，计算模型见式（1-3），其中，种植面积按旱田和水田分类统计，水田仅指稻谷，旱田包括除稻谷以外的其他粮食、豆类、薯类、蔬菜瓜果以及经济作物等农作物；污染物包括 COD 和氨氮两种。

$$\begin{aligned}\text{污染物排放量（t）}=&\text{污染物源强系数}\times\text{（不同类型农田的废水流失系数}\times\\&\text{不同类型农田的}\sum_{n=1}^{2}\text{播种面积）}\end{aligned} \quad (1\text{-}3)$$

1.1.2.2 模型中参数的来源与确定

（1）不同类型农田的播种面积。数据来源于《中国统计年鉴》和各省统计年鉴，单

位为千公顷。

（2）不同类型作物农田污水流失系数。水田取 0.2，旱田取 0.05，各地核算时根据当地情况加以调整。

（3）农田的污染物源强系数。目前关于农田的污染物源强系数还缺乏系统的研究，从微观角度来说，农田的污染物源强系数与农田坡度、农作物类型、土壤类型、化肥施用量、化肥施用结构和降雨量等因素相关，而对宏观计算而言，能够考虑的相关因素只有土壤类型和化肥施用量等后四种，见式（1-4）。

污染物源强系数（kg/hm^2）＝标准农田源强系数×土壤类型修正系数×
降雨量修正系数×化肥施用量修正系数×化肥施用结构修正系数（1-4）

（1）土壤类型修正系数。根据土壤成分中的黏土和砂土比例进行分类，可将农田土壤分为砂土、壤土和黏土，其中，壤土修正系数 1.0，砂土修正系数 1.0～0.8，黏土 0.8～0.6。由于我国农田土壤大多为壤土，因此，取该修正系数为 1.0。各地应根据本地情况加以选择。

（2）降雨量修正系数。年降雨量在 400 ml 以下的地区，该系数取 0.6～1.0；年降雨量在 400～800 ml 之间的地区，该系数取 1.0～1.2；年降雨量在 800 ml 以上的地区，该系数取 1.2～1.5。该修正系数取 1.0。

（3）化肥施用量修正系数。取值如表 1 所示。

表 1　化肥施用量修正系数

施用量 Q/[kg（$hm^2 \cdot a$）]	≥2.3	2.3＞Q≥2.0	2.0＞Q≥1.7	1.7＞Q≥1.3	1.3＞Q≥1.0	＜1.0
施用量修正系数	1.4	1.2	1.1	1	0.9	0.8

（4）化肥施用结构修正系数。肥料结构不平衡，是造成我国目前肥效当季利用率低、化肥养分流失率高的主要原因之一。关于化肥施用结构对农田污染物源强系数的影响尚未有综合性的研究，但关于氮肥、磷肥和钾肥淋失肥效试验的研究并不少见，这里，以氮肥结构为基准提出化肥施用结构对污染物源强系数产生影响的修正系数，如表 2 所示。

表 2　化肥施用结构的修正系数

氮肥施用比例 R/%	R≥50	50＞R≥45	45＞R≥40	40＞R≥35	R＜35
施用结构修正系数	1.4	1.3	1.2	1.1	1.0

1.2 畜禽养殖废水污染实物量核算方法

1.2.1 废水产生量核算方法

1.2.1.1 核算模型

见式（1-5），核算包括 5 种畜禽：猪 $i=1$；肉牛 $i=2$；奶牛 $i=3$；肉鸡 $i=4$；蛋鸡 $i=5$。

$$废水产生量(万t)=\sum_{i=1}^{5}(存栏量\times规模化养殖比例\times单位废水产生系数/100) \qquad (1\text{-}5)$$

1.2.1.2 模型中参数的来源与确定

（1）不同畜禽单位废水产生系数。表 3 为综合相关文献的研究确定的湿法和干法工艺的废水产生系数，以及按全国湿法比例和干法比例各占 80%和 20%计算得到的不同畜禽的综合单位废水产生系数。综合单位废水产生系数的计算方法见式 1-6。

综合单位废水产生系数（t/[头（或只）·a]）＝湿法比例×湿法单位废水产生系数+干法比例×干法单位废水产生系数 （1-6）

表 3 规模化畜禽养殖业的现状单位废水产生系数 单位：kg/[头（或只）·d]

类别 项目	猪	蛋鸡	肉鸡	肉牛	奶牛
湿法	18	0.7	0.6	65	150
干捡粪	7.5	0.25	0.25	32.5	92.5
综合	15.9	0.61	0.53	58.5	138.5
综合/[t/头（或只）·a]	5.80	0.22	0.19	21.35	50.55

（2）不同畜禽的养殖量。数据来源于《中国统计年鉴》或各省统计年鉴中的畜禽存栏量，单位为万头或万只。如果年鉴中为出栏量，则按畜禽的出栏存栏比折算为存栏量，即存栏量＝出栏量×出栏存栏比，各种畜禽的出栏存栏比为：猪 0.81、牛 3.08、家禽 0.57。

（3）不同畜禽的规模化养殖比例。关于规模化养殖尚未形成统一的定义，考虑到需要利用统计年鉴的数据计算规模化养殖的比例，这里参考畜牧业年鉴中各种畜禽所采用的统计范围，给出本课题对规模化养殖的定义：按存栏量计，猪大于等于 400 头（相当于年出栏 500 头），鸡大于等于 10 000 只，其他禽（鸭、鹅）大于等于 3 000 只，奶牛大于等于 100 头，肉牛大于等于 200 头（约相当于年出栏 65 头，选用统计数据时可以以 50 头为界）。根据上述定义计算各种畜禽的规模化养殖比例。

1.2.2 *废水排放量核算方法*

1.2.2.1 核算模型

见式（1-7）。

废水排放量（万 t）＝废水产生量×（100－废水回用率）×流失系数/100 （1-7）

1.2.2.2 模型中参数的来源与确定

（1）废水回用率（%）。从目前畜禽养殖废水的处理情况来看，废水回用率为 0%，即废水产生量与排放量相等，各地可根据实际情况选用不同畜禽养殖场的废水回用率。

（2）流失系数。畜禽规模养殖废水入水体的流失系数，北方取 0.2，南方取 0.35。

1.2.3 *废水排放达标量核算方法*

1.2.3.1 核算模型

见式（1-8）。

废水排放达标量（万 t）＝废水排放量×废水处理达标率/100 （1-8）

1.2.3.2 模型中参数的来源与确定

不同畜禽的废水处理达标率（%）。国家环境保护总局 2001 年公布的全国规模化畜禽养殖业污染情况调查报告显示，从总体上看，规模化畜禽养殖的宏观管理水平较低，主要表现在：①废水处理率低；②废水处理设施运转率低。本研究推荐采用的各种规模化畜禽养殖场的废水现状处理达标率见表 4，各地结合当地情况确定。

表 4 规模化畜禽养殖场的废水处理达标率　　单位：%

年份	猪	肉牛	奶牛	肉鸡	蛋鸡
2004	22.50	13.75	35.00	37.50	37.50

1.2.3.3 废水排放未达标量核算方法

见式（1-9）。

$$废水排放未达标量（万 t）＝废水排放量－废水排放达标量 \tag{1-9}$$

1.2.4 污染物产生量核算方法

1.2.4.1 核算模型

见式（1-10）。

$$污染物产生量(t)=\sum_{i=1}^{5}\left(畜禽养殖量\times规模化养殖比例\times排泄系数/10\right) \tag{1-10}$$

核算两种污染物，COD 和氨氮。同时，污染物产生量和污染物去除量、排放量和还田量之间还存在如式（1-11）的关系。

$$污染物产生量（t）＝污染物去除量＋污染物排放量＋污染物还田量 \tag{1-11}$$

由于规模化畜禽养殖场很大一部分的粪便会直接还田或用于堆肥，因此，本指南引入污染物还田量的概念。同时，还引入一个“核算产生量”的概念，最终计为规模化畜禽养殖污染物产生量的为“污染物核算产生量”，其计算公式见式（1-12）。

$$污染物核算产生量（t）＝污染物去除量＋污染物排放量 \tag{1-12}$$

1.2.4.2 模型中参数的来源与确定

不同畜禽的单位污染物排泄系数：kg/[头（或只）·a]。畜禽粪便的产生量通常都是通过不同畜禽种类的排泄系数来估算的，排泄系数是指单个动物每天排出粪便的数量，它主要与动物的种类、品种、饲料和天气条件等因素有关。但与工业和生活废水中污染物浓度不断变化的趋势不同，畜禽的污染物产生系数基本保持不变。尤其是在做全国和区域核算时，可以将该系数视为常数。本研究采用国家环保总局推荐的各种畜禽的排泄系数，见表 5。

表 5 国家环保总局推荐的各种畜禽的排泄系数　　单位：kg/[头（或只）·a]

畜禽名称	COD_{Cr}	NH_3-N
牛	248.2	25.15
猪	26.61	2.07
家禽	1.165	0.125

1.2.5 污染物去除量核算方法

1.2.5.1 核算模型

畜禽养殖的污染物去除量与清粪工艺、废水处理率和污染物去除率有关。这里我们认为干法的污染物去除率为 90%，湿法工艺废水按采用二级生化处理对待。污染物去除量的计算模型见式（1-13）。

$$
\begin{aligned}
&\text{污染物去除量（t）}=\text{干法污染物去除量}+\text{湿法污染物去除量}\\
&\text{干法污染物去除量（t）}=\text{污染物产生量}\times\text{干法工艺比例}\times\text{干法的污染物去除率}/10^4\\
&\text{湿法污染物去除量（t）}=\text{污染物产生量}\times\text{湿法工艺比例}\times\text{废水处理率}\times\\
&\qquad\text{湿法的污染物去除率}/10^6
\end{aligned}
\tag{1-13}
$$

1.2.5.2 模型中参数的来源与确定

（1）不同畜禽的废水处理率（%）。这里简化认为废水处理率与废水处理达标率相等，取表 4 中的值，各地根据实际情况调整。

（2）畜禽废水生化处理的污染物去除率。畜禽养殖产生的废水经过机械分离、生物过滤、氧化分解、滤水沉淀等一系列处理后，可以去掉沉下的固形物，也可以去除 75%～90%的 COD 和总悬浮物。此外，海南省 2003 年完成的规模化畜禽养殖场专项调查显示，大部分规模化养猪场治理设施对废水中有机污染物和氨氮的治理效果较好，COD 平均去除率 89%，NH_3-N 平均去除率也可以达到 88%。因此，本项研究中 COD 和 NH_3-N 的去除率都取 80%。

（3）干法的污染物去除率。干清粪工艺具有环境影响小、治理费用少的优点，根据海南省 2003 年完成的规模化畜禽养殖场专项调查，养猪场的平均粪便清除率为 60%、养鸡场为 80%、奶牛场为 50%，结合不同畜禽的粪便产生情况，本项研究中养猪场、肉牛场、奶牛场、肉鸡/蛋鸡场的干法污染物去除率分别取 60%、68%、55%和 80%。

（4）干湿法工艺的比例。环境统计数据。

1.2.6 污染物还田量的核算方法

污染物还田量为产生量与去除量之差与污染物入水体的流失系数的乘积，计算公式见式（1-14）。

$$\text{污染物还田量（t）}=（\text{污染物产生量}-\text{污染物去除量}）\times\text{污染物流失系数} \tag{1-14}$$

流失系数同前，北方取 0.2，南方取 0.35。

1.2.7 污染物排放量的核算方法

$$\text{污染物排放量（t）}=\text{污染物产生量}-\text{污染物还田量}-\text{污染物去除量} \tag{1-15}$$

1.3 工业废水实物量核算方法

受统计指标限制，工业废水从产生量核算的难度较大。因此，本研究从现状统计指标出发，提出的工业废水实物量核算方法如下：以环境统计数据为基准，根据分析研究和调查对排放达标率修正后进行核算，并把地区工业废水实物量统计数据按行业废水和污染物结构比例重新折算到各工业部门。

1.3.1 分部门的实物量核算

1.3.1.1 废水排放量、排放达标量和未达标排放量

废水排放量：由于环境统计中按地区统计的工业废水排放总量比按行业统计的废水排放总量大，因此，首先需要对各行业的废水排放量进行调整，调整方法如式（1-16），然后按式（1-17）和式（1-18）分别计算达标排放量和未达标排放量。

调整后的废水排放量（万 t）

$$=\frac{\text{调整前的废水排放量}}{\text{按行业统计的总工业废水排放量}}\times\text{按地区统计的总工业废水排放量} \tag{1-16}$$

废水排放达标量：利用调整后的废水排放量和排放达标率计算获得，计算方法见式（1-17）。排放达标率为各工业行业的废水排放达标量与排放量的比值，根据相关研究和最近中国环境监测总站在淮河流域对 100 多家、涵盖 15 个行业的企业调查发现，目前环境统计中的排放达标率存在偏高的问题，因此，对排放达标率进行了调整。

调整后的废水排放达标量（万 t）＝调整后的废水排放量×调整后的排放达标率（1-17）

废水排放未达标量（万 t）＝调整后的废水排放量－调整后的废水排放达标量

1.3.1.2 污染物产生量、排放量和去除量

由于废水排放达标率进行了调整，在进行污染物的实物量核算前，需要根据废水排放达标率调整前后的比例对污染物去除率进行调整，调整方法见式（1-18）。

调整后的污染物去除率（%）

$$=\frac{\text{调整后的废水排放达标率}}{\text{调整前的废水排放达标率}}\times\text{调整前的污染物去除率} \quad (1\text{-}18)$$

核算污染物的产生、排放和去除量时，首先，将各行业的污染物去除量以按地区统计的污染物去除总量为基准进行调整，调整方法见式（1-19）；其次，利用调整后的污染物去除量和污染物去除率推算调整后的污染物产生量，见式（1-20）；最后，计算调整后的污染物排放量，见式（1-21）。

调整后的污染物去除量（t）

$$=\frac{\text{调整前的污染物去除量}}{\text{按行业统计的总污染物去除总量}}\times\text{按地区统计的污染物去除总量} \quad (1\text{-}19)$$

$$\text{调整后的污染物产生量（t）}=\frac{\text{调整后的污染物去除量}}{\text{调整后的污染物去除率}} \quad (1\text{-}20)$$

调整后的污染物排放量（t）＝调整后的污染物产生量－调整后的污染物去除量 （1-21）

1.3.2 分地区的实物量核算

1.3.2.1 废水排放量、达标排放量和未达标排放量

废水排放量：环境统计，万 t。

废水排放达标量：以按行业调整后的废水排放达标总量为基准，利用环境统计中各地区的排放达标量结构对各地区的废水排放达标量进行调整，调整方法如式（1-22）。

$$\text{各地区调整后的废水排放达标量（万 t）}=\frac{\text{各地区调整前的废水排放达标量}}{\text{按地区统计的调整前废水排放达标总量}}\times\text{按行业调整后的废水达标排放总量} \quad (1\text{-}22)$$

废水未达标排放量（万 t）＝废水排放量－调整后的废水排放达标量

1.3.2.2 污染物产生量、排放量和去除量

污染物去除量：单位为 t。氰化物和石油类的去除量直接利用环境统计数据，COD 和 NH_3-N 去除量由两部分组成，第一部分为环境统计中工业废水中 COD 和 NH_3-N 的去除量，第二部分为城市污水处理厂处理的工业废水中 COD 和 NH_3-N 的去除量，其中，第二部分的计算方法见 1.5 节。

污染物排放量：以按行业调整后的各项污染物排放总量为基准，利用环境统计中各地区的污染物排放量结构对各地区的污染物排放量进行调整，调整方法如式（1-23）。

各地区调整后的污染物排放量（t）

$$=\frac{\text{各地区调整前的污染物排放量}}{\text{按地区统计的调整前污染物排放总量}}\times\text{按行业调整后的污染物排放总量} \quad (1\text{-}23)$$

污染物产生量（t）＝调整后的污染物排放量＋污染物去除量

1.4 农村生活废水污染实物量核算方法

1.4.1 废水排放量

1.4.1.1 核算模型

农村生活废水排放量为农村综合生活用水量与居民生活耗水系数的乘积，其中，生活用水量取决于农村人口和农村居民综合生活用水系数，计算模型见式（1-24）和式（1-25）。如果能直接获得农村生活用水量，则直接利用式（1-24）核算，如果没有农村生活用水量，则采用式（1-25）推算。

生活废水排放量（万 t）＝生活用水量 ×（1－农村居民生活耗水系数） （1-24）

生活用水量（万 m^3）＝365 × 农村人均生活用水系数 × 农村人口/10^3 （1-25）

1.4.1.2 模型中参数的来源与确定

（1）农村生活耗水系数。中国广大农村地区缺少供水设施，农村居民生活的大部分用水仅用于满足吃喝等基本生活要求，根据 1998—2004 年水资源公报分析，全国农村居民的生活耗水系数高达 0.87，2004 年取 0.86，各地应根据实际情况对该系数加以调整。

（2）农村人均生活用水系数。L/（人·d）。农村人均生活用水系数包括散养畜禽用水，2004 年取 101.7 L/（人·d）。由于南北方差异较大，各地应根据实际情况对该系数加以调整。

（3）农村人口（万人）。如果地方核算采用的是城市人口，则这里的农村人口为（总人口—城市人口），人口数据见各省/直辖市统计年鉴。

1.4.2 废水排放未达标量

废水排放未达标量为农村生活废水流入水体的排放量，计算模型见式（1-26）。

废水排放未达标量（万 t）＝废水排放量×农村生活废水流失系数 （1-26）

式中，农村生活废水流失系数，南方地区为 0.08，北方地区为 0.04，各地可以根据实际情况加以调整。

1.4.3 废水排放达标量

废水排放达标量（万 t）＝废水排放量－废水排放未达标量 （1-27）

1.4.4 污染物产生量和环境自净削减量

1.4.4.1 核算模型

污染物产生量根据人均污染物产生系数与农村居民人口以及畜禽散养量和不同畜禽的排泄系数确定，污染物排放量为污染物入水体的流失系数与污染物产生量的乘积。污染物农村生活污染物产生量的计算模型见式（1-28）。根据中国农村的现实生活条件，农村自然环境对人和散养畜禽产生的污染物有一定的环境接纳能力，因此，在核算农村生活污染物时引入“环境自净削减量”的概念，计算公式见式（1-29）。与规模化畜禽养殖类似，这里也引入一个“核算产生量”的概念，最终计为农村生活污染物产生量的为“污染物核算产生量”，计算公式见式（1-31）。

污染物产生量（t）＝居民生活污染物产生量+散养畜禽污染物产生量

居民生活污染物产生量（t）＝365×居民生活污染物产生量×农村人口/100

$$散养畜禽污染物产生量（t）=\sum_{i=1}^{5}存栏量\times\left(100-规模化养殖比例\right)\times排泄系数/10 \quad (1\text{-}28)$$

污染物环境自净削减量（t）＝农村污染物产生量×（1－流失系数） （1-29）

污染物核算产生量（t）＝污染物排放量 ＋ 污染物去除量 （1-30）

1.4.4.2 模型中参数的来源与确定

（1）农村居民生活污染物产生系数：g/（人·d），COD 40.3 g/（人·d），NH_3-N 4.0 g/（人·d）。各地应根据实际情况对该系数加以调整。

（2）污染物流失系数。同农村生活废水流失系数。

1.4.5 污染物排放量和去除量

污染物排放量（t）＝农村居民生活污染物排放量+散养畜禽污染物排放量

农村居民生活污染物排放量（t）＝农村居民生活污染物产生量×流失系数×（100－沼气化率）/100

散养畜禽污染物排放量（t）＝散养畜禽污染物产生量×流失系数 （1-31）

污染物去除量＝农村居民污染物去除量（t）＝污染物产生量×流失系数×沼气化率（1-32）

1.5 第三产业和生活废水污染实物量核算方法

由于城市生活废水排放难以将第三产业和生活废水分开，因此在进行城市生活废水核算时，统一按城市大生活废水的概念进行核算。核算完成后，再按各地区的公共设施用水和生活用水比例折算。城市生活废水排放量、COD 和氨氮去除量和排放量直接采用环境统计数据，下面重点讨论城市生活废水排放达标量和未达标排放量的核算方法。

1.5.1 城市生活废水产生量、排放量、排放达标量

1.5.1.1 核算模型

虽然从理论上说，废水产生量为废水排放量与废水回用量之和。但在目前环境统计体系中对城市生活污水排放量的定义为：城市生活污水排放量＝城市生活污水排放系数×城市人口数×365，其中，城市生活污水排放系数即指城市生活污水产生系数，因此，这里城市生活废水产生量等于废水排放量。

通常认为城市生活废水经过二级和二级以上处理后即可达标排放，因此，这里通过废水产生量、处理率以及二级和三级废水处理能力比例核算废水排放达标量。核算模型见式（1-33）。

废水产生量（万 t）＝废水排放量 （1-33）

废水排放达标量（万 t）＝废水产生量×废水处理率×二级和三级废水处理能力比例（1-34）

1.5.1.2 模型中参数的来源与确定

（1）废水处理率（%）＝废水处理量/废水产生量

废水处理量见环境统计年报。2004 年全国城市生活废水平均处理率为 32.8%，各地应根据环境统计年报分别计算各地的废水处理率。

（2）二级和三级废水处理能力比例（%）＝二级和三级废水处理能力/废水处理能力

如果环境统计中有不同生活废水处理设施的统计数据，则采用环境统计数据计算二级和三级废水处理能力比例。如果各地环境统计缺乏关于处理能力的直接统计数据，则

从城市建设统计年报中获取。2004 年全国城市废水处理设施中的二级和三级废水处理能力的比例为 76.67%。

1.5.2 城市生活和第三产业废水污染物的产生量、排放量与去除量

许多城市污水处理厂既处理工业废水又处理生活废水，在环境统计年报中，污染物去除量为所有废水的污染物去除量，污染物排放量为生活废水的污染物排放量，因此，污染物排放量可以直接采用环境统计数据，而污染物去除量需要根据生活污水处理量占总污水处理量的比例以及工业废水进出口浓度差进行粗略的折算，见式（1-35）。

城市废水中工业废水的污染物去除量（t）

=污水处理量×（100－生活污水比例）×工业废水进出口浓度差/10 000

城市废水中生活废水污染物去除量（t）

=（污染物去除量－城市废水中工业废水的污染物去除量）×生活用水比例

城市废水中第三产业废水污染物去除量（t）=（污染物去除量

－城市废水中工业废水的污染物去除量）×第三产业用水比例 （1-35）

式中，工业废水污染物进口质量浓度=（地区合计工业废水污染物排放量/地区合计工业废水排放量）×100，工业废水污染物出口质量浓度取城市污水处理厂一级 B 标准，即 COD 出口质量浓度取 60 mg/L，NH_3-N 出口质量浓度取 11.5 mg/L。生活和第三产业用水比例的计算方法如（1-36）和（1-37）两式所示，其中用水量指标从《中国城市建设统计年报》获得。

$$\text{第三产业用水比例}=\frac{\text{公共服务用水}+\text{消防及其他用水}}{\text{公共服务用水}+\text{消防及其他用水}+\text{居民家庭用水}} \quad (1\text{-}36)$$

$$\text{生活用水比例}=\frac{\text{居民家庭用水}}{\text{公共服务用水}+\text{消防及其他用水}+\text{居民家庭用水}} \quad (1\text{-}37)$$

污染物排放量与去除量之和为污染物产生量，即

污染物产生量（t）=污染物排放量+污染物去除量 （1-38）

2 大气污染实物量核算

2.1 按行业工业大气污染实物量核算

大气污染实物量核算污染物包括二氧化硫、烟尘、工业粉尘和氮氧化物，指标为行业污染物产生量、去除量和排放量，其关系为：产生量=去除量+排放量。

工业分行业核算的要点是：①根据有关调查，环境统计中电力行业 SO_2 排放量小于实际排放量，主要原因是电力行业煤炭含硫量取值较小，这里根据燃煤量重新核算电力行业的 SO_2 排放量；②将环境统计的数据按照全国总数分解到整个行业。

2.1.1 燃料燃烧污染实物量核算方法

2.1.1.1 电力行业重点企业燃烧过程 SO_2 产生量、排放量和去除量

（1）SO_2 产生量=电力行业重点企业的燃料煤消耗量×燃料煤含硫量×燃料煤 SO_2 转换系数+电力行业重点企业的燃料油消耗量×燃料油含硫量×燃料油 SO_2 转换系数

其中，重点企业燃料煤和燃油消耗量为环境统计的燃煤和燃油消耗量；燃料煤含硫量和燃料油暂取 1%，燃料煤 SO_2 转换系数 1.6，燃料油 SO_2 转换系数 1.8。

（2）SO_2 去除量：环境统计。

（3）SO_2排放量＝SO_2产生量－SO_2去除量。

2.1.1.2 电力行业非重点企业燃烧过程 SO_2产生量、排放量和去除量

（1）SO_2 产生量＝电力行业非重点企业的燃料煤消耗量×燃料煤含硫量×燃料煤 SO_2 转换系数＋电力行业非重点企业的燃料油消耗量×燃料油含硫量×燃料油 SO_2 转换系数

其中，非重点企业燃料煤和燃油消耗量为能源统计的燃煤和燃油消耗量与环境统计的燃煤和燃油消耗量的差值；燃料煤含硫量和燃料油暂取 1%，燃料煤 SO_2 转换系数 1.6，燃料油 SO_2 转换系数 1.8。

（2）SO_2 去除量：0。

（3）SO_2 排放量＝SO_2 产生量－SO_2 去除量

2.1.1.3 其他行业重点企业燃烧过程 SO_2 排放量和去除量

环境统计。

2.1.1.4 其他行业非重点企业燃烧过程 SO_2 产生总量和排放总量

SO_2 产生总量＝非重点企业除电力行业以外的燃料煤消耗量×燃料煤含硫量×燃料煤 SO_2 转换系数 ＋ 非重点企业除电力行业以外的燃料油消耗量×燃料油含硫量×燃料油 SO_2 转换系数

非重点燃煤量（电力以外）＝能源统计燃料煤消耗总量（电力以外）－环境统计燃料煤消耗量（电力以外）（如果环境统计大于能源统计，则计为 0）

各行业燃料煤消耗总量＝能源统计中各行业的燃料煤消耗总量×燃料煤所占比例

燃料煤比例＝环境统计燃料煤消耗量/环境统计煤炭消耗量

SO_2 排放总量＝SO_2 产生总量－SO_2 去除总量

SO_2 去除总量＝地区统计 SO_2 去除总量－环境统计 SO_2 去除总量

其中，燃料煤含硫量和燃料油暂取 1%，燃料煤 SO_2 转换系数 1.6，燃料油 SO_2 转换系数 1.8。

2.1.1.5 各行业非重点企业燃烧过程 SO_2 排放量和去除量

（1）燃烧过程 SO_2 排放量＝各行业非重点燃煤量/除电力以外的非重点燃煤总量×除电力以外的非重点企业燃煤 SO_2 排放总量

（2）燃烧过程 SO_2 去除量＝行业重点企业 SO_2 去除量/重点企业 SO_2 去除总量×（地区 SO_2 去除总量－重点 SO_2 去除总量）

2.1.1.6 重点企业烟尘排放量和去除量

环境统计。

2.1.1.7 非重点企业烟尘排放量和去除量

（1）烟尘排放量＝行业重点企业烟尘排放量/重点企业烟尘排放总量×（按地区统计的烟尘排放总量－重点企业烟尘排放总量）

（2）烟尘去除量＝行业重点企业烟尘去除量/重点企业烟尘去除总量×（按地区统计的烟尘去除总量－重点企业烟尘去除总量）

2.1.2 工艺过程污染实物量核算方法

2.1.2.1 重点企业 SO_2 排放量和去除量

环境统计。

2.1.2.2 非重点企业 SO_2 排放量和去除量

（1）工艺过程 SO_2 排放量＝（行业产品产量×产品排污系数－重点行业排放量）/行业合计×非重点企业总排放量

（2）工艺过程 SO_2 去除量＝行业工艺过程去除量/重点行业合计×（工艺过程总 SO_2 去除量－重点企业工艺过程 SO_2 去除量）

2.1.2.3 重点企业粉尘排放量和去除量

环境统计。

2.1.2.4 非重点企业粉尘排放量和去除量

（1）粉尘去除量＝行业重点企业粉尘去除量/重点行业重点企业粉尘去除量×非重点企业粉尘去除总量

（2）粉尘量＝（行业产品产量×产品排污系数－重点行业排放量）/行业合计×非重点企业粉尘排放总量

2.1.2.5 氮氧化物实物量核算

（1）产生量＝∑（各种能源消耗量×排放因子）

调整后的产生量＝各行业产生量/按行业核算得出的产生总量
×按地区核算得出的产生总量

（2）去除量＝调整后的产生量×去除率

2004 年根据调查数据推算各行业的 NO_x 去除率。

（3）排放量＝产生量－去除量

2.2 按地区工业大气污染实物量核算

按地区污染实物量核算按工业和生活两部分进行。按地区工业污染实物量的核算要点为：①由于电力行业燃烧过程的 SO_2 排放量经过核算后有所增加，需要对核算得出的总工业燃烧过程 SO_2 排放量按各地区的 SO_2 排放结构重新分配；②工业二氧化硫、烟尘、粉尘三种污染物核算方法基本以环境统计数据为基础，数值不做调整，产生量＝排放量+去除量；③增加氮氧化物指标，其产生量根据各地区能源消费量计算，去除量根据各地区的调查数据推算。

2.2.1 燃料燃烧 SO_2 排放量

调整后的 SO_2 排放量＝各地区 SO_2 排放量/工业 SO_2 排放总量×按行业核算得出的 SO_2 排放总量

2.2.2 氮氧化物实物量核算

NO_x 产生量＝各种能源消费量×排放因子

NO_x 去除量＝工业 NO_x 产生量×去除率

工业 NO_x 排放量＝工业 NO_x 产生量－工业 NO_x 去除量

NO_x 去除率缺乏统计数据，核算时 2001 年 NO_x 去除率取 0，2004 年根据调查数据推算各地区的 NO_x 去除率。

2.3 分行业生活及其他行业的废气实物量核算

生活包括居民生活和其他部门。核算要点：①环境统计中对生活及其他污染源大气污染物排放量只有总的排放量，没有分行业，为了与国民经济统计衔接，需要对农业、第三产业大气污染物进行核算，排放量核算按照能源消费量分解。②环境统计中的生活及其他煤炭消耗量大于能源统计，因此，认为环境统计中的一部分供热企业应属于电力行业，当电力行业的 SO_2 排放量根据燃煤量核算增大后，生活部分的 SO_2 排放量应根据减少的燃煤量重新核算。

2.3.1 生活及其他行业的燃料燃烧 SO_2 总排放量

SO_2 总排放量＝环境统计中的生活 SO_2 排放量－（环境统计生活燃煤量－能源统计生活燃煤量）×含硫量×SO_2 转化系数

其中，燃料煤含硫量取环境统计核算采用的含硫量 0.88%，燃料煤 SO_2 转换系数 1.6。

2.3.2 生活部门及各其他行业的燃料燃烧 SO_2（烟尘）排放量

SO_2（烟尘）排放量＝各部分燃煤量/生活及其他燃煤量合计×生活 SO_2（烟尘）排放总量（环境统计数据）

经过调整的氮氧化物排放量＝（各部分氮氧化物排放量/总氮氧化物排放量）×按地区核算的总氮氧化物排放量

各部分氮氧化物排放量＝分行业能源消耗量×排放因子

SO_2（烟尘、NO_x）去除量＝各部分燃煤量/生活及其他燃煤量合计×按地区核算的生活 SO_2（烟尘、NO_x）去除量

2.4 按地区生活大气污染实物量核算

生活大气污染物包括居民生活排放和其他部门大气污染物排放量，在环境统计中只有二氧化硫和烟尘排放量数据，因此二氧化硫和烟尘排放量按环境统计数值核算。氮氧化物产生量根据能源消耗计算，见式（2-1）。大气污染治理主要考虑燃气使用和集中供热项目，因此，污染去除量按照居民煤改气和集中供热后污染物削减量核算。

$$NO_x\text{产生量}=\sum\left(\text{各种能源消耗}\times\text{排放因子}\right) \tag{2-1}$$

2.4.1 居民煤改气后的污染物去除量核算方法

第一步，将各种生活用能源消耗量按热值比转化为燃煤消耗量，加和后得到煤改气前的虚拟燃煤消耗量；

第二步，计算虚拟燃煤消耗量的污染物排放量；

虚拟污染物排放量＝虚拟燃煤消耗量×污染物排放因子

第三步，计算煤改气后的污染物排放量；

$$\text{实际污染物排放量}=\sum\left(\text{各种能源消耗量}\times\text{污染物排放因子}\right)$$

第四步，计算污染物去除量。

污染物去除量＝虚拟污染物排放量－实际污染物排放量

2.4.2 集中供热的污染物去除量核算方法

第一步，计算如不采用集中供热，采用普通采暖小燃煤锅炉的污染物排放量；

虚拟污染物排放量＝集中供热燃煤消耗量/集中供热燃煤消耗与分散供热燃煤消耗之比（0.8）×小燃煤锅炉污染物排放因子

第二步，计算采用集中供热后的污染物排放量；

$$\text{实际污染物排放量}=\sum(\text{集中供热面积}\times\text{各种集中供热燃料的供热面积与总供热面积的比例}\times\text{集中供热单位面积能源消耗量}\times\text{污染物排放因子})$$

第三步，计算污染物去除量。

污染物去除量＝虚拟污染物排放量－实际污染物排放量

2.5 有关数据和参数来源

2.5.1 能源消费量

全国核算数据采用 2004 年中国能源统计年鉴数据和 2003 年环境统计年报中的数据，因为 2004 年各地区和行业能源消耗情况尚未统计，所以采用了 2003 年的数据，所以氮氧化物的核算是 2003 年的结果。

2.5.2 生产工艺过程排污系数

生产工艺过程污染物排污系数采用《工业污染物产生和排放系数手册》中的排污系数作为参考，如表 6 所示。

2.5.3 氮氧化物排污系数

氮氧化物产生量的计算，采用清华大学郝吉明等的研究结果，根据能源消费量计算，排放因子如表 7 所示。

表 6 生产工艺过程的排污系数 单位：kg/t

行业	产品	二氧化硫	粉尘
石油加工及炼焦业	炼焦	2.75	1.00
化工原料、化学制品制造业	硫酸	5.90	4.80
非金属矿物制造业	水泥	0.98	6.80
黑色金属冶炼及压延加工业	钢	2.40	5.00
有色金属冶炼及压延加工业	10 种金属	36.00	15.00

表 7 氮氧化物排放因子 单位：kg/t，10^{-4}kg/m^3

来源		燃煤	焦炭	焦炉煤气	其他煤气	原油	汽油	煤油	柴油	燃料油	炼厂干气	天然气
能源加工与转换	火力发电	8.85		13.64	1.79	7.24	16.7	21.2	7.4	10.06	0.75	40.96
	供热	7.25	9	9.58	1.26	5.09	16.7	7.46	7.4	5.84	0.53	20.85
	炼焦	0.37										
	炼油					0.24						
	制气	0.75	0.9	0.96						5.84		
终端能源消费	农业	3.75	4.5	6.69	1.26	3.05	16.7	4.48	5.77	3.5	0.32	14.62
	工业	7.25	9	9.58	1.26	5.09	16.7	7.46	9.62	5.84	0.53	20.85
	建筑业	7.25	9		1.26		16.7	7.46	9.62	5.84		20.85
	交通运输业	7.5	9			5.09	16.7	27.4	54.1	54.1		20.85
	服务业	3.75	4.5	6.69	0.89	3.05	16.7	4.48	5.77	3.5	0.32	14.62
生活	城市	1.88	2.25	6.69	0.89	1.7	16.7	2.49	3.21	1.95	0.18	14.62
	农村	1.88	2.25		0.89	1.7	16.7	2.49	3.21	1.95	0.18	14.62

资料来源：郝吉明等。

2.5.4 燃烧过程排污系数

燃烧过程污染物排污系数采用《工业污染物产生和排放系数手册》中的排污系数作为参考，如表 8 和表 9 所示。

表 8 燃气及家用小煤炉污染物排放因子

来源	单位	二氧化硫	烟尘	氮氧化物
家用煤炉	kg/t	24	40	3.62
煤气	10^{-4} kg/m^3	6.3	3.02	18.432
天然气	10^{-4} kg/m^3	0	0	14.62
液化石油气	10 kg/t	0	0	0.88
小燃煤锅炉	kg/t	24	40	3.62

表 9 集中供热锅炉能源消耗和污染物排放因子

因子		煤	油	煤气	天然气
单位面积能源消耗量	单位	kg/m^2	kg/m^2	m^3/m^2	m^3/m^2
	消耗量	28	14	32.558 14	12
排放因子	单位	kg/t	kg/t	10^{-4} kg/m^3	10^{-4} kg/m^3
	二氧化硫	10.24	30	6.3	0
	烟尘	3.6	1.2	2.385	0
	氮氧化物	7.25	5.84	1.26	20.85

3 固体废弃物实物量核算

3.1 工业固体废物实物量核算方法

工业固体废物实物量核算数据基于环境统计。在目前的环境统计指标体系中，工业固体废物统计项包括产生量、综合利用量、贮存量、处置量和排放量，其中，前三项可以分为危险废物、冶炼废渣、粉煤灰、炉渣、煤矸石、尾矿、放射性废物和其他废物，但后三项指标只能分为一般工业固废和危险废物。因此，工业固废的核算对象只能分为一般工业固废和危险废物。

工业固体废物与工业废水和废气的处置方式有所不同，工业废水和废气的产生、处理和排放量都是当年的实际发生流量，但固体废物存在堆放数年后才被综合利用或处置的情况，即当年统计数据中的综合利用量和处置量包括往年被贮存或排放的固体废物，固废实物量统计指标之间存在如下关系：

工业固体废物产生量<综合利用量+处置量+贮存量+排放量

综合利用量＝综合利用当年废物量+综合利用往年废物量

处置量＝处置当年废物量+处置往年废物量

由于统计数据无法提供往年固体废物的综合利用量和处置量，因此，工业固废实物量核算只能采用现有的统计指标，即产生量、综合利用量、贮存量、处置量和排放量，其中，综合利用量和处置量包括往年贮存或排放的工业固体废物。

3.2 生活垃圾实物量核算方法

生活垃圾的产生处理过程如图 1 所示，其中，堆放量指市政管理部门将垃圾清运到指定地点堆放的实际垃圾量，而无序堆放量指市政管理部门没有统一清运、由城市居民随意倾倒形成的堆放量。各项指标中，生活垃圾清运量、卫生填埋量、堆肥量、无害化焚烧量、简易处理量和堆放量在城市建设统计年报中有详尽的统计，但生活垃圾产生量和生活垃圾无序堆放量没有统计数据。因此，城市生活垃圾产生量和堆放量只能通过核算得到。

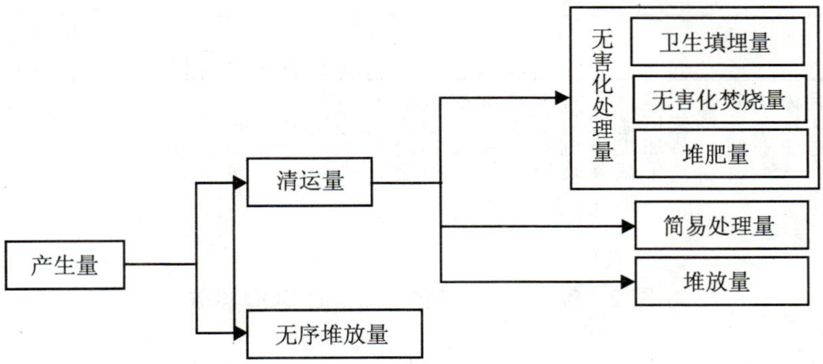

图 1　生活垃圾的产生处理过程

城市生活垃圾产生量的核算方法有两种，即载重计算法和人均生活垃圾产生量估算法，由于人口数据有统计年鉴的支持，因此，本项研究中采用人均生活垃圾产生量估算法来核算城市生活垃圾产生量，其计算公式见式（3-1）。

生活垃圾产生量（万 t）＝城市人口×人均生活垃圾产生量　　(3-1)

式中，城市人口利用中国城市统计年鉴中的城市年末总人口[①]，全国人均生活垃圾产生量取 0.32 t/（人·a），各地可以根据当地实际情况取 0.2～0.45 t/（人·a）之间的值。

城市生活垃圾无序和有序堆放量的计算公式分别见（3-2）和（3-3）两式。

生活垃圾无序堆放量（万 t）＝产生量－清运量　　(3-2)

生活垃圾有序堆放量（万 t）＝清运量－（卫生填埋量+堆肥量+无害化焚烧量+简易处理量+堆放量）　　(3-3)

4　2004 年环境污染实物量核算结果讨论与分析

实物量核算结果表明，2004 年全国废水排放量为 607.2 亿 t，COD 排放量为 2 109.3 万 t，氨氮排放量为 223.2 万 t；2004 年我国大气污染物二氧化硫、烟尘、粉尘和氮氧化物排放总量分别为 2 450.2 万 t、1 095.5 万 t、905.1 万 t 和 1 646.6 万 t；工业固体废物新增排放量为 1 760.8 万 t，生活垃圾新增堆放量为 6 667.5 万 t。

2004 年，全国 GDP 总量为 159 878 亿元，单位 GDP 的废水、COD 和氨氮排放量分别为 38.0 t/万元、13.2 kg/万元、1.4 kg/万元；单位 GDP 的二氧化硫、烟尘、粉尘和氮氧化物排放量分别为 15.3 kg/万元、6.9 kg/万元、5.7 kg/万元和 10.3 kg/万元。

---

① 地级市利用市辖区年末总人口，县级市利用年末总人口。

从图 2 各工业行业的 COD 排放绩效来看，2004 年各个行业的单位增加值 COD 排放绩效相差较大，最大的造纸行业为 262.49 kg/万元（图 2 未表示），其次为食品加工业 42.18 kg/万元；全国平均水平为 14.85 kg/万元。

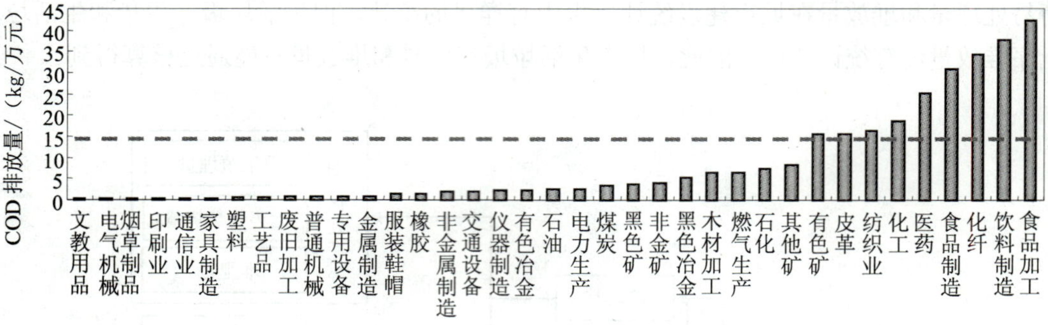

图 2 各工业行业单位增加值的 COD 排放量

从图 3 各工业行业的 SO_2 排放绩效来看，2004 年各个行业的单位增加值 SO_2 排放绩效相差较大，最大的电力行业为 256.30 kg/万元（图 3 未表示），其次为有色冶金业 53.44 kg/万元；全国平均水平为 15.32 kg/万元。

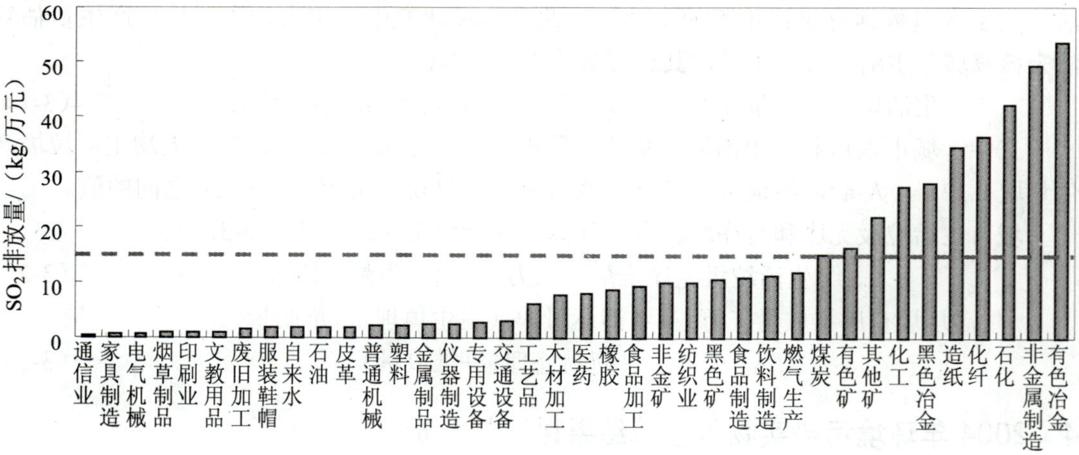

图 3 各工业行业单位增加值的 SO_2 排放量

从图 4 全国 31 个省级单位的 COD 排放绩效来看，2004 年单位 GDP 的 COD 排放绩效最好的是北京市，为 2.77 kg/万元，其次是上海市，为 4.31 kg/万元；而排放绩效最差的是广西壮族自治区，为 45.28 kg/万元，位居倒数第二的是吉林，为 25.15 kg/万元。全国平均水平为 12.59 kg/万元。

从图 5 全国 31 个省级单位的 SO_2 排放绩效来看，2004 年单位 GDP 的 SO_2 排放绩效最好的是西藏，为 0.45 kg/万元，其次是海南省，为 3.17 kg/万元；而排放绩效最差的是贵州省，为 73.91 kg/万元，位居倒数第二的是宁夏，为 61.25 kg/万元。全国平均水平为 14.62 kg/万元。

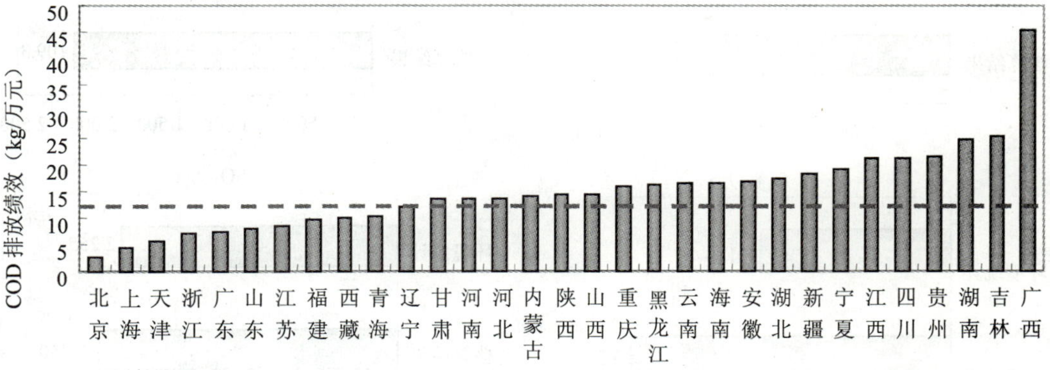

图 4　全国 31 个省（市）单位 GDP 的 COD 排放绩效

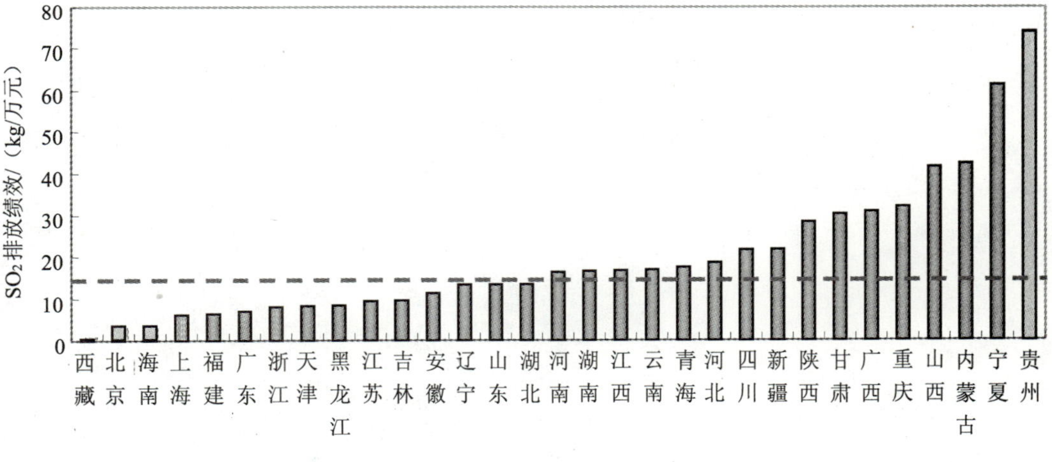

图 5　全国 31 个省（市）单位 GDP 的 SO_2 排放绩效

图 6 是 2004 年主要污染物的实物量核算与环境统计结果。2004 年废水排放量的环境统计为 482.4 亿 t，而核算结果为 607.2 亿 t，核算量是统计量的 1.26 倍；COD 排放量的环境统计为 1 339.2 万 t，而核算结果为 2 109.3 万 t，核算量是统计量的 1.58 倍；氨氮排放量环境统计为 133 万 t，而核算结果为 251.8 万 t，核算量是统计量的 1.68 倍；二氧化硫排放量环境统计为 2 255 万 t，而核算结果为 2 450.2 万 t，核算量比统计量增加了约 195 万 t。总体而言，由于废水核算包括了农业面源污染，SO_2 按能源消耗量重新进行了核算，核算口径比环境统计宽，因此污染实物量有所增加，更能全面反映中国目前的实际污染状况。

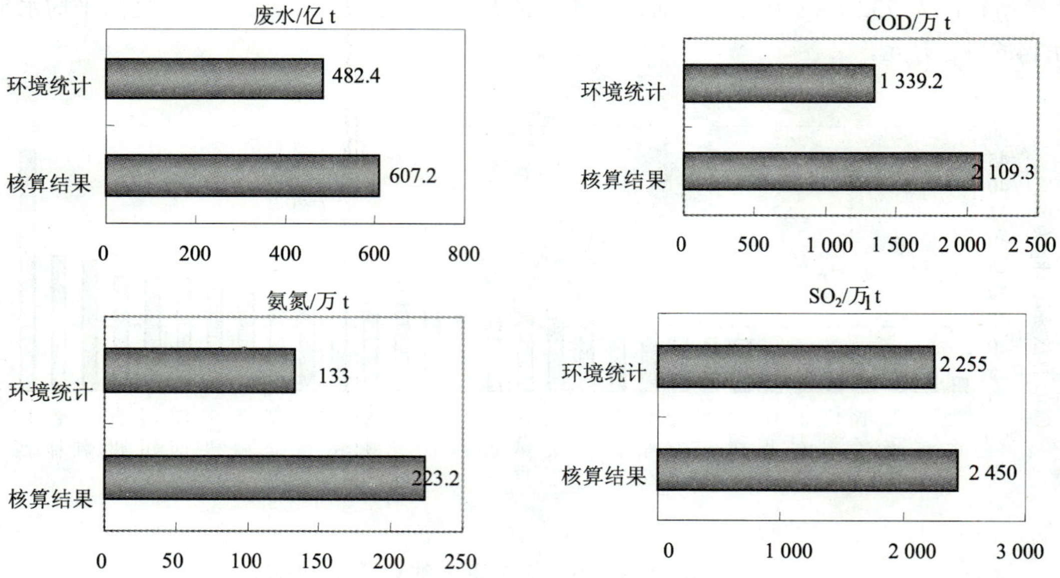

图 6　主要污染物实物量核算与统计结果比较（2004）

环境政策，企业竞争力和减排技术创新

Environmental Policy，Competitiveness of the Firm and Innovation of the Abatement Technology

何欢浪　岳咬兴
（上海财经大学，上海　200439）
He Huanlang　Yue Yaoxing
（Shanghai University of Finance and Economics，Shanghai　200439）

[摘　要] 在不完全竞争市场下，不同的环境规制政策（命令、控制和环境税）对企业的国际市场份额效应是不一样的。环境规制政策使得企业的产量下降，价格上升，命令和控制的环境政策相当于政府给予了企业一个政府补助，可以使企业在国际市场上占有更大的份额。而环境税使得企业有更大的激励去改善减排技术。从国家可持续发展和企业长期竞争的眼光来看，应该更多地使用环境税这个环境政策。

[关键词] 环境政策　市场份额　减排　激励

Abstract：The paper analyzes how a country's choice of environmental policy（C&C and tax）affects the international market share of firms in the country in the non-competitive market. We show that total output decrease after the introduction of environmental regulation. The C&C policy can be regarded as "state aid". The firms in the developed country have much more incentives to improve the abatement technology.

Key words：Environmental Policy，Market Share，Abatement，Policy Incentive

不同的国家采取了不同的环境政策，如美国主要使用可交易排放许可（Tradable Emission Permit），欧盟多使用环境税（t）的方法，这两类政策是以市场为导向，发挥价格的引导作用。而一些发展中国家，如中国，采用命令和控制（C&C）。面对日趋严格的国际环境标准，本文的创新之处就是考虑在相同的环境标准下，不同的环境政策对企业的影响，我们考虑在相同的排放上限下，环境税和传统的 C&C 对我们产业的竞争力是怎么影响的？对企业污染控制技术的创新是怎样的？在本文中我们以企业的国际市场份额来代替企业的国际竞争力，企业的国际市场份额上升表示企业的国际竞争力上升。

1 文献综述

在传统的 Ricardo 模型中，两国的贸易模式或者比较优势是由两个国家之间进行贸易的商品的相对价格决定的，考虑到环境的外部性，Pethig（1976）将环境损害当作生产的副产品，把环境和劳动力，资本一起放入生产函数中，所以环境规制的差异将影响到产品的比较优势。Baumol 和 Oates（1988）认为如果一国没有实施环境规制而另一国实施了环境规制，那么实施国的污染密集型企业的比较优势就会增加，该国就会以损害环境为代价专业化生产污染密集型产品。

环境标准的差异影响了产品的比较优势，大量的理论模型开始分析国内环境政策对贸易模式的影响。考虑到市场结构和环境的负效用，和战略性贸易政策类似，Ulph（1990），Barret（1994）提出了战略性环境政策，不完全竞争的市场结构下，政府是否有“Rent-shifting”的激励来降低环境标准。Barrett（1994）考虑了一个不完全竞争的两国模型，分析了当国内国外企业的市场结构变化时，政府的最优环境标准是变化的。在数量竞争下，政府有激励降低环境标准，在价格竞争下，政府会有采取更加严格的环境标准的激励。Ulph（1994）证明了当企业和政府都有战略性行为的情况下，企业的战略性行为将会降低政府降低环境标准的激励。Copeland（2000）把两国模型扩展到多国模型，如果每个国家都通过战略性环境政策来补贴国内企业，将会陷入经典的“囚徒困境”，而环境将由于过度产量而恶化。

以上都是在考虑不同环境标准对企业或者政府的影响，而发达国家担心自己较高的环境标准会损害竞争力，因此建议采取“平整游戏场所”（level the playing field）的措施，虽然短期内不会实现，但是环境规制将会日趋严格。

本文的创新之处就是考虑在相同的环境标准下，不同的环境政策对企业的影响。不同的国家采取了不同的环境政策，如美国主要使用可交易排放许可（TEP），欧盟多使用环境税（t）的方法，而一些发展中国家，如中国，采用命令和控制（C&C）。发达国家建议采取“平整游戏场所”（level the playing field）的措施，说明不同的环境标准在将来可能会遇到发达国家更多的报复措施。在相同的环境标准下，我们就需要选择合适的环境政策。

中国开始对环境税立法，Stiglitz（中国发展高层论坛 2007）认为中国应开征环境污染税来缓解环保压力。我们需要考虑环境税和传统的 C&C 对我们产业的竞争力是怎么影响的？对企业污染控制技术的创新是怎样的？在本文中我们以企业的国际市场份额来代替企业的国际竞争力。企业的国际市场份额上升表示企业的国际竞争力上升。

本文的安排如下：第二部分分析了没有环境规制下的基准（benchmark）模型。第三和第四部分得出了 C&C 和环境税的环境规制下企业的反应函数。第五部分分析了在相同排放上限的情况下自由贸易的市场均衡。第六部分得出一些结论和建议。

2 模型构建

假设两个国家（$V=S, N$），南方（S）和北方（N），我们可以设想南方为发展中国家，譬如，中国；而北方是发达国家，譬如，欧盟。南方国家采取 C&C 的环境政策，北方国家采取环境税。每个国家有两个产业，生产两种不同的产品（$j=1,2$）。产品都出口到第三个国家市场，市场需求函数是 $P_j = A_j - q_j^N - q_j^S$，在第三个国家市场上出口商采取数量竞争。企业的总成本函数是 $C_j = c_j q_j$，边际成本为固定的常数 c，并且相同的产业具有相同的边际成本。

首先是基准模型，在没有环境规制的情况下，国家 V 下的企业 j，考虑下面的最优问题：

$$\underset{q_j^v}{Max}\,\pi=(p_j-c_j)q_j^v=(A_j-q_j^N-q_j^S-c_j)q_j^N$$

用一阶条件，可以得到企业均衡的产量、价格：

$$q_j^{N^*}=\frac{A_j-c_j}{3} \qquad (1)$$

$$P_j^*=\frac{A_j+2c_j}{3} \qquad (2)$$

现在考虑环境的外部性，假设污染随着产品的生产而产生，进一步假设，污染的排放数量和企业的产量是呈线性关系的：$e_j^v=\frac{q_j^v}{\alpha_j^v}$，$\alpha_j^v$代表减排的努力水平，北方国家由于经济比较发达，消费者对清洁产品有更大的偏好，企业在污染排放上会有更多的认识，所以企业在减少污染上具有更大的努力水平，进一步的我们可以假设$\alpha_j^S<\alpha_j^N<2\alpha_j^S$。在同一个国家$\alpha_1^V=\alpha_2^V$。排放的减少是需要企业投入资本或者劳动力的，我们假设企业的减污的成本函数是$K_j^V(q_j^v,\alpha_j^v)=r_j^{\,2}q_j^v\alpha_j^v$。$r_j$是减排的技术因素，我们假设在不同的行业中 r_j 是不一样的，但是在不同的国家，相同的行业减排的技术是一样的，即 $r_j^N=r_j^S=r_j$（j=1，2）。所以企业要减少污染排放可以减少产量或者提高减排的技术水平。我们假设每个国家中，两个行业的减排的技术水平是不一样的，存在一个高的减排成本（HAC）行业和一个低的减排成本（HAC）行业，进一步假设 $r_1>r_2$，即行业 2 为低的减排成本（HAC）行业，在控制污染上更有效率。

我们分析相同环境力度下，不同的环境政策对企业国际竞争力的影响。假设南方国家采取命令和控制（C&C）的环境政策，北方国家采取环境税。我们假设南北两个国家具有相同的排放上限，即$\overline{E}=\overline{E^N}=\overline{E^S}$。

3 南方国家（C&C）

南方国家采取 C&C 来减少污染的排放，由于有固定的排放上限，我们假设$\overline{E^S}=2E_1^S=2E_2^S$，即两个行业平均分的相同的排放数量。每个企业在相同的排放约束下，通过控制产量和减排的努力水平来最大化自己的利润，即

$$\underset{q_j^S,\alpha_j^S}{Max} \quad \pi_j^S = P_j q_j^S - c_j q_j^S - K_j^S(q_j^S,\alpha_j^S), \quad s.t. \quad E_j^S = \frac{q_j^S}{\alpha_j^S}$$

$$\underset{q_j^S,\alpha_j^S}{Max} \quad L_j^S = P_j q_j^S - c_j q_j^S - r_j^2 q_j^S \alpha_j^S + \lambda_j (E_j^S - \frac{q_j^S}{\alpha_j^S})$$

$$F.O.C \quad A_j - 2q_j^S - q_j^N - c_j - r_j^2 \alpha_j^S - \lambda_j \frac{1}{\alpha_j^S} = 0 \tag{3}$$

$$-r_j^2 q_j^S + \lambda_j \frac{q_j^S}{\alpha_j^{S2}} = 0 \tag{4}$$

由（4）可以得到：$\alpha_j^S = \dfrac{\sqrt{\lambda_j}}{r_j}$ （5）

从（3）和（5）我们可以得到反应函数：$q_j^S = \dfrac{1}{2}\left[A_j - c_j - q_j^N - 2r_j\sqrt{\lambda_j}\right]$ （6）

4 北方国家

北方国家采取环境税来减少污染的排放，我们假设政府考虑了最高的排放上限，设置了比较高的税率达到了一定的高度来控制企业的排放。我们已经假设了 $r_1 > r_2$，即行业1（LAC 部门）在控制污染排放上比行业 2（HAC 部门）有更高的效率，进一步的我们假设 $t_1^N < t_2^N$，即政府对 LAC 部门征收比较低的税收。政府对两个部门采取不同的税率可以从激励上来解释，对 LAC 部门征收比较低的税收，可以使企业有激励在减排技术上投入更多资本或劳动力。企业的利润最大化问题就是

$$\underset{q_j^N,\alpha_j^N}{Max} \quad \pi_j^N = P_j q_j^N - c_j q_j^N - K_j^N(q_j^N,\alpha_j^N) - t_j^N \frac{q_j^N}{\alpha_j^N}$$

$$F.O.C \quad A_j - 2q_j^N - q_j^S - c_j - r_j^2 \alpha_j^S - t_j^N \frac{1}{\alpha_j^N} = 0 \tag{7}$$

$$-r_j^2 q_j^N + t_j \frac{q_j^N}{\alpha_j^{N2}} = 0 \tag{8}$$

从（7）可以得到： $\alpha_j^N = \dfrac{\sqrt{t_j^N}}{r_j}$ （9）

将（9）代入（7）可以得到反应函数：$q_j^N = \frac{1}{2}\left[A_j - c_j - q_j^S - 2r_j\sqrt{t_j^N}\right]$ （10）

5 环境规制下的贸易均衡

由反应函数（6）和（10），解方程组，我们可以得到

$$q_j^N = \frac{A_j - c_j}{3} + \frac{2r_j}{3}\left[\sqrt{t_j^N} - 2\sqrt{\lambda_j}\right] \tag{11}$$

$$q_j^S = \frac{A_j - c_j}{3} + \frac{2r_j}{3}\left[\sqrt{\lambda_j} - 2\sqrt{t_j^N}\right] \tag{12}$$

$$P_j = \frac{A_j + 2c_j}{3} + \frac{2r_j}{3}\left[\sqrt{\lambda_j} + \sqrt{t_j^N}\right] \tag{13}$$

对比（1）、（2）和（11）、（12）、（13），可以得到

命题 1：$q_j^{V*} > q_j^V$；$P_j > P_j^*$。V=N，S。有了环境规制以后，总的产出下降了，商品的价格上升了。由于污染的排放数量和企业的产量是呈线性关系的，总产出的下降就意味着污染排放的下降。

证明：由（5）可以得到 $\lambda_j = (\alpha_j^S r_j)^2$，由（9）可以得到 $t_j^N = (\alpha_j^N r_j)^2$。由于

$$\alpha_j^S < \alpha_j^N < 2\alpha_j^S，\sqrt{t_j^N} - 2\sqrt{\lambda_j} = \alpha_j^N r_j - 2\alpha_j^S r_j = r_j(\alpha_j^N - 2\alpha_j^S) < 0$$

$$\sqrt{\lambda_j} - 2\sqrt{t_j^N} = \alpha_j^S r - 2\alpha_j^N r = r_j(\alpha_j^S - 2\alpha_j^N) < 0$$

所以我们可以得到 $q_j^{V*} > q_j^V$，$P_j > P_j^*$ V=N，S。

从消费者剩余来考虑，环境规制降低了消费者剩余。但如果把污染当作消费者的负效用，那么产出的下降意味着污染排放的下降，从而使得消费者的效用上升。

考虑一个国家内两个行业的市场份额变化效应，我们假设了每个国家中，两个行业的减排的技术水平是不一样的，存在一个高的减排成本（HAC）行业和一个低的减排成本（LAC）行业，行业 2 为低的减排成本（LAC）行业，在控制污染上更有效率，可以得到：

命题 2：$q_1^V < q_2^V$，V=N，S。环境规制使得低的减排成本（HAC）行业具有更大的市场份额。

证明：由于 $\alpha_1^V = \alpha_2^V$

$\sqrt{t_1^N}-2\sqrt{\lambda_1}=r_1(\alpha_1^N-2\alpha_1^S)=r_1\delta$，$\sqrt{t_2^N}-2\sqrt{\lambda_2}=r_2(\alpha_2^N-2\alpha_2^S)=r_2\delta$，其中$\delta<0$。

而$r_1>r_2$，所以$r_1\delta<r_2\delta$，所以$q_1^N<q_2^N$，同理$q_1^S<q_2^S$。所以$q_1^V<q_2^V$，$V=N, S$。

企业 2 为低的减排成本（LAC）行业，在控制污染上更有效率，所以环境规制以后企业 2 的边际成本比较小，相对于企业 1 来说，产量的减少要相对小一些。由于 LAC 行业在竞争更加有优势，所以企业有激励去改善减排技术。

现在考虑环境规制以后南方国家和北方国家的市场份额的变化效应。由于环境规制给每个企业增加了额外边际成本，使得企业的反应曲线向里移动，但是对南北国家的企业，环境规制的市场份额的变化效应是不一样的。可以得到：

命题 3：$q_j^S>q_j^N$，$j=1, 2$。南方国家采用 C&C 的环境政策，北方国家采取环境税政策，南方国家的市场份额大于北方国家的市场份额。

由（5）可以得到$\lambda_j=(\alpha_j^S r_j)^2$，由（9）我们可以得到$t_j^N=(\alpha_j^N r_j)^2$，而$r_j^N=r_j^S=r_j$，

由于$\alpha_j^S<\alpha_j^N<2\alpha_j^S$，所以$\lambda_j>t_j^N$。我们可以得到$q_j^S-q_j^N=\frac{2r_j}{3}\left[\sqrt{\lambda_j}-\sqrt{t_j^N}\right]>0$，$j=1, 2$。

具有相同排放上限的南方国家和北方国家，由于环境政策和环境意识的不一样，贸易均衡后南方国家的市场份额大于北方国家的市场份额。所以 C&C 的环境政策相当于政府给予企业一个“政府补助”（state aid），使得企业在国际市场上具有竞争优势。但是这个优势使得企业没有激励在减排技术上投入更多资本或劳动力。我们可以得到：

命题 4：北方国家比南方国家更有激励去改善减排技术。

证明：从命题 2 我们可以得到南方国家每个行业都有激励来改善减排技术，因为减排技术的改善可以降低企业的生产成本。但是从命题 3 我们可以看到南方国家由于有了 C&C 的环境政策这个“政府补助”，企业改善减排技术的激励将会降低。

而考虑北方国家，从命题 2 我们可以得到南方国家每个行业都有激励来改善减排技术；而政府对 LAC 行业的低税率，可以诱使企业为了获取低税率而去改善减排技术；命题 3 在国际市场北方国家企业没有竞争优势，企业也会想到通过改善减排技术，一方面降低成本；另一方面在税收上支付的更少。这三方面的正效应使得北方国家的企业有更大的激励去改善减排技术。如表 1 所示：

表 1 企业改善减排技术的激励效应①

	南方国家	北方国家
税率效应		+
国内市场份额效应	+	+
国际市场份额效应	—	+

① 符号（+）表示企业有正的激励去改善污染减排技术，（—）有负的激励。

6 结语

如果南北国家的环境政策不一样，南方国家采取 C&C 的环境政策，北方国家采取环境税。那么企业的国际竞争力就会因为环境规制而扭曲，我们证明了环境规制以后企业的产出下降了，污染排放减少了。在国内，无论南北国家，低的减排成本（LAC）行业具有更大的市场份额。在国际上，不同环境政策对市场份额的变化效应是不一样的，南方国家的市场份额大于北方国家的市场份额。但是相对于南方国家的企业，北方国家的企业有更大的激励去改善减排技术。

在短期内，环境规制会增加企业成本，从而会削弱企业的国际竞争力，但是从长期来看，环境税的环境政策比命令和控制的环境政策更加能诱发企业在减排技术上的创新。这个比 Porter（1995）的环境规制能诱发创新更进一步。

我们的建议是：南方国家（中国）从国家可持续发展和企业长期竞争的眼光来看，应该更多地使用环境税这个环境政策。

参考文献

[1] 鲍莫尔，奥茨. 环境经济理论与政策设计[M]. 严旭阳，译. 北京：经济科学出版社，2001.

[2] 傅京燕. 环境成本内部化与产业国际竞争力[J]. 中国工业经济，2002（6）：37-44.

[3] 傅京燕. 环境规制与产业国际竞争力的协调[J]. 财贸研究，2004（2）：31-36.

[4] 曲如晓. 环境保护与国际竞争力关系的新视角[J]. 中国工业经济，2001（9）：59-63.

[5] BARRETT S. Strategic environmental policy and international trade. Journal of Public Economic，1994，54（3）：325–338.

[6] BRIAN R. Copeland. Taxes VS standards to control pollution in imperfect competitive markets. UBC Departmental Archives，1991，91（3）：111-132.

[7] BRIAN R. Copeland. Trade and environment：Policy linkages. Environment and Development Economic，2000，5（4）：405-432.

[8] COPELAND B，TAYLOR M S. Pollution Content Taxes，Environmental Rent Shifting and the Control of Foreign Pollution[M]. Journal of International Economics，1996，40（3-4）：459-476.

[9] COPELAND B，TAYLOR M S. Trade，Growth，and the Environment[J]. Journal of Economic Literature，2004，42（1）：7-71.

[10] FLORENT PRATLONG. Environmental regulation incidences towards international oligopolies：pollution taxes vs emission permits[J]. Economics Bulletin，2005，17（6）：1-10.

[11] PETHIG PLLUTION R. Welfare and environmental policy in the theory of comparative advantage[J]. Journal of Environmental Economics and Management，1976，2（3）：160-169.

[12] SARTZETAKIS，CONSTANTATOS. Environmental regulation and international trade[J]. Journal of Regulatory Economic，1995，8（1）：61-72.

[13] ULPH A. Strategic environmental policy and international trade when governments and producers act strategically[M]. Journal of Environmental Economics and Management，1994，30（3）：265-281.

基于物质流分析的资源型城市可持续发展研究——以铜陵为例*

Applying Material Flow Analysis to Explore the Sustainability of Material Use in Resource-based Cities: Evidence from Tongling City*

王　远　吴小庆　张　蓓　王义琛　周　婧　陆根法
（南京大学环境学院污染控制与资源化研究国家重点实验室，南京　210093）
Wang Yuan　Wu Xiaoqing　Zhang Bei　Wang Yichen　Zhou Jing　Lu Genfa
（State Key Laboratory of Pollution Control and Resources Reuse，School of the Environment，Nanjing University，Nanjing　210093）

[摘　要] 本文采用物质流分析工具，对我国典型资源型城市——铜陵市的资源利用和经济增长方式进行初步分析。分析以欧盟导则确立的物质流分析框架为基础，并根据区域物质流分析特点及铜陵市实际做了必要的修正。以铜陵市 2000—2006 年直接物质投入量（DMI）、物质需求总量（TMR）、物质生产排放量（DPO）、物质生产力（MP）和物质利用率（MUE）的数据作为衡量资源利用效率和物质需求量的指标，分析结果表明：① 铜陵市 DMI 和 TMR 均呈上升趋势，其中隐藏流占 TMR 的 80%左右，说明铜陵市经济对物质资源依赖性较强，对环境造成一定不利影响；② DPO 呈倒 U 形发展趋势，2000—2003 年呈上升趋势，而后转为下降，说明铜陵市对污染物排放的控制取得一定成效；③ 物质生产力和物质利用率水平近年来呈增长趋势，但仍相对较低。基于此，研究提出只有减少物质总投入，提高资源利用效率，通过大力发展循环经济，实现增长方式的根本转变，才是实现资源型城市可持续发展的根本途径。

[关键词] 物质流　循环经济　资源型城市　铜陵市

Abstract: This paper attempts to apply Materials Flow Analysis to investigate dynamic perspective of economic growth, Materials use and its relation of Tongling City, a typical resources-based city in Anhui province. The study collects and integrates about materials flow related research and local data of construction materials and industrial minerals to construct materials flow accounts and index. The analysis is based on the framework of material flow analysis （MFA）proposed by European Stat and adapted for the characteristic of regional scale material flow analysis and the conditions of Tongling City. The Total Material Requirement（TMR）, Total Domestic Output（TDO）, Material Productivity and

* 基金项目：国家自然科学基金资助项目（40701063）和安徽省科技重点项目（07020304097）资助。

Material Use Efficiency, which are key indicators for characterizing resource productivity and sustainable use of materials, are calculated for the period of years 2000 to 2006. From the preliminary results, we discover that Direct Material Input (DMI) and TMR in Tongling City from 2000 to 2006 is shown in the upward trend and the Hidden Flow (HF) accounts for the high proportion (80%) of TMR, which indicate that the economic development of Tongling City strongly depends on the resources and material consumption, and damages the ambient environment. The result also demonstrates that the trend of Domestic Processing Output (DPO) is the reverse U-shaped curve, which shows that some policy and practices of pollution control have made some good effect. In addition, the Material Productivity and Material Use Efficiency of Tongling City increased in these years, but remained in a low level, contrasted with the average level of China. So, the study suggests that the efficiency of resource utilization, industrial arrangement optimization and clean production needs to be enhanced, for the sustainability of economic growth of Tongling City.

Key words: Material Flow Analysis, Circular Economy, Resources-Based City, Tongling City

资源型城市是依托资源（不可更新的矿产资源）开发而兴建或者发展起来的，以矿产资源的开发和初级加工为主导产业的特殊类型城市。资源型城市作为我国各类能源、资源和原材料的主要供应者，为我国经济发展提供了80%的工业原材料、93%的煤炭、90%的石油、80%的铁矿石、70%的天然气[1]。然而在创造价值的同时，其对区域生态环境的破坏也相当可观。全国资源型城市因其开发和生产历年损毁土地达400万 hm^2，污染土地、水源、破坏自然环境与区域生态以每年4万～5万 hm^2 递增，全国每年工业固体废弃物排放量中85%以上来自矿山开采，现有固体废矿渣积存高达60亿～70亿t，占地5 000 hm^2[2]。资源与环境问题已成为资源型城市实现可持续发展的关键和“瓶颈”。本文将针对资源型城市经济结构特点，选择安徽省铜陵市为研究案例，运用物质流分析方法开展资源型城市物质代谢研究，分析资源型城市在物质代谢、资源能源消耗、废物产生等方面的特点，并基于此，提出相关发展对策和政策建议。

1 物质流分析概述

传统的国民经济及绿色GDP核算体系都是基于货币的，这种核算体系所得出的指标并不能完全客观反映经济系统对自然环境的影响。1968年建立的物质流分析方法（Material Flow Analysis，MFA）克服了这一不足，MFA以重量单位取代货币单位，追踪物质从自然界开采进入人类经济体系中，并经过经济活动在各种人类社会阶段中移动，最后回到自然环境中的情形[3]。物质流分析的核心是对社会经济活动中物质流动进行定量分析，了解和掌握整个社会经济体系中物质的流向、通量。这样一方面可以反映无货币价值但对自然环境影响较大的物质移动，另一方面也可以体现其他国家以其国内自然资源支持本国经济发展的实际情形，在衡量经济发展与资源使用效率时也能较符合实际情形。

根据研究对象划分，物质流分析可分为针对区域层面的物质流分析（Economy-wide Material Flow Analysis，EW-MFA）和针对特定物质的物质流分析（Substance Flow Analysis，SFA）。区域物质流分析研究则又可分为针对国家层次的宏观尺度研究分析[3-9]和针对省市层次的中观尺度研究[10-16]。我国区域物质流分析始于 2000 年陈效逑对我国经济系统的分析[8]。此后在区域物质流分析方面许多学者进行了许多有价值的研究[8-10]，[13-16]。这些研究成果对区域物质利用规划、提高区域物质利用率具有重要理论价值和现实意义。但目前对物质流动量大、对环境影响明显的资源型城市物质流研究却相对较少。同时，在物质流全景、物质流与经济、环境的关系等方面的研究还有待深入和完善。

2 铜陵市物质流账户分析框架构建

2.1 铜陵市概况

铜陵市位于安徽省南部、长江下游南岸，是我国重要的有色金属工业基地，有“中国古铜都”之称，是我国典型的资源工矿型城市。自 1956 年建市以来，经过数十年的发展，铜陵市产业由单一的有色金属采选冶炼形成了目前立足资源优势的有色金属、化工、建材、电子、纺织五大支柱产业。近几年来，铜陵市经济得到了快速发展，2006 年全市生产总值达到 223 亿元，人均地区生产总值达 33 526 元[17]。然而，铜陵作为典型的资源型城市，其支柱产业大都建立在资源开发和初级加工上，城市在资源和环境方面面临着较大的挑战。

2.2 铜陵市物质流账户分析框架构建

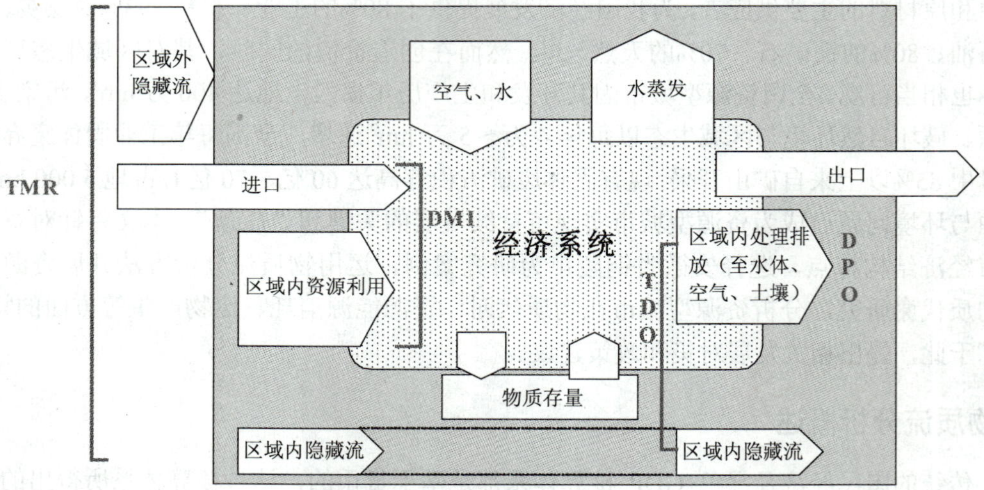

图 1 物质流分析框架

本文以铜陵市为例，运用物质流分析方法对该市经济系统物质流动状况进行研究。研究总体的框架如图 1 所示，左端为物质输入端，右端为物质输出端[18-19]。由于人类对自然环境的最根本影响是通过自然物质的输入产生的，并且输入在很大程度上决定着输出，因此，通常利用物质需求总量（Total Material Requirement，TMR）来量度一个国家、地区或城市经济系统运行的可持续性。一般而言，物质需求总量越小，输出到环境中的废物就越少，生态环境的质量也就越好，经济系统运行的可持续性则越强；反之，物质需求总量越大，输出到环境中的废物就越多，生态环境的质量也就越差，经济系统运行的可持续性则越弱。此外，物质流分析中对应于经济系统与区域生态系统之间物质输出交换的指标主要有物质生产排放（Domestic Processing Output，DPO）。它是指在生产过程中所直接排放出的废弃物，通常被视为一个国家或地区主要的环境冲击指标。为此，本文将重点分析物质需求总量指标、区内物质生产排放等物质流分析指标来考察分析铜陵市的物质消费结构、强度、规模和效率。

物质分类的规范化是物质流分析的基础工作，本文在构建铜陵市物质流账户时，初步提出了各个分类项的具体分类（表 1），为在国内其他城市建立物质流账户提供参考。当然，每个账户所包含的具体分类的规范化还有待于同国民账户体系和统计数据相结合，进行进一步细致的研究[20]。

表 1 铜陵市物质流账户计算数据

<table>
<tr><td colspan="2">1 物质流输入账户</td><td colspan="2">2 物质流输出账户</td></tr>
<tr><td colspan="2">1-A. 铜陵市本地采掘</td><td colspan="2">2-A. 污染产出</td></tr>
<tr><td>（1）化石燃料</td><td>原煤、原油、天然气等</td><td>水污染物</td><td>工业废水、生活污水</td></tr>
<tr><td>（2）金属矿物</td><td>黑色金属、有色金属等</td><td rowspan="2">固体废弃污染物</td><td rowspan="2">生活垃圾、工业固废</td></tr>
<tr><td>（3）工业非金属矿物</td><td>硫、磷等</td></tr>
<tr><td>（4）建筑非金属矿物</td><td>石灰石、大理石、砂等</td><td>大气污染物</td><td>工业废气、生活废气</td></tr>
<tr><td>（5）平衡项</td><td>化石燃料燃烧、工业生产及生物呼吸消耗的 CO_2，植物的光合作用消耗的 CO_2</td><td rowspan="3">耗散性物质</td><td rowspan="3">耗散性使用（化肥、农药等），耗散性流失（化学品事故、泄漏等）</td></tr>
<tr><td colspan="2">1-B. 区内隐藏流</td></tr>
<tr><td colspan="2" rowspan="2">开采化石能源的非使用开采量、开采工业原材料的非使用开挖量、生物收获的非使用部分、建筑土方及河流港口疏浚移动的表土量</td></tr>
<tr><td>平衡项</td><td>燃烧过程中的蒸发水、制造和运输的蒸发水，人和牲畜代谢过程中的 CO_2 排放和水蒸发</td></tr>
<tr><td colspan="2">1-C. 区外进口</td><td colspan="2">2-B. 铜陵市出口外地</td></tr>
<tr><td colspan="2">（1）能源合计</td><td colspan="2">（1）能源合计</td></tr>
<tr><td colspan="2">（2）金属</td><td colspan="2">（2）金属</td></tr>
<tr><td colspan="2">（3）工业矿产品</td><td colspan="2">（3）工业矿产品</td></tr>
<tr><td colspan="2">（4）农、林、牧、渔</td><td colspan="2" rowspan="2">（4）农、林、牧、渔</td></tr>
<tr><td colspan="2">（5）成品和半成品</td></tr>
<tr><td colspan="2">1-D. 区外进口隐藏流</td><td colspan="2">2-D. 出口隐藏流</td></tr>
<tr><td colspan="2">进口商品的原料吨当量、进口商品的非直接使用开采量</td><td colspan="2">矿石和原料等未被使用的开挖量、未被使用的生物收获量、出口产品相关的未使用开挖量</td></tr>
</table>

隐藏流是物质流账户计算的重点和难点，可通过隐藏流系数计算得到。理论上隐藏流系数与资源的特点、生产方式、生产力水平等有关。因此不同国家隐藏流系数不尽相同，并且同一国家的不同区域或不同时期的隐藏流系数也会有明显的不同。由于物质流研究在我国是一个较新的领域，相关的物质流账户尚未建立，现有的统计数据不足以计算铜陵市的隐藏流系数，故只能参考其他国家或地区的隐藏流系数进行估算[20], [21-23]。

3 铜陵市物质流账户初步分析

3.1 物质需求总量分析

物质需求总量（Total Material Requirement，TMR）为直接物质投入（Direct Material Input，DMI）和隐藏流的加和。直接物质输入包括本地采掘物质和区外进口两部分，隐藏流则包括区内隐藏流和区外隐藏流，根据统计数据计算得到2000—2006年铜陵市TMR账户（表2）。

从表2可以发现，铜陵市直接物质输入DMI呈逐年上升趋势，7年来累计增长约218万t，增幅约31%。从直接投入物质的组成来看，区外进口量所据比重高于本地采掘量，基本稳定在2/3左右。从DMI的物质分类看，铜陵市工业生产所需的各种矿物资源占据了较大比重，历年比重均达80%左右；化石燃料的比重则从10%增加到15%。表明铜陵市工业结构仍以资源开采与加工型为主。铜陵市物质总需求TMR也呈逐年上升趋势，7年来增幅达59%，高于同期DMI增幅，原因是2000—2006年隐藏流增长了67%。由铜陵市TMR账户的构成可发现，来自铜陵市的区外隐藏流所占比重最大，2000—2006年，区外隐藏流均占全市总物质需求量比重由54%增至60%，区内隐藏流也占TMR的20%以上。因此铜陵市对自然资源、生态环境的使用已经大大地超过了我们表面所能见的程度，使得矿产资源地的环境压力不断上升。

表2　2000—2006年铜陵市直接物质投入账户　　单位：万t

类别	2000年	2001年	2002年	2003年	2004年	2005年	2006年
1．DMI（直接物质输入）	704.74	750.78	792.1	816.18	988.32	946.81	922.76
1.1 本地采掘	239.58	254.76	268.63	275.77	334.53	320.25	312.43
生物量	14.00	13.50	13.79	11.13	15.27	13.94	14.53
化石燃料	15.57	26.29	29.2	28.57	29.26	23.02	25.74
矿物	210.01	214.97	225.64	236.07	290	283.29	272.16
1.2 进口	465.16	496.02	523.47	540.41	653.79	626.56	610.33
生物量	15.40	14.85	15.16	12.24	18.32	16.728	17.43
化石燃料	54.495	92.015	108.04	105.70	117.04	96.684	108.10
矿物	315.015	322.455	361.024	377.712	435	481.593	462.672
2 隐藏流	2 382.65	3 303.67	3 754.95	3 748.52	4 204.77	3 786.92	3 991.20
2.1 区内隐藏流	723.622	932.434	1 008.19	1 014.672	1 139.506	1 008.692	1 037.614
2.2 区外隐藏流	1 659.037	2 371.239	2 746.761	2 733.854	3 065.268	2 778.236	2 953.589
TMR（物质总需求）	3 087.40	4 054.45	4 547.05	4 564.71	5 193.09	4 733.74	4 913.96

3.2 物质生产排放分析

物质生产排放账户（Domestic Processing Output，DPO）是指铜陵市在生产过程中所直接排放出的废弃物，通常被视为一个国家或地区重要的环境冲击指标。DPO包括开采和使用国内各种资源所产生的固体污染物、液体和气体污染物以及各种耗散性损失等。

表 3　2000—2006 年铜陵市物质生产排放账户　单位：万 t

类别	2000 年	2001 年	2002 年	2003 年	2004 年	2005 年	2006 年
水污染物	6.056	3.23	5.12	3.31	2.91	3.05	3.22
大气污染物	6.18	6.95	6.6	7.91	8.5	8.75	7.93
固体废弃物	180	185	197	198	175	167	143
耗散性物质	1.83	1.87	1.84	1.81	1.82	1.80	1.81
DPO	188.01	193.82	205.44	207.72	185.32	177.55	152.74

从表 3 可见，2000—2006 年铜陵市绝大部分物质生产排放为固体废弃物，其比重均在 95%以上；主要排放种类为金属加工产生的废渣，符合铜陵市以矿产资源开采、冶炼加工为主导的产业结构特点。从历年数据变化来看，2000—2003 年物质生产排放 DPO 一直呈上升趋势，年均增幅在 6%以上，而 2003 年后排放总量逐年明显下降，2006 年 DPO 相比 2000 年下降约 20%。从 DPO 构成来看，其下降主要是由于占物质排放量绝大部分比重的固废排放量的下降。

3.3 物质流全景分析

以典型年份 2006 年为例，构建铜陵市物质流全景账户见图 2。分析结果表明，目前铜陵市的社会经济发展的资源投入主要来自区外采掘资源，为本地采掘资源的 2 倍左右。DPO 达 152.74.万 t，约占 DMI 的 15%，说明铜陵市废弃物排放量较大，对环境造成较大压力，物质循环利用率有待提高。隐藏流是铜陵市物质总需求的最大贡献者，特别是区外隐藏流占 TMR 的 66%，原因是由于铜陵工业生产所需要的生产资料都是生态包袱很大的物质，如每 1 t 煤炭就带来 18.62 t 隐藏流。因此大量资源开采对铜陵市带来了巨大的不可见的生态环境压力。由于统计制度的原因，铜陵市与外地的资源进口、出口等交换数据匮乏，未能计算出口隐藏流，影响了物质流账户的准确性。因此，物质流全景分析有待进一步完善。

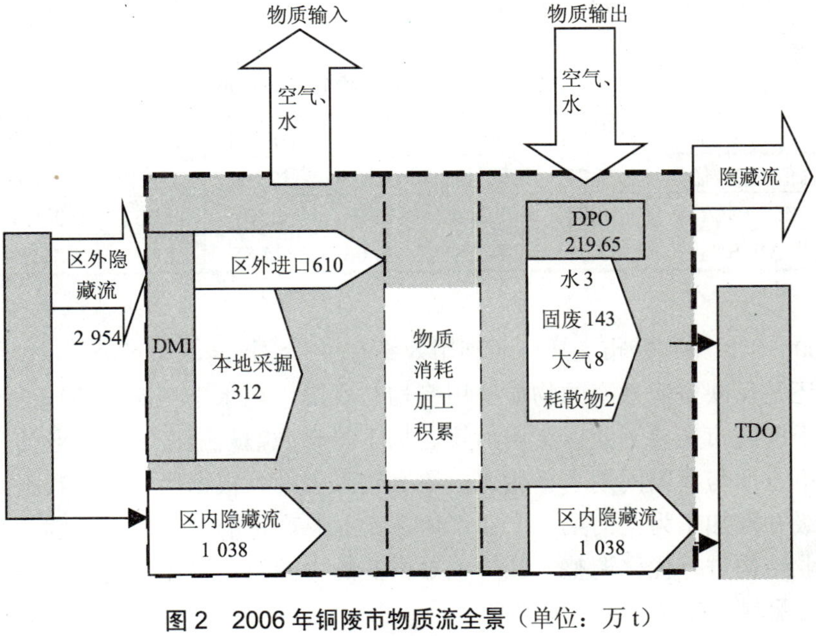

图 2　2006 年铜陵市物质流全景（单位：万 t）

本文物质流输入输出部分没有添加平衡项，来保持物质平衡。这主要由于现状数据不全，尚未统计出 CO_2、O_2、水蒸气等消耗量。而且进出口数据极大的不确定性，给物质平衡的各分项带来极大的不确定性，因此单纯地追求物质平衡意义不大。

4 讨论与建议

4.1 物质资源利用效率分析

铜陵市资源型产业的经济活动如矿山资源开采、金属冶炼加工等对生态环境的影响更甚于一般城市。因此物质资源利用效率的提高至关重要，不仅关系到城市工业的经济效益，更关系到资源的合理配置和生态环境的保护。为对铜陵市物质资源利用情况有较为定量的分析，本文选取物质生产力和物质利用率这两项指标作为主要分析依据，对铜陵市 2000—2006 年在经济活动中物质资源利用状况进行定量描述，并与相关地区进行了比较。

物质生产力（Material Productivity，MP）等于国内（国民）生产总值/直接物质投入量，表示单位物质投入的增加值，是衡量物质资源投入的经济效益指标。物质利用率（Material Use Efficiency，MUE）=（1－物质总排放量/物质直接投入量）×100%，表示投入的物质资源在区域中的积累和利用程度，是衡量物质资源有效利用程度的指标。

根据历年 GDP 数据和物质流分析数据计算得到 2000—2006 年的铜陵市物质生产力和物质利用率如表 4 所示。从年度变化看，铜陵市 2000—2006 年的物质生产力逐年增加，累计增幅 184%，显示铜陵市工业生产的单位物质增加值有所增加。铜陵市物质利用率也有明显提高，2006 年达到 83%。这些进步的原因可能主要来自两方面：一是由于技术进步、设备先进，铜陵市工业生产效率有了明显提高，从而减少了单位产值的物质消耗；二是铜陵市近年来根据自身产业特点，大力发展循环经济，在工业废弃物综合利用方面取得了较大提高。但是，物质生产力增幅仍低于同期 GDP 增幅（272%），表明铜陵市经济发展方式仍严重依赖于资源和物质投入，物质生产力依然偏低，必须大力加强自主创新，提升产业层次，实现经济发展方式的转变。

表 4　2000—2006 年铜陵市物质资源利用效率

	2000 年	2001 年	2002 年	2003 年	2004 年	2005 年	2006 年
铜陵市生产总值 GDP/亿元	75.71	91.45	103.19	127.42	173.12	215.33	282.11
物质生产力 MP/（元/t）	1 074	1 218	1 303	1 561	1 752	2 274	3 057
物质利用率 MUE/%	73.32	74.18	74.06	74.55	81.25	81.25	83.45

尽管 2000 年以来铜陵市物质资源利用效率有了一定提高，但无论是反映经济效率的物质生产力还是反映资源效率的物质利用率均与我国平均水平相比仍处较低水平，直接原因在于由于铜陵市主要工业以金属冶炼、加工等资源消耗强度大的产业为主，在物质资源利用效率方面与我国同期水平相比，还有较大差距。根据历年统计数据，铜陵市以自然资源初级开发加工为主的第二产业产值占工业总产值的一半左右。因此有必要对目前铜陵市产业结构进行优化调整，减轻主导产业的资源消耗强度，同时需要对各类物质资源进行合理配置，提高资源利用效率。

4.2 铜陵社会经济可持续发展建议

资源型城市由于其工业类型和产业结构的特殊性，对资源消耗和生态环境的影响相比其他城市更为严重[25]。发展的需求、资源的稀缺和环境的制约从根本上要求资源型城市必须走资源节约型的可持续发展道路。铜陵市作为典型的资源型城市应当树立新型的资源观：在经济发展中，应当立足和突出自己的资源优势，同时树立资源必须建设、积累、循环的观念，资源利用和消费向集约化和精深化方向发展。具体通过如下宏观调整和微观引导的政策措施，来实现资源和经济的协调发展。

4.2.1 因地制宜发展循环经济

发展循环经济是资源型城市实现可持续发展的驱动力。根据铜陵市资源型城市的特点，发挥现有的资源优势，围绕铜陵市铜、硫、石灰石三大资源发展循环经济产业链；以现有五大产业铜加工、电子材料、纺织、建材和精细化工为基础，在五大产业间探索和构建高效的循环经济模式，提高物质资源的循环利用率和综合利用率，从总体上改变当前物质生产力偏低的情况。

4.2.2 加快产业结构优化、提高产业层次

目前铜陵市产业附加值偏低，铜陵市以自然资源初级开发加工为主的第二产业占工业总产值较大比重，需要充分利用自身的资源优势和设备优势，增加高附加值产业在全市产业结构中的比重，加快高级加工化进程，避免出现资源枯竭后经济衰退的情况，推动以主导产业为核心的“产业链延伸化、加工技术纵深化、附加值提高化”的建设。

4.2.3 大力发展清洁生产，减少环境影响

铜陵市主要产业为金属加工、电子、化工等，固体废弃物产生量大，对环境造成很大的压力，因此一方面需要加重环境污染物排放管理，另一方面则必须通过引进先进设备，加强技术创新，发展清洁生产。2000—2006 年铜陵市物质利用率的增长趋势说明铜陵市通过发展清洁生产，提高物质利用率，从生产环节控制污染物的产生和排放是可行的。在未来需要进一步全面推广清洁生产技术，并建立对企业的清洁生产管理和审核机制，促进铜陵市工业生产物质利用率的提高，减少污染物的产生。

参考文献

[1] 朱训. 全面建设小康社会与中国能源战略[J]. 科技和产业，2003（10）：12-19.

[2] 胡魁. 中国矿业城市基本问题[J]. 资源·产业，2001（5）：5-8.

[3] BRINGEZU S，SCHÜTZ H. Material use indicators for the European Union，1980-1997. Economy-wide material flow accounts and balances and derived indicators of resource use[N]. EUROSTAT Working Paper. Wuppertal Institute，Wuppertal，2/2001/B/2.

[4] SCHANDL H，SCHULZ N. Using material flow accounting to operationalise the concept of society's metabolism：A preliminary MFA for the United Kingdom for the period of 1937-1997[N]. ISER Working Paper. University of Essex，Colchester，2000-3.

[5] SCHÜTZ H，BRINGEZU S. Major material flows in Germany[J]. Fresenius Environ.Bull，1993（2）：443-448.

[6] EMILY MATTHEWS. The weight of nations：Material outflows from industrial economies[M]. Washington：World Resources Institute，2000.

[7] JARMO VEHMAS，JARI KAIVO-OJA，JYRKI LUUKKANEN. Comparative de-linking and re-linking analyses of material flows in the EU-15 member countries[J]. Wuppertal：Quo Vadis MFA.2003.
[8] 陈效逑，乔立佳. 中国经济——环境系统的物质流分析[N]. 自然资源学报，2000（1）：17-23.
[9] 孙启宏，李艳萍，段宁，等. 基于 EW-MFA 方法的我国 1990—2003 年资源利用与环境影响特征研究[J]. 环境科学研究，2007（1）：108-113.
[10] 刘滨，向辉，王苏亮. 以物质流分析方法为基础核算我国循环经济主要指标[J]. 中国人口·资源与环境，2006（4）：65-68.
[11] BRUNNER P，DAXBECK H，BACCINI P. Industrial metabolism at the regional and local level：a case-study in a Swiss region，in Ayres RU and Simonis UE. Industrial Metabolism：Restructuring for sustainable development[M]. Tokyo. United Nations University Press，1994.
[12] HENDRIK C，OBERNOSTERER R，MLLER D，et al.. Material Flow Analysis：A Tool to Support Environmental Policy Decision Making：Two Cases Studies on The City of Vicuna and the Swiss Lowlands[J]. Local Environment，2000（5）：311-318.
[13] 徐一剑，张天柱，石磊，等. 贵阳市物质流分析[N]. 清华大学学报：自然科学版，2004（12）：1688-1691，1699.
[14] 徐一剑，张天柱. 物质投入产出表在义马市物质流分析中的应用[J]. 中国环境科学，2006（6）：756-760.
[15] 刘伟，鞠美庭，于敬磊，等. 天津市经济——环境系统的物质流分析[J]. 城市环境与城市生态，2006（6）：8-11.
[16] 黄晓芬，诸大建. 上海市经济——环境系统的物质输入分析[J]. 中国人口·资源与环境，2007（3）：96-99.
[17] 铜陵市统计局. 铜陵统计年鉴 2007[M]. 北京：中国统计出版社，2007.
[18] EMILY MATTHEWS. The weight of nations：Material outflows from industrial economies[M]. Washington：World Resources Institute，2000.
[19] EUROSTAT. Material use in the European Union 1980-2000：indicators and analysis[M]. Luxembourg：Statistical Office of the European Union，2002.
[20] EUROSTAT. Economy-wide material flow accounts and derived indicators：A methodological guide[M]. Luxembourg：Statistical Office of the European Union，2001.
[21] STATISTISCHES BUNDESAMT. A physical input-output table for Germany 1995[J]. Statistisches Bundesamt Deutschland，Wiesbaden. 2001.
[22] 丁一，王青，顾晓薇. 中国铜资源开发利用中的物质投入[J]. 资源科学，2005（5）：27-32.
[23] 林锡雄. 台湾物质流之建置与应用研究初探[D]. 中原大学，2001.
[24] 卜庆才. 物质流分析及其在钢铁工业中的应用[D]. 东北大学，2006.
[25] 郭承龙. 资源型城市产业结构调整研究. 合肥工业大学，2004.

我国上市公司环境信息披露现状初步研究

Preliminary Study on Environmental Information Disclosure in Listed Companies

张星星[1] 葛察忠[2] 海热提[1]
（1 北京化工大学环境科学与工程技术中心，北京 100029；
2 环境保护部环境规划院，北京 100012）
Zhang Xingxing[1] Ge Chazhong[2] Hai Reti[1]
（1 Environmental Science and technological Engineering Center，Beijing University of Chemical Technology， Beijing 100029;
2 Chinese Academy for Environmental Planning，Ministry of Environmental Pollution Protection，Beijing 100012）

[摘 要] 本文利用内容分析法对所取 200 家上市公司的 2006 年年报进行分析，得出有近一半左右的上市公司进行了环境信息披露，但是这些披露大多以定性的为主，而且描述的文字数量也比较少。本文还分析了影响年报中环境信息披露的因素，如行业类型、上市年份以及所在地区等，对其影响都很小。最后提出了政府制定上市企业环境信息披露的指南，强化对现有上市公司的监管，发挥公众的监督作用促进上市企业环保披露等政策建议。

[关键词] 上市公司 环境信息披露 内容分析法

Abstract: This paper analyzes the 2006 annual reports of 200 listed companies by Content Analysis, summarizes that in China nearly half of the list company disclosed the environmental information，but the qualitative description is more and most just in a few words. And researches the factors that could influence it，the factors include the industry types，the year they listed and the area they are in which the impact on it is small. Finally，some recommendations are given，like government should provide guideline on environmental disclosure of listed companies，strengthen environmental enforcement of listed companies to put pressure on environmental disclosure，use of public supervision to promote environmental disclosure of listed companies.

Key words: Listed Companies，Environmental Information Disclosure，Content Analysis

企业环境信息披露对政府了解企业环保现状、促进企业污染治理、建立企业与公众的互信关系都具有重要作用。2003 年国家环保总局发布的《关于企业环境信息公开的公告》（环发[2003]156 号）中，明确了列入名单的企业必须定期披露的环境信息，包括企业环境保护方针、污染物排放总量、企业环境污染治理、环保守法及环境管理等；并鼓励企业披露资源消耗、减少污染物排放并提高资源利用效率的行动和实际效果、对全球气候等方面的潜在环境影响，以及企业环境的关注程度、当年致力于社区环境改善的主要活动、获得的环境保护荣誉，这些信息需要有相应的管理系统才能收集到。

上市公司是规模较大、条件较好的企业，对我国的经济具有重要贡献。为了强化上市企业的管理，2007 年 2 月我国出台了《上市公司信息披露管理办法》（以下简称《办法》）。《办法》规定凡是对投资者做出投资决策有重大影响的信息，均应当在定期报告中披露。年度报告是定期报告的一种，该《办法》要求年度报告需要披露公司基本情况、主要会计数据和财务指标、公司股票、债券发行及变动情况等 10 个方面的情况，没有明确包括环保方面的信息披露。

目前，有关上市公司环境信息披露的实证研究还比较少。为了分析上市公司环境信息披露情况，我们以上市公司年报作为研究对象，实证分析上市公司环境信息披露情况，探索我国上市公司环境信息披露的规律，从而为我国制定相关政策提供参考。

1 理论与方法

1.1 环境信息

尽管目前在上市公司环境信息披露方面已经有了一些的研究，但对“环境信息”的定义没有一个标准的、统一的表述，已有研究的环境信息主要是指企业环境会计方面的信息[1]。为了方便起见，本文研究的“环境信息”是指 2006 年上市公司年度报告中包括的环境信息，主要包括：企业环境保护方针，环保守法及环境管理；环境保护项目的介绍以及经营现状，包括其投入以及利润等信息；环保政策的变化可能引起的分线和机遇；企业污染物排放情况，达标情况以及污染治理情况；环境事业对公司未来发展的影响；环境资源能源利用方面等。

1.2 样本选择

在尚会君（2007）[2]的环境信息披露研究中，其研究对象多是根据 2003 年 6 月国家环保总局制定并下发的《关于对申请上市的企业和申请再融资的上市企业进行环境保护核查的规定》中列出的重污染行业，即冶金、化工、石化、煤炭、火电、建材、造纸、酿造、制药、发酵、纺织、制革和采矿业等进行选取的。然而随着国家和社会大众对环境方面的重视程度日益加深，一些其他行业也对环境信息的状况进行了一些披露。因此本文是以全部上市公司为对象，基本采用了随机抽样的方法选取了 200 家上市公司作为样本对其 2006 年年报中的环境信息披露状况进行了研究。在随机抽样的过程中，笔者也尽量使样本分散在各个行业以及各个地区，使结果更具说服力。

本文所取得的数据主要来源于巨潮资讯网、上海证券交易所网站、深圳证券交易所网站等。图 1 是所选取的样本随企业上市时间的分布情况，其中与环保相关的公司即其主要经营范围包括环保内容的上市公司共有 75 家，与环保无关的公司即主要经营范围不包括环保内容的上市公司共有 125 家。

1.3 内容分析法

内容分析法是对文献内容进行客观、系统、量化分析的一种科学研究方法。“内容分析法”从字面上看，是一种定性的分析方法，但实质上是一种将定性的资料转化为定量资料后的定量分析方法。“内容分析法”指的是资料的内容，可以是报刊杂志、研究文献、各种文件的内容。基本目标是将语文的、非量的文献转变为定量的资料，因此内容分析的结果，常以含有次数或百分比的图表呈现，与调查法呈现的资料相似。它始于第二次世界大战期间的军事情报研究，在情报战中成效显著。战后，新闻传播学、政治学、图书馆学、社会学等领域的专家学者与军事情报机构一起，对内容分析方法进行了多学科研究，使其应用范围大为拓展[3]。例如，2002 年 KPMG 公司作的国际企业可持续性报告采取的就是这种方法。

本文将采用“内容分析法”对上述上市公司 2006 年年报中的环境信息披露进行分析研究，探索上市公司环境信息披露的规律，从而为推动我国上市公司环境信息披露提供依据。

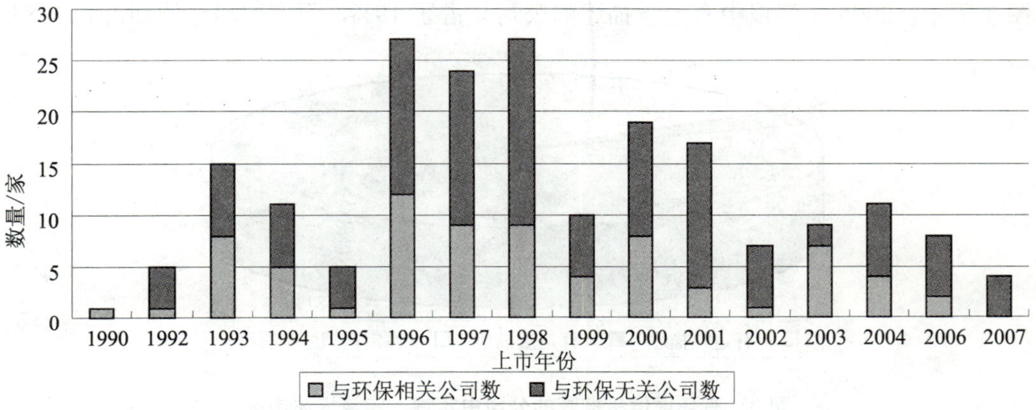

图 1　所选公司上市年份分布情况

2 结果与分析

2.1 有近一半的公司披露了环境信息

因为如今对环保类的上市公司的关注也比较多，所以本文把样本分为其经营范围与环保相关的 75 家以及和环保无关的 125 家分别进行分析（图 2）。

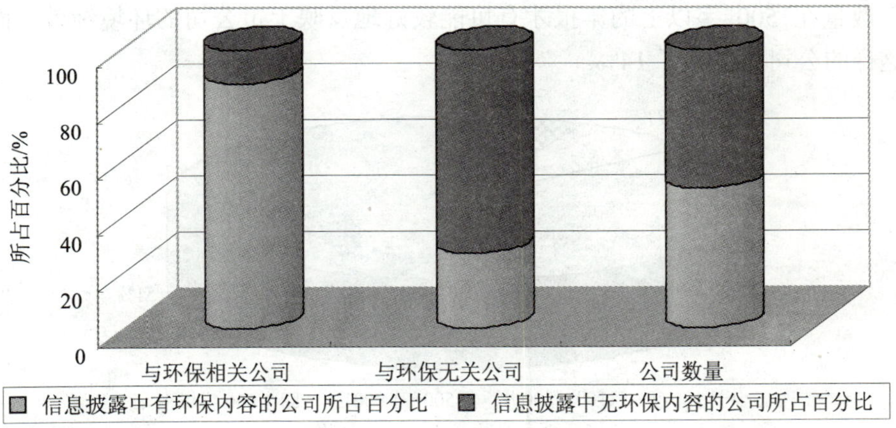

图 2　有环境信息披露的公司所占比例

如图 2 所示，在 2006 年年报中，与环保相关的公司有 88%都披露了相关的环境信息，而在 125 家与环保业务无关的公司中也有 27%在 2006 年年报中对环境信息进行了披露。这样在所选取的 200 家上市公司中，进行环境信息披露的公司的比例达到了 50%左右。

这样的比例已经比前几年有一些进步，然而对于与环保相关的公司来说，环境信息的披露应该是必需的，为什么还会有 12%的公司没有这方面的内容呢？经过分析发现这类公司的环保业务都不是其主要经营领域，因此在年报中披露的时候被忽略了。

2.2 环境信息披露多为定性的描述，且文字描述量较少

我国的环境信息披露目前仍然处于起步阶段，在年报的环境信息披露上还没有一个统一的标准模板，上市公司大多都只是进行了简单的文字定性披露，定量描述非常少。如图 3 所示，2006 年年报中有定量描述的公司只占了 19%，而定性描述的却占到了 84%。

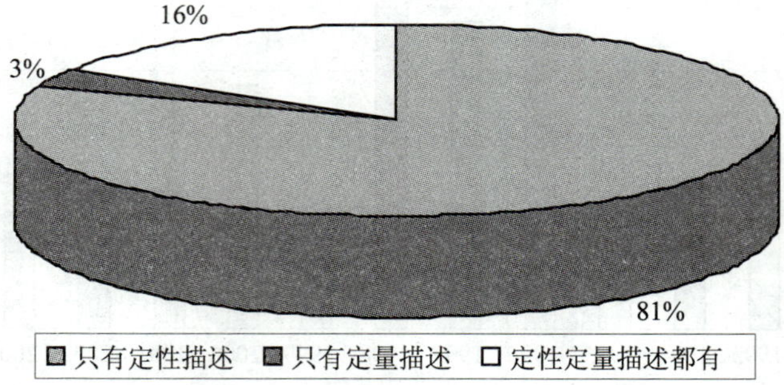

图 3　有环境信息披露的公司中定性、定量描述情况

对于已有环境信息披露的 50%左右的公司，其披露的文字数量如图 4 所示，少于 100 字的公司占到了 51%，这类公司大都只是年报中存在一些与环境相关的简单词句，对公司的环境行为没有详细地披露。例如中国海诚（002116）在年报中披露的环境信息为“今后的市场需求将越来越关注工程的节能、环保和对自然人文的和谐要求”，这些简单的要注重环保的大话在几十页甚至上百页的年报中分量很轻，读者一般不会注意，也满足不了一些读者渴望了解公司环保业绩的需求。

我们对上市公司环保信息披露的信息进行深入地分析，得出了目前来看环境信息披露的文字数量在 500 字以上的年报才有可能较好地反映上市公司的环境绩效，而如图 4 所示，这样的公司仅占到了 14%。

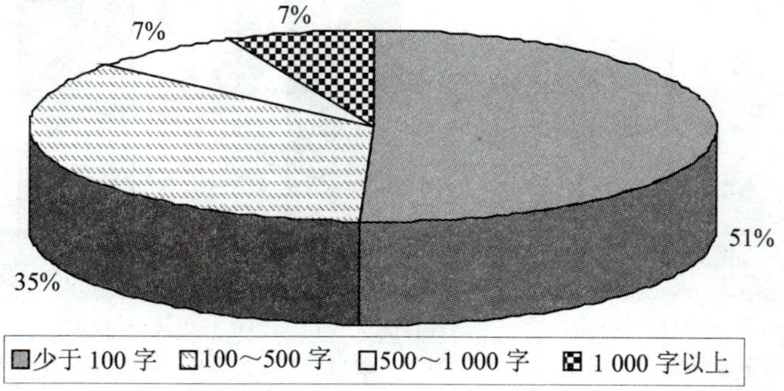

图 4　环境信息披露的文字数量

我们对环境信息披露在 500 字以上的公司进行具体内容分析，这 14 家公司都是与环保相关的公司，其环保业务主要是污水处理、烟气脱硫以及新能源的利用等。如表 1 所示，这 14 家公司环境信息披露的各种内容的统计结果显示，几乎每个公司都对其环保项目的经营现状，以后将会遇到的风险和机遇以及环保项目对公司未来发展造成的影响进行了详细的描述，另外还有一半左右的公司分别对环境方针、环保投入及利润、新资源能源利用等方面进行了一些描述。但对于重要的污染物排放情况、相关标准执行情况、污染物的治理情况等几乎在年报中都没有体现。

表 1　环境信息披露内容统计

环境信息披露内容	公司数
企业环境保护方针，环保守法及环境管理	7
环境保护项目的介绍以及经营现状	13
环保项目的投入以及利润等信息（定量）	9
环保政策以及环保大环境的变化可能引起的风险和机遇	13
环境项目对公司未来发展的影响	14
资源能源利用方面	5

2.3 上市公司环境信息披露情况的相关因素研究

以下的分析主要是想验证三个假设是否成立：①重污染行业中有环境信息披露的公司更多；②发达地区中有环境信息披露的上市公司更多；③上市时间越迟的公司中有环境信息披露的越多。

2.3.1 上市公司环境信息披露与其行业类型的关系

我们把选出的 50 多个行业的 200 家企业归纳成如表 2 所示的 8 类，其中“其他行业”包括有银行业、食品业、林业、纺织业、零售业、房地产、综合类等多种行业。这里划定的“其他行业”和公共社会服务业一般被认为是对环境污染不大的行业，而电力、蒸汽、热水的生产和供应业，化学相关行业等 6 类行业一般被认为是重污染行业。从表 2 可以看出，重污染行业环境信息披露的公司均基本占到了半数以上，其中电力、蒸汽、热水的生产和供应业中的公司几乎都有这方面的描述。公共社会服务业因为比较注重环保，所以有环境信息披露的公司也占到了近一半，而在“其他行业”中却只有不到 1/4 的公司进行了环境信息披露。

表 2　各行业上市公司环境信息披露情况

行业类型	公司数	有环境信息披露的公司数
电力、蒸汽、热水的生产和供应业	21	20
化学相关行业	24	14
矿物制品、金属制品加工等	30	15
设备制造业	44	24
煤炭相关行业	7	5
造纸、纸制品业	7	4
公共社会服务业	12	5
其他行业	55	13

2.3.2 区域发展情况对环境信息披露影响不大

前文提到在选取样本的时候，尽量使样本分散在全国各个地区，以研究环境信息披露与各地区 GDP 的联系。然而经过总结和计算，结果见表 3，GDP 大于和小于 5 000 亿元的地区有环境信息披露的公司的比例都占到了 50%左右，因此可以说明，环境信息披露的情况与各地 GDP 情况基本无关，也就是与当地发展情况没有太大关联。其原因有可能是由于当地企业只有在发展到一定水平的时候才允许上市，因此无论各地区发展水平如何，上市公司的环境信息披露水平并不会与其发展水平相关联；而且在国家的法规逐渐完善的条件下，各地区的上市公司对于环境信息也逐渐地重视起来。

表 3 2006 年年报环境信息披露情况与 GDP 的联系

	GDP 大于 5 000 亿元的地区	GDP 小于 5 000 亿元的地区
公司总数/家	96	104
有环保信息公司数/家	49	51
所占百分比/%	51.04	49.04

2.3.3 上市公司上市时间与年报中环境信息披露情况基本无关

将 200 家上市公司根据其上市年份进行分类，得出环境信息披露情况与公司上市时间的关系。从图 5 可见，1990—2007 年各年上市的公司 2006 年年报中的环境信息披露情况并未呈现出随着时间的增加而有增加的趋势，然而在招股说明书中环境信息披露的情况却有着很明显的上升情况（陈瑶，2005）[4]。出现这种情况可能的原因：①虽然一些上市年份较早的公司在招股说明中并未加有相关环境的信息，但随着社会对环境的重视程度的加深，上市公司也自愿在以后的年报中进行环境信息披露；②政府方面有关信息披露的具体管理办法以及环保信息披露方面的法规都是近几年才出台的，所有上市公司在相关要求出台之后肯定会对这方面加以完善，因此也会造成如今的年报中环境信息披露情况并不与各上市公司上市年份相关联的情况出现。

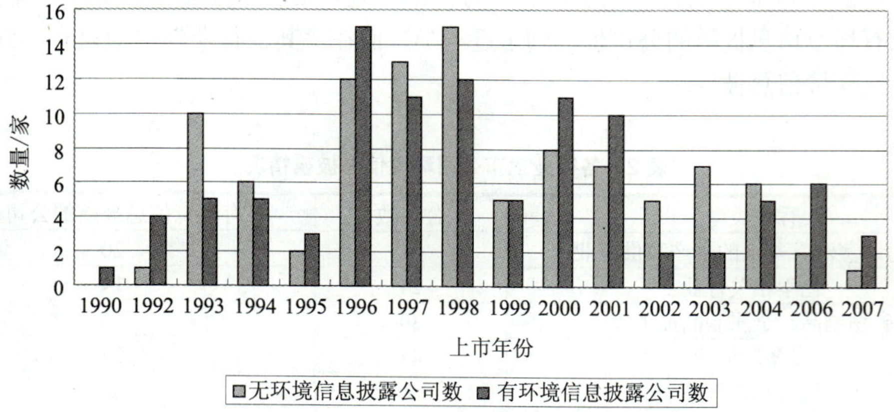

图 5 上市公司 2006 年年报环境信息披露情况统计

3 结论及建议

3.1 结论

通过以上分析，可得出以下几条结论：①开展环境信息披露的公司比例在不断增加，但还是处于起步时期；②披露的环境信息中大部分都是定性描述，定量描述的非常少，而且大多定性描述的文字篇幅和内容都还满足不了国家和公众的需求；③重污染行业的年报中环境信息披露的程度要比其他行业披露得多；④年报中环境信息披露的情况与公司所在地区的发展情况以及公司的上市时间并无直接关联。

由于本文仅选取了 200 家上市公司的 2006 年年报作为样本进行初步分析，结果难免会有些误差，今后可以通过增加样本数以提供准确性，开展一些时间序列的纵向比较，以分析其随着时间的变化趋势，使研究结果更具说服力。

3.2 建议

针对目前上市公司环境信息披露情况的状况，结合当前环境管理的实际需要，可以通过以下建议来强化上市公司的环境绩效披露：

3.2.1 政府加强引导，制定加强上市公司环境保护监督管理的规定

政府应制定一些相应的政策，引导上市公司做好环境信息披露的工作。为了使上市企业有一个统一的标准，避免各行其是。可制定加强上市公司环境保护监督管理的规定，明确列出上市公司需要进行披露的环境信息内容，并规定其披露形式以及定期披露的时间，其中应对重污染行业制定更加严格的披露规定。对于不符合规定的企业，制定相应的处罚措施，使其可操作性更强。

3.2.2 将对申请上市企业的核查引入对现有上市公司的监管中

国家环保总局已有一个重污染企业初步备选名录，对于要申请上市的企业和申请再融资的上市企业也有相关环境保护核查的规定，但对于已经上市的公司却还没有相应的环境保护核查的规定，建议把上述规定引入到对现有上市公司的核查中，使其定时进行相同标准的核查，要求上市公司在其年报中做好详细的披露从而强化对现有上市公司的环境监管。

3.2.3 发挥公众的监督作用，促进上市企业环保披露

应在全社会进行可持续发展和环境资源保护的宣传与教育，切实有效地培养和提高公众的环保意识，形成人人积极自愿参与环保的良好风尚，并及时地将公众的意见反馈上来，增加对上市公司环境信息披露的监督力度。

参考文献

[1] 耿建新，尚会君，刘长翠. 企业环境信息披露与管制的理想框架[J]. 环境保护，2007（8）：26-31.

[2] 尚会君，刘长翠，耿建新. 国有企业环境信息披露现状的实证研[J]. 环境保护，2007（8）：15-21.

[3] 范并思. 论社科情报研究的方法体系突破口[J]. 情报资料工作，1995（2）：4-7.

[4] 陈瑶，王建明. 材料行业上市公司环境信息披露分析[J]. 环境保护，2005（5）：66-71.

能源效率及其影响因素：基于 DEA 的实证分析*

Energy Efficiency and Its Impact factor：An Empirical Analysis Based on DEA*

魏 楚 沈满洪

（浙江理工大学经济管理学院，杭州 310018）

Wei Chu Shen Manhong

（College of Economics and Management，Zhejiang Sci-Tech University，Hangzhou 310018）

[摘 要] 本文基于 DEA 方法构建出一个相对前沿的能源效率指标，并将它同传统的能源生产率指标进行了区分和比较。之后运用 1995—2004 年省级面板数据进行能源效率的计算，结果发现：大多省份能源效率符合“先上升，再下降”的特征，转折点一般出现在 2000 年左右。在 1999 年之后，各省之间的能源效率差距逐渐扩大，不具有趋同性。四个区域的比较结果表明：能源效率最高的地区为东北老工业基地，其他依次为东部沿海地区、中部和西部。地区之间的能源效率差异基本上是逐渐减少的，其能源效率存在一定的趋同性。能源效率影响因素的回归分析显示：第三产业在 GDP 中所占比重每上升 1%，能源效率将增长约 0.44%，且产业结构的影响在逐渐增加；政府财政支出比重每增加 1%，能源效率将会下降 0.46%左右，但负面影响在逐渐减小；进出口所占比重每上升 1%，能源效率将降低 0.18%，但由于其双重影响使得在不同地区表现各异；工业中国有经济比重对能源效率的影响并不显著。按照国家要求，在“十一五”期间能耗强度要降低 20%，分解到每一年需要降低 4%。

[关键词] 能源生产率 能源效率 影响因素 DEA

Abstract：An energy efficiency index is proposed based on the DEA approach and compared with the energy productivity which as a traditional index used by most economists. The panel dataset including 29 provinces from 1995 to 2004 are employed to measure the energy efficiency by region and it shows that the energy efficiency of most provinces looks like a reverse U curve which the milestone appears in 2000 and the gap between various provinces' energy efficiency is getting wider since 1999. If we divide all provinces into four regions，the northeast occupies the highest energy efficiency level and followed by the coastland，the middle and the west. In contrary to the convergence by province，the difference between the four regions is decreasing.

Four factors in this paper are considered to contribute to the energy efficiency. The result according to a variable intercept econometric model with fixed effect suggests that：（1）the energy efficiency will

---

* 原文发表在《管理世界》，2007（8）：66-76。

increase 0.44% if the proportion of Tertiary Industry ascend 1%, however the influence of the changes in industry mix is increasing. (2) A 1% raise on the percentage of finance expenditure will result in a decline of energy efficiency about 0.46%. (3) The energy efficiency will decrease 0.18% due to a 1% increase of the ratio of foreign trade in economic. (4) The state-owned proportion of industry isn't significant in our model.

Key words：Energy Productivity，Energy Efficiency，Impact Factor，DEA

0 引言

中国当前的能源形势不容乐观，一方面能源需求量日趋增加，供需矛盾凸显，另一方面能源的利用效率同他国相比差距较大，仍旧沿袭着“高能耗、低产出”的发展模式（World Bank，2001），此外，由于能源生产和消费所产生的温室气体对全球气候的影响也越来越引起人们的关注（IPCC，2007）。中国政府为了实现可持续发展，提出要建设资源节约型社会，通过提高整个社会利用、配置资源的效率来降低对资源尤其是能源的消耗，并且在“十一五”规划中明确规定了万元 GDP 能耗降低 20%的约束性指标，但根据国家统计局的统计资料显示，2006 年当年目标并没有完成，因此如何提高能源效率也就成为当前节能降耗工作的重中之重。

现有的关于能源效率的研究文献主要从以下几个角度来分析。

第一，是通过进行能源效率的国际比较来评估当前中国的能源利用水平。大多数比较发现，如果按照汇率法计算，中国能耗强度是日本的 8～9 倍，是世界平均水平的 2～3 倍，但如果按照 PPP 法计算，则差距明显减少[1]。如果用能源物理效率作为指标进行比较，则我国比国际先进水平（日本，2002 年为 43%）低 10%左右，大致相当于欧洲 1990 年初的水平，日本 1970 年中期水平[1-2]。

众多学者对宏观经济进行时间序列分析，主要考察中国能源效率变动的趋势以及背后的驱动力。大多数研究认为，在 1978—1999 年，中国的能源生产效率得到了提高，但在 2000 年左右开始出现下降[3]。对于能源生产率变动的原因，一般认为主要有以下几个因素：①产业结构的调整促使各种要素，包括能源，从低生产率的行业流向高生产率的行业，从而降低了能源消耗强度[3-5]，但也有学者认为产业结构变化对能源效率的作用正在逐渐消失[6]，甚至产生了负面影响[7]；②技术进步和创新使得降低能耗在技术上成为可能[8-9]，但由于技术进步会产生回弹效应①（rebound effect），使得最终对能源效率有何种影响难以界定[10]；③此外还有学者认为能源效率的改善依赖于全要素生产率的提高，也就是要配合其他投入要素的投入比例来提高能源效率[11]。

其他一些研究关注于中观层面，对行业或区域的能源生产率进行了研究，并尝试对行业（地区）间能源生产率差异的影响因素进行解释和收敛性验证。高振宇，王益（2006）计算了各省 1995—2003 年间的能源生产率，并进行了聚类分析，将全国划分为能源高效、

① 回弹效应意味着：技术进步一方面提高了能源利用的效率，另一方面由于技术进步能够促进经济增长，从而导致了对能源要素的更多需求，使得能源利用效率可能会降低。

中效和低效区，并认为经济发展水平、产业结构、投资及能源价格是影响能源生产率的主要因素[12]。史丹（2006）同样计算了区域间的能源生产率，并在各地区能源生产率趋同条件下计算了节能潜力，认为影响区域能源生产率的主要原因包括产业结构、人均GDP、能源消费结构、对外开放程度和地理区位[13]。Hu J L and WANG S C.（2006）等人基于省级数据进行了 DEA 分解，在全要素生产率框架下计算了能源效率[14]。李廉水，周勇（2006）用能源生产率来表示能源效率指标，通过对 35 个工业行业进行 Malmquist 分解，并将分解后的技术进步、技术效率和规模效率作为解释变量，去估算各因素对能源效率的关系，结果发现，技术效率而非技术进步是工业部门能源效率提高的主要原因，但后者的作用将逐渐增强[9]。

上述文献主要存在以下问题：首先，对于能源效率的定义不一，有些学者使用物理效率概念，有的使用经济效率概念，大多数研究选择能源生产率，或者能源消耗强度来代表能源效率，但对于这两者却缺乏一定的比较和区分，从而导致一篇文章中这两个概念经常混用替代。能源生产率是否等同于能源效率？这两者是否存在区别？这一问题本身值得商榷。其次，大多数研究集中在全国或者某一区域的能源效率的变动趋势，对于地区间能源效率差异以及影响能源效率的因素的研究较少。最后，在对能源效率影响因素的分析方法上，定量分析较少。

本文试图从以下几个方面对上述文献进行拓展：①对能源生产率和能源效率给予明确区分和定义，并对这两个概念进行比较。②在 Hu J L 的全要素能源效率框架下，运用 DEA 方法建立省级能源效率和地区能源效率的计算模型，并利用 1995—2004 年的分省面板数据（GDP、资本、劳动力和能源投入）进行省级能源效率计算。③将 29 个省份划分为新的四个区域：沿海地区、东北老工业基地、中部和西部，对区域之间进行比较。④建立能源效率影响因素的模型并利用面板数据进行计量检验。

本文结构安排如下：第二部分是对能源生产率和能源效率的一个定义和比较；第三部分是对 DEA 方法的描述和数据介绍，并建立起能源效率模型；第四部分是能源效率的计算及对比分析；第五部分建立能源效率影响因素的计量模型并进行估计和讨论；最后是结论部分。

1 能源生产率与能源效率

生产率是指生产过程中产出与所需投入之间的比率①。Patterson（1996）曾经按照投入—产出的不同变量对能源生产率做过一个详细的分类②，本文所讨论的生产率主要是指“能源实物投入—GDP”这一传统指标，按照投入要素的数量，又可以区分为单要素生产率、多要素生产率或全要素生产率。考虑一般化的三要素生产函数[15-16]：

$$Y=Af(X_i)=Af(K, L, E) \tag{1}$$

其中 Y 是代表产出变量，X_i 是所有的投入要素（其中 K，L，E 分别代表资本、人力和能源要素），那么单要素生产率（Single Factor Productivity）是指某一投入要素和产出

① 见《世界经济学大辞典》，李琮，北京：经济科学出版社，2000.6，p.684.

② Patterson 将能源生产率主要划分为以下四种类型：热力学指标（热能效率）、物理－热力学指标（如能源投入－交通运输里程）、经济－热力学指标（如能源投入－GDP）和纯经济指标（如能源投入价值－GDP）。

之间的关系（Y/X_i），大多数文献中能源生产率（Energy Productivity）表示为 $EP=Y/E$，能源生产率与统计年鉴上的能源消耗强度（Energy Intensity）$EI=E/Y$ 互为倒数。多要素生产率①（Multi-Factor Productivity）是对投入要素根据一定的权重进行加总后得到的投入—产出之间的关系，简单表达为 $Y/X=Y/\sum w_i x_i$。其中 w_i 为各要素 x_i 的权重，一般可用要素 x_i 的产出弹性来表示②。

效率包括两部分：技术效率和配置效率[17]。前者是指现有资源最优利用的能力，即在给定各种投入要素的条件下实现最大产出，或者给定产出水平下投入最小化的能力[18]；后者则要求在一定的要素价格条件下实现投入（产出）最优组合的能力。如果在完全竞争的市场中，各要素的产出弹性等于投入要素所占总成本的比重，此时配置有效率，因此更多情况下对效率的考察和测度都是针对技术效率的，本文也遵循这一思路，下面所指的能源效率均意味着能源的技术效率。能源生产率和能源效率之间的关系如图 1 所示。

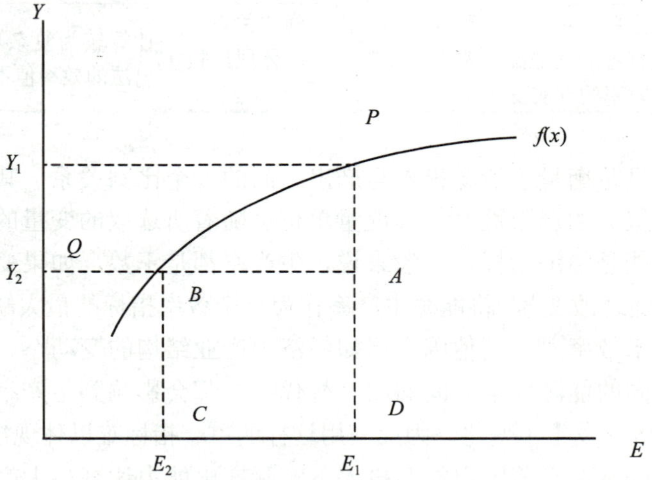

图 1　能源生产率与能源效率

$f(x)$ 表示生产前沿（frontier），也就是在不存在效率损失的情况下所能达到的最优生产可能边界，横轴代表所投入的能源要素 E，如果投入数量 E_1，则对应着前沿上的点 P，此时可以产出 Y_1 水平，但由于各种损耗、管理上的无效、技术水平落后、规模不经济以及 X-效率，使得最终实际的产出只能达到点 A，实际产出为 Y_2，那么此时的能源生产率即为（Y_2/E_1），而效率的测度则可根据投入角度或者产出角度区分为两种，从产出角度来说，最优产出水平为 Y_1，实际产出 Y_2，产出损失为 $AP=|Y_1-Y_2|$，效率 $TE_O=Y_2/Y_1=DA/DP=(1-AP/DP)$，也就是衡量投入不变时 A 点距离生产边界最优点 P 的距离与程度。同样地，从投入角度来说，投入过量（input excess）为 $BA=|E_1-E_2|$，效率 $TE_I=E_2/E_1=QB/QA=(1-BA/QA)$，衡量的是产出不变时 A 点距离生产边界最优点 B 的距离与程度。

---

① 多要素生产率有时候也叫做全要素生产率(Total Factor Productivity)，TFP 往往用于代表剔除投入要素增长对经济增长的贡献以外，其他剩余的因素（可能是总的技术效率或者其他未曾考虑到的因素）对增长的贡献，由于这一剩余计算法是 Solow 首先用于经济增长测算，因此也称之为 Solow 残差。

② 如果在一个完全竞争的市场中，也可以用要素 i 的成本在投入中所占的比重表示。如果产出弹性与成本投入比重不相等，则意味着存在配置无效率，可参见 Coelli（1996）。

由此可见，生产率和效率之间并不是等同的概念，两者存在以下差异。

表 1 生产率与效率的对比

	生产率	效率
定义	生产过程中产出与所需投入之间的比率	投入资源最优利用的能力
表达式	单要素：Y/X_i	投入法：最优投入/实际投入
	多要素：$Y/\sum w_i x_i$	产出法：实际产出/最优产出
值的大小	[0，+∞）	[0，1]
比较标准	不同经济体之间横向比较，或者自身纵向比较	等于 1 表示有效率，小于 1 表示存在无效率
是否有量纲	有，根据选取的 X，Y 单位来决定	无量纲
优点	计算简单	能够衡量投入要素被实际生产所利用的程度，更体现效率因素
缺点	只是单一考虑某一种要素与产出之间的关系，没有考虑其他配合要素的影响，不能体现出技术效率的真实变化	计算较为复杂可能基于投入法和产出法的效率值不相等

能源生产率只是衡量了能源投入与产出之间的一个比例关系，其作为测度能源效率的一个指标存在很大的局限性[19]。其度量单位会随着所选取的变量的单位而变化，可能是实物指标也可能是经济指标，一般来说，生产率都是正数，如果变量的度量衡发生变化，生产率也会随之改变①，将能源生产率作为一个效率指标的最大缺陷在于：它不能度量潜在的能源技术效率[20]，其他因素诸如经济中产业结构的变动[21]、能源要素同其他要素之间，或者不同的能源要素之间的相互替代[22]等都会影响到生产率的大小，但这并不表示实际的技术效率发生了变化，因此使用这样的单一指标难以体现出“效率”因素。

能源效率是度量在当前固定能源投入下实际产出能力达到最大产出的程度，或者说在产出固定条件下所能实现最小投入的程度，它是一个不大于 1 的正数，且无量纲，因此不会受变量单位变化的影响。它的优点在于能够很好地测度出能源要素以及其他要素在生产中的技术效率，但是如果在可变规模报酬条件下，基于投入法和基于产出法计算出来的非效率单元的效率值会出现差异②，这对于进一步分解出规模效率增加了难度。

2 研究方法与数据处理

从上述分析可以得知，测度效率需要掌握生产前沿曲线的性状，但一般来说是未知的，只有通过实际的观测样本点（实际的投入、产出水平）来进行估计，Farrell 提出可以通过：①构建一个非参数的线段凸面来估计；②通过参数函数来拟合数据[17]。本文使用非参数估计的 DEA（Data Envelopment Analysis 数据包络分析）方法，下面将简单介绍。

2.1 DEA 方法

Farrell（1957）首先提出可以通过构造一个非参数的线性凸面来估计生产前沿。但直

① 譬如经济产出单位从“亿元”变化为“万元”，生产率数值也会同比例地放大或者缩小。

② 这一点很容易从图 1 中看出，如果 $f(x)$ 是一条曲线，则基于投入的效率 TEI=QB/QA，基于产出的效率 TEO= DA/DP，TEI≠TEO；但要注意的是，如果是有效点，则投入法和产出法计算出来的前沿和效率值都相等；如果 $f(x)$是一条射线，则投入法与产出法无差异。

到 Charnes，Cooper，Rhode（1978）发展出一个基于规模报酬不变（Constant Return to Scale，以下简称 CRS）的 DEA 模型之后才引起广泛关注和运用[23]，之后 Banker，Charnes 和 Cooper（1984）扩展了 CCR 模型中关于规模报酬不变的假设，提出了基于可变规模报酬（Variable Return to Scale，以下简称 VRS）的 DEA 模型[24]。

DEA 是一种运用线性规划的数学过程，用于评价决策单元（DMU）的效率[25]。其目的就是构建出一条非参数的包络前沿线，有效点位于生产前沿上，无效点处于前沿的下方。假定有 N 个 DMU，每一个单元使用 K 种投入要素来生产 M 种产出，第 i 个 DMU 的效率即是求解以下线性规划问题：

$$\begin{aligned} \underset{s.t}{\mathrm{Min}}_{\theta,\lambda} \quad & \theta - y_i + \mathrm{Y}\lambda \geqslant 0, \\ & \theta x_i - \mathrm{X}\lambda \geqslant 0, \\ & \lambda \geqslant 0 \end{aligned} \tag{2}$$

其中θ是标量，λ是一个 Nx_1 的常向量，解出来的θ值即为 DMU_i 的效率值，一般有$\theta \leqslant 1$，如果$\theta=1$，则意味着该单元是技术有效的，且位于前沿上[26]。如果在方程（2）中添加约束条件 $N_1'\lambda=1$（其中 N_1 是 Nx_1 向量），则变为基于 VRS 假设的 DEA 模型，它构成了一个截面凸包，比 CRS 构成的圆锥包更为紧凑，同时可以将技术效率分解为纯技术效率和规模效率。但是在 VRS 假设下，基于投入法和产出法所计算的效率是不相等的[27]。此外，由于本文关注的是投入要素，因此本文将采用 CRS 假设下基于投入法的 DEA 模型。

2.2 能源效率

考虑如图 2 所示的一个 CRS 假设下基于投入 DEA 模型。将产出水平单位化，等产量线为 SS'，投入要素为能源以及其他要素（包括资本和人力），包络线上的点 C、D 表示是有效率，而点 A、B 则在包络线上方，意味着同样的产出需要耗用更多的资源，也就是存在效率损失。按照 Farrell（1957）的定义，DMUA 和 DMUB 的效率分别为 OA'/OA 和 OB'/OB，但位于包络线 SS'上的点 A'却不是有效点，因为在 A'点可以继续减少能源投入 CA'从而到达 C 点，而产出维持不变。这就是投入松弛（Slacks）问题①（Farrell，1957）。本文不关注解决 Slack 问题的细节，因为现实世界中存在着各种无效，松弛正是反映出在要素的配置中的无效率[28]。在图 2 中，无效点 A 的有效参照点为点 C 而非点 A'，点 A 的要素无效损失包括两部分：一部分是由于 DMUA 的技术无效率而导致的所有投入资源过量 AA'，其大小等于（1-θ）x_i；另一部分是由于配置不恰当所导致的松弛量 $A'C$，因此 $AC=AA'+A'C$ 即为点 A 为达到目标（Target）点 C 所需要调整的能源要素数量，如果 AC 越大，也就意味着在生产中“浪费”的能源越多，或者说，同其他在前沿上的有效点相比较，所需要调整、减少的能源越多，也就表明该点的能源效率越低，如果能源投入不需要调整（$AC=0$），则意味着该经济体的能源投入已经处于“最优生产边界”上，此时能源效率为 1。

① 松弛问题是由于包络线 SS'并非光滑曲线，而是分段线段，而且部分与坐标轴平行，由此导致了松弛（Slacks）问题，方程（2）中的约束条件如果满足$\theta x_i - X\lambda = 0$ 则可消除投入松弛. 相应地，产出也会产生松弛. Ali 和 Seiford（1993）提出可以用两阶段线性规划程序来解决松弛问题，实际上就是把方程（2）的两个约束条件的不等式通过添加松弛变量改写为等式。

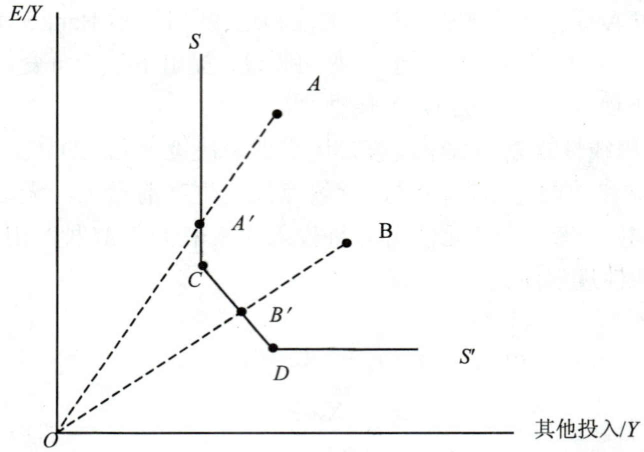

图 2 基于投入 CRS 的 DEA 模型

根据对效率的定义以及上述分析，可以定义能源效率为：

$$EE_{i,t}=\frac{AEI_{i,t}-LEI_{i,t}}{AEI_{i,t}}=1-\frac{LEI_{i,t}}{AEI_{i,t}}=\frac{TEI_{i,t}}{AEI_{i,t}} \tag{3}$$

其中 i 为第 i 个省（市、自治区），t 为时间，EE（Energy Efficiency）为能源效率，AEI（Actual Energy Input）为实际的能源投入数量，LEI（Loss Energy Input）为损失的能源投入数量，TEI（Target Energy Input）为目标能源投入，也就是在当前生产技术水平下，为实现一定产出所需要的最优（最少）的能源投入数量，此外，从方程（3）可以计算某一区域在某一年的能源效率

$$REE_{k,t}=\frac{RTEI}{RAEI}=\frac{\sum_{j\in K}TEI_{j,t}}{\sum_{j\in K}AEI_{j,t}} \tag{4}$$

其中 $REE_{k,\ t}$（Regional Energy Efficiency）为区域 k 在第 t 年的能源效率，它等于区域内所包括的所有省份的目标能源投入之和与实际能源投入之和的比值。

此外，还可以通过方程（3）计算各个省每年的节能潜力，也就是 $LEI_{i,\ t}/AEI_{i,\ t}$，该比例越高，说明当前能源投入的无效率损耗越大，也同时表明该地区的节能潜力越大。

2.3 数据处理

本文以 1995—2004 年间中国 29 个省、市、自治区（以下为方便全部简称省）资本存量、劳动力和能源消费量为投入要素，以各省 GDP 作为产出要素来进行能源效率分析。其中：

GDP 产出：各省当年的 GDP 和 GDP 平减指数来自于《新中国 50 年统计资料汇编》和 2000—2004 年度的《中国统计年鉴》，并以 1990 年不变价格进行换算。为了保持口径的统一，将重庆市的数据合并到四川省。

资本存量：一般用“永续盘存法”来估计每年的实际资本存量，计算方法为：$K_{i,t}=$

$I_{i,t}$+（1－δ_i）$K_{i,\ t-1}$，其中 $K_{i,t}$ 是地区 i 第 t 年的资本存量，$I_{i,t}$ 是地区 i 在第 t 年的投资，δ_i 是地区 i 固定资产折旧率，此处主要参考了张军等人的已有研究成果①，以 1952 年不变价格计算。

劳动力：主要数据来源于《新中国 50 年统计资料汇编》和 2000—2004 年度的《中国统计年鉴》，当年就业人数按照"（当年年末就业人数＋上一年年末就业人数）/2"来计算得到，这里由于各省的人均教育水平等数据不可得，因此没有包括各省劳动力质量上的差异。

能源：使用各省每年的能源消耗量来表示所投入的能源，主要来自于相应各年份的《中国能源统计年鉴》以及《中国工业交通能源 50 年统计资料汇编》，已经折算成标准煤。其中宁夏缺少 2001 年的能源数据，取前后两年的平均数补齐；西藏由于缺少能源数据，因此没有包括在样本内。

地区划分：按照传统的区域划分（东中西部）以及"十一五"规划中关于 8 大经济区的区域构想，并结合"西部大开发"、"振兴东北老工业基地"、"中部崛起"等国家重大发展战略，将 29 个省分为沿海地区、东北工业基地、中部地区和西部地区，从而在更大范围内考察区域之间的效率差异。其中，沿海地区包括：北京、天津、河北、上海、江苏、浙江、福建、山东、广东和海南 10 个省；东北老工业基地包括：辽宁、吉林和黑龙江 3 个省；中部包括：山西、内蒙古、安徽、江西、河南、湖北、湖南、陕西 8 个省；西部包括：广西、四川、贵州、云南、甘肃、青海、宁夏、新疆 8 个省。

3 实际结果

根据 DEAP 2.1 软件包，可以计算得到中国 29 个省在 1995—2004 年间的能源效率得分，如表 2 所示。

表 2　中国各省能源效率（1995—2004 年）

地区	1995 年	1996 年	1997 年	1998 年	1999 年	2000 年	2001 年	2002 年	2003 年	2004 年	平均
北京	0.747	0.782	0.747	0.759	0.783	0.804	0.853	0.918	0.939	0.922	0.825
天津	0.763	0.807	0.831	0.863	0.868	0.865	0.875	0.879	0.877	0.769	0.839
河北	0.599	0.592	0.609	0.598	0.606	0.596	0.581	0.552	0.534	0.522	0.579
山西	0.345	0.419	0.446	0.475	0.469	0.463	0.437	0.403	0.411	0.331	0.420
内蒙古	0.671	0.660	0.626	0.672	0.618	0.634	0.580	0.565	0.545	0.387	0.596
辽宁	1.000	1.000	1.000	1.000	1.000	1.000	1.000	1.000	1.000	0.664	0.966
吉林	0.689	0.652	0.655	0.718	0.763	0.744	0.737	0.700	0.691	0.624	0.697
黑龙江	1.000	1.000	1.000	1.000	1.000	1.000	1.000	1.000	1.000	1.000	1.000
上海	1.000	1.000	1.000	1.000	1.000	1.000	1.000	1.000	1.000	1.000	1.000
江苏	0.839	0.871	0.877	0.867	0.901	0.921	0.951	0.984	0.965	0.885	0.906
浙江	0.853	0.870	0.857	0.844	0.857	0.805	0.839	0.771	0.753	0.743	0.819
安徽	0.860	0.784	0.905	0.847	0.814	0.793	0.783	0.858	0.901	0.921	0.847
福建	1.000	1.000	1.000	1.000	1.000	1.000	1.000	0.960	0.968	0.950	0.988
江西	0.727	0.883	0.926	0.995	0.940	0.819	0.978	0.869	0.863	0.927	0.893

① 具体方法可以见：张军，吴桂英，张吉鹏．中国省级物质资本存量估算：1952—2001．《经济研究》，2004（10）。

地区	1995年	1996年	1997年	1998年	1999年	2000年	2001年	2002年	2003年	2004年	平均
山东	0.750	0.780	0.783	0.794	0.822	0.742	0.862	0.683	0.668	0.648	0.753
河南	0.640	0.691	0.707	0.680	0.694	0.695	0.728	0.733	0.728	0.707	0.700
湖北	0.972	0.943	0.968	0.947	0.946	0.921	0.920	0.848	0.788	0.730	0.898
湖南	0.780	0.790	0.925	0.895	1.000	1.000	1.000	1.000	1.000	0.932	0.932
广东	0.879	0.929	0.930	0.912	0.913	0.927	0.904	0.884	0.836	0.789	0.890
广西	0.860	0.821	0.803	0.829	0.815	0.732	0.845	0.786	0.796	0.801	0.809
海南	1.000	1.000	1.000	1.000	1.000	1.000	0.986	0.965	0.965	0.992	0.991
四川	0.610	0.650	0.700	0.679	0.701	0.767	0.766	0.823	0.779	0.766	0.724
贵州	0.503	0.472	0.475	0.435	0.463	0.454	0.440	0.455	0.424	0.404	0.452
云南	1.000	1.000	1.000	1.000	1.000	1.000	1.000	1.000	1.000	1.000	1.000
陕西	0.566	0.575	0.622	0.635	0.752	0.802	0.748	0.750	0.786	0.785	0.702
甘肃	0.416	0.463	0.491	0.505	0.504	0.488	0.506	0.502	0.502	0.519	0.490
青海	0.671	0.630	0.636	0.631	0.574	0.581	0.560	0.550	0.535	0.462	0.583
宁夏	0.597	0.530	0.549	0.549	0.548	0.457	0.443	0.427	0.356	0.253	0.471
新疆	0.683	0.589	0.639	0.688	0.694	0.736	0.729	0.718	0.725	0.582	0.678
全国	0.755	0.772	0.793	0.790	0.802	0.798	0.806	0.784	0.767	0.715	0.778
东部沿海	0.800	0.825	0.828	0.825	0.841	0.826	0.853	0.808	0.789	0.757	0.815
东北老工业基地	0.935	0.927	0.926	0.944	0.954	0.953	0.951	0.936	0.931	0.751	0.921
中部	0.670	0.705	0.750	0.748	0.754	0.746	0.738	0.720	0.714	0.670	0.722
西部	0.650	0.646	0.681	0.672	0.682	0.691	0.700	0.718	0.690	0.663	0.679

通过表 2 可以发现，全国能源效率最高的省份为黑龙江、上海和云南，在 1995—2004 年均处于前沿曲线上，海南、福建、辽宁和湖南 4 个省也有若干年位于前沿曲线上；能源效率最低的 4 个省分别为山西、贵州、宁夏、甘肃，其能源效率值均未超过 0.5。从大的区域上看，东北老工业基地的能源效率最高，其平均值接近前沿水平（0.95），其次为东部沿海地区，平均为 0.815，中部和西部依然滞后于前者，分别为 0.72 和 0.68，由于采用的都是基于全要素生产率的框架，因此这一结果同 Hu J L（2006）的计算在数值上相差不大，但在区域的比较中，Hu J L 的结果是西部能源效率（0.691）要高于中部能源效率（0.682），产生差异的原因可能是由于对资本存量的计算不一样，Hu J L 采用的是自己估算的省级数据，而本文是利用的张军等人的估算结果，此外，本文同 Hu J L 在区域划分上也存在一定区别，考察的时间段也较长，而且对于东、中、西部效率逐渐递减的顺序，同大多数学者关于 TFP 的地区间比较结论相一致。

从能源效率的变化趋势上看，大多省份能源效率符合“先上升，再下降”的特征，转折点一般出现在 1999—2002 年，这与史丹（2002）、孙鹏（2005）等人利用能源生产率所得出的研究结论基本一致，能源效率较高的广东、福建、海南基本上是从 2000 年开始远离前沿面，辽宁、湖南则是从 2004 年开始出现能源效率下降，唯一例外的是安徽省，其能源效率在考察期内是先下降，到 2001 年后反而开始上升；能源效率一直处于下降趋势的包括：湖北、广西、内蒙古、河北、贵州、青海和宁夏。如果从大的区域来分析，东北老工业基地在 1995—2003 年能源效率一直在 0.9～1 小幅波动，但在 2004 年出现了较大下滑，主要是由于辽宁在当年由前沿下降至 0.664；东部沿海地区的能源效率则是从

2001 年开始逐渐下降，从目前该区域的经济发展和投资热潮来看，恐怕这一趋势还将继续；中部地区从 1999 年开始能源效率出现持续下滑，西部地区的能效下降趋势则从 2002 年开始。整体上来看，全国的能源效率变动趋势在 1995—2004 年这 10 年间符合倒“U”形，即在 2000 年之前持续改进，在 2001 年开始下降，具体如图 3 所示。

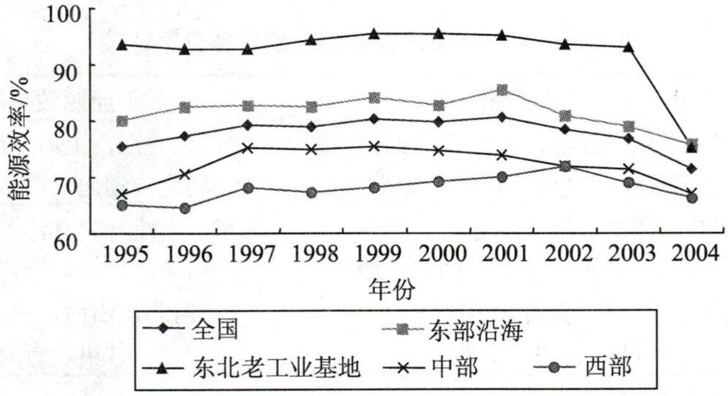

图 3　不同地区能源效率变动趋势（1995—2004 年）

从不同省份之间的变动差异来看（图 4），在 1999 年之前，各省之间的能源效率的变异系数在逐渐减小，但在 1999 年之后逐年加大，说明从全国范围来看，这 29 个省之间的能源效率差距正在扩大，并不具有趋同性，这同史丹（2002）所考察的省级之间的收敛性结论一致；但是如果按照前面所划分的四个区域进行比较则结论相异，在整个考察时间段内，其能源效率差异基本上是逐渐减少的，在 1996—1997 年以及 2003—2004 年都有一个较快的下降，说明在东部沿海、东北老工业基地、中部和西部这四个区域之间，其能源效率存在一定的趋同性，地区差异正在逐渐减小。

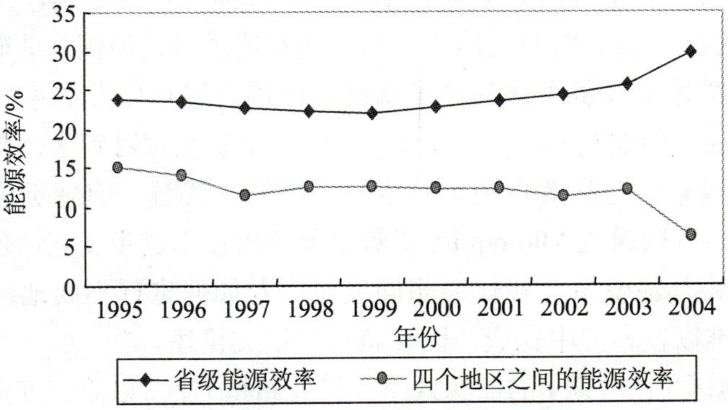

图 4　不同地区之间能源效率的变异系数 CV（1995—2004 年）

高振宇，王益（2006）曾经借助聚类分析而非传统的东、中、西区域来划分不同的能源生产率地区，并将之区分为能源高效、中效和低效区，本文在此也利用这一方法同他们的划分结果相比较，如表 3 所示，可以看出，两者结果的差异性主要表现在：以能源生产率为基础的聚类中，对于浙江、广西、山东、河北的评价得分偏高，而对辽宁、黑龙江、云南、湖北和新疆的测度则偏低，这可能正是前面所提到的原因所致，即能源生产率仅测度能源单一投入同产出之间的关系，而一些其他因素诸如投入要素之间的相互替代等都会影响到该值的大小，但对于其效率而言并没有产生任何影响；而本文定义的能源效率则是在考虑所有其他的投入要素的框架下，将测量点同当前可行的最优绩效点所构成的前沿进行相对比较，从方法上来说更能反映一个地区对能源要素的实际利用的效率水平。

表 3　能源生产率同能源效率的聚类分区比较

	基于能源生产率的聚类结果	基于能源效率的聚类结果
能源高效区	浙江，广东，江苏，江西，广西，山东，上海，湖南，福建，海南	辽宁，黑龙江，上海，江苏，福建，江西，湖北，湖南，广东，海南，云南
能源中效区	河北，吉林，陕西，辽宁，北京，黑龙江，天津，云南，安徽，河南，湖北，四川	北京，天津，吉林，浙江，安徽，山东，河南，广西，四川，陕西，新疆
能源低效区	宁夏，甘肃，青海，内蒙古，新疆，贵州，山西	河北，山西，内蒙古，贵州，甘肃，青海，宁夏

注：主要借助 SPSS 12.0 完成。

4 影响因素的计量分析

4.1 变量和数据说明

从上面计算出的结果分析可以看出，不同省之间的能源效率差异非常大，而且其变动趋势也日趋复杂，如何理解这种省级乃至更大区域范围内的效率差异？又有哪些原因造成了能源效率的不同？

根据已有的文献，不妨考虑以下影响因素：产业结构、政府的影响力、对外开放程度以及制度。本文没有考虑技术进步的因素主要是因为：第一，对于技术进步指标难以刻画，国外文献侧重于采用从事研究的科学家和工程师数量或专利申请量来衡量技术水平，国内则采取 R&D 比重、财政支出中的科技经费比重等，但国外的研发机构大多基于企业内的，较好地描述了经济主体的技术水准，而国内进行研发的主体是政府机构，技术研发往往同市场应用的脱钩①，并且当前中国的自主研发相对较少，更多的是对国外技术的引进和吸收；也有一些学者使用教育水平的高低来代替，但感觉这更像是一个人力资本的指标。第二，可以通过 Malmquist 指数来分解出技术进步要素，但是分解出来的是一个指数值，如何将其他变量也转化为相同度量以及如何进行不同地区的比较是一个问题，而且这一工作难以在本文中完成，因此将另外撰文论述。

用 $EE_{i,t}$ 表示地区 i 在时期 t 的能源效率，产业结构 $CY_{i,t}$ 以第三产业增加值在该地区 GDP 中的所占比重表示；政府的影响力 $GOV_{i,t}$ 可以用地方财政支出所占 GDP 比重来表示；对外开放程度 $WM_{i,t}$ 用该地区进出口贸易总额所占 GDP 比重来替代；制度变量 $ZD_{i,t}$ 则选择各地区工业总产值中国有工业所占比重来代表。

由于缺少 2004 年地区工业产值数据，因此考察期调整为 1995—2003 年，最终的面板数据集包含了 29 个截面单元在 9 年内的时间序列数据，样本观察点共 261 个。基本数据主要来源于《中国统计年鉴》、《新中国 50 年统计资料汇编》、《中国能源统计年鉴》、《中

① 根据中国专利局的统计，实际应用的专利发明只有 10%左右。

国工业交通能源 50 年统计资料汇编》以及中经网地区数据库。

4.2 计量模型

面板数据的估计方法主要包括聚合最小二乘回归模型（Pool OLS）、固定效应模型（fixed effect）和随机效应模型（random effect），对于时期较短而横截面单位较多的样本数据，可以认为地区间能源效率的差异主要表现在横截面的不同个体之间，参数不随时间变化或者变动较小，因此首先考虑变截距模型（variable intercept）；此外对于具体模型的选择，可通过 Wu-Hausman 检验进行判别。但是实际运用中往往根据所研究问题的特点以及具体数据特征来决定，如果仅对样本本身的个体差异进行分析，则可以使用固定效应模型，如果用样本推断总体的个体差异，则采取随机效应模型，从本文的研究目的来看，显然固定效应模型更加适合，因此采用截距变动的固定效应模型，基本的计量模型为①：

$$EE_{i,t}=C+C_i+\beta_1 CY_{i,t}+\beta_2 GOV_{i,t}+\beta_3 WM_{i,t}+\beta_4 ZD_{i,t}+\varepsilon_{i,t} \quad (5)$$

其中 C 为公共截距，C_i 则为各横截面的个体差别，即在该模型中各个体成员方程的截距项（$C+C_i$）可以用来解释各省能源效率的差别，而各省之间不存在结构变化，即系数向量β_i 相同，$\varepsilon_{i,t}$ 为随机误差项，为了减少误差项中存在的异方差性和序列相关性影响，使用可行广义最小二乘法（GLS）来进行参数估计。

4.3 计量结果

表 4 给出了方程（5）分别对全国 29 个省份以及四个区域进行回归所得到的解释变量系数估计值。

表 4 GLS 回归结果（1995—2003 年）

解释变量	全国	东北老工业基地	沿海地区	中部地区	西部地区
CY	0.441 ***	−0.309 †	0.459 ***	0.705 ***	0.58 ***
GOV	−0.462 ***	0.370 *	−0.411 ***	−0.28 †	−0.559 ***
WM	−0.183 †	−0.408	−0.459 ***	−19.1 ***	4.11 ***
ZD	0.001 6	0.074 ***	−0.007 8	−0.19 **	0.04
Obs	261	27	90	72	72
$Adj.R^2$	0.982	0.981	0.952	0.954	0.99
D.W.	0.89	0.865	0.645	1.19	1.29

注：***、**、*、† 分别表示变量系数通过了 1%、5%、10%和 15%的显著性检验。所有检验借助 EViews5.1 完成。

从表 4 可以看出：

（1）产业结构的调整对能源效率的改善基本印证了大多学者的结论，结果显示，如果第三产业增加值在 GDP 中所占比重每上升 1%，能源效率将增长约 0.44%；但是对四个区域的回归则有迥然相异的结论：东北老工业基地同其他三个地区相比，产业结构的变动对能源效率的影响是负向的，这主要是由于该地区相对其他地区而言，其重化工业比重较大，尽管第三产业在经济中所占比重在逐年增加，但工业在当地经济中的比重仍然维持在较高水平左右，尤其是黑龙江，其工业产值比重从 1995 年的 47%一直上升到 2004

① 能源效率 *EE* 为一个介于 0 到 1 之间的值，因此应该使用 Tobit 模型进行分析，但是 Tobit 模型和 OLS 模型之间的结果并没有差异，其结果通常很近似（伍德里奇，2003），同时由于取值为 1 的样本点较少，用 OLS 来进行估计不会产生显著偏差（村上直树，申寅荣，2006）。

年的 59%，而中国的重化工业主要特征为资源高消耗型，对能源的消耗强度最大，其效率贡献份额较低，因此导致了第一、第三产业的调整所带来的效率提升被第二产业的稳步提升所抵消，最终表现为负面影响。其他三个地区则显著为正值，且产业结构对中部地区能源效率影响最大，达到了 0.705。

（2）政府对经济社会日益增加的影响程度会造成部分能源效率损失，在市场经济背景下，应充当“守夜人”角色的政府是否需要干预？什么时候干预？以及要干预哪些领域？这些永恒的命题有待于进一步思考，但本文的结论显示，政府对于市场经济的干预程度（财政支出所占比重）每增加 1%，能源效率将会下降 0.46%左右，这也说明政府这只“看得见的手”对市场机制的影响越大，那么经济效率将会越低，这一结果同王志刚，龚六堂等关于政府财政支出会降低生产效率的结论相一致[29]。有趣的是，在对四个区域的回归中，东北老工业基地再次显示出同其他三个地区的差距之处：政府的干预对其能源效率会产生正面影响，不过如果考虑到东北国有工业较多的现实，中央政府提出的“重振东北老工业基地”的发展战略可能会在初期通过优惠政策和配套资金给予挖潜更新，从而在一定程度和时期内提高其能源效率。

（3）对外开放程度对能源效率有负面影响则出乎意料，尽管其统计量并不十分显著，但如果考虑到本文对能源效率的定义则仍然可以理解：一方面对外开放程度的不断扩大使得引进先进的技术、设备和管理经验成为可能，这些都会提高该地区的能源效率。另一方面，随着全球化的进一步深化，外商直接投资、跨国公司的进入加剧了各个地区企业间技术水平的差异，使得非外资企业同代表前沿最优的先进企业之间的差距加大，从而降低了整个地区相对前沿的平均水平[30]，换句话说，前沿曲线的不断快速外移是由于对外开放程度很高的地区所致（如沿海的上海、广东等地），而其他地区虽然获得了技术外溢所带来的效率提升，但是相对于前沿的距离反而拉大了，从而使得对外开放程度每上升 1%，反而使得能源效率降低 0.183%；值得注意的是：西部地区外贸开放对能源效率的影响为正，这可能是由于西部地区对外开放程度较低所致，根据统计年鉴数据计算，西部地区进出口所占比重仅为全国平均水平的 37%，为沿海地区的 17%左右，因此外贸对能源效率的影响仍然处在初级阶段。

（4）制度变量——工业经济中的所有制比重，其结果和预想并不一致，在大多数对工业绩效的研究中，国有工业所占比重对 TFP 会有显著的负面作用[29-30]，尽管在对全国、沿海地区和西部地区的回归中，该变量并不显著且系数很小①，但是在东北老工业基地的区域回归中，该系数显著为正，这可能同政府财政支出对能源效率的影响的原因是相同的，即该地区特殊的庞大的国有工业基础以及各级政府雄心壮志的重振计划。在中部地区的回归中，较为显著的系数－0.19 至少部分佐证了国有比重会降低能源效率。对于制度变量在方程中并不显著，同时与其他研究成果有一定出入的原因，我们认为主要是由于我们所考察的能源效率并不仅仅局限在工业领域，利用工业经济中国有成分所占比重并不能完全代表在整个经济中的产权比重。而其他大多数使用这一变量的研究恰好是专门用于考察工业部门绩效的，因此并不存在这样的问题。

① 在回归规程中，该变量并不显著，我们尝试去掉该变量后，对方程并没有什么影响，其他变量的系数也没有发生较大变化，此处仍保留该变量主要是为了进行区域间以及后面将要进行的分段比较。

根据其他学者的结论以及上面的分析可以发现，2000 年是中国能源效率发生变化的转折点，因此以方程（5）对两个阶段：1995—1999 年和 2000—2003 年的数据进行分段回归，从而比较两个时期不同变量的系数变动情况，对全国以及四大区域的估计结果如表 5 所示。

表 5　GLS 分段回归结果

解释变量	全国		东北老工业基地		沿海地区		中部地区		西部地区	
	A	B	A	B	A	B	A	B	A	B
CY	0.45**	0.77***	−0.88**	0.10	0.71***	1.00***	1.40***	0.84***	−0.15	1.02***
GOV	−0.47*	−0.17***	1.31***	−0.53	−0.73*	−0.05	−3.30***	−0.37*	−0.66**	−0.14***
WM	−0.35	−0.02	−0.89*	−3.72	−0.44	−0.36***	−27.49***	11.39***	2.12	−0.25
ZD	−0.01**	0.16***	0.15**	−0.11	−0.04**	0.18***	−0.04	0.15***	0.15*	0.22***
Obs	145	116	15	12	50	40	40	32	40	32
$Adj.R^2$	0.993	0.997	0.979	0.986	0.995	0.971	0.968	0.994	0.991	0.997
D.W.	1.81	2.05	1.46	1.07	1.85	1.65	2.17	2.03	2.05	2.71

注：***、**、*、†分别表示变量系数通过了 1%、5%、10%和 15%的显著性检验。所有检验借助 EViews 5.1 完成。A 表示 1995—1999 年；B 表示 2000—2003 年。

很显然，由于分段回归中时间序列特征减少了，更多表现为截面特征，从而消除了残差自相关问题，从回归的系数上可以发现一些有趣的结论：

（1）从总体上来看，产业结构对能源效率的影响程度在逐渐增加，这说明当前进行的产业结构调整对于效率的提升是有帮助而且潜力巨大的，但中部地区产业结构的影响在下降，这可能有两个原因：首先产业结构的调整对能源效率的提高是一种有限改进，也即是通过结构的优化配置来减少同前沿之间的距离，但如果其他条件不变的情况下，逼近前沿是一个“有极限”的过程，而且随着无效率的减少，与前沿面的接近将越来越困难，其边际成本也越来越高，真正要实现“无极限”增长则需要借助技术进步来使得前沿曲线外移；第二个因素主要是国内的特征变化，1995—1999 年，中国的工业化基本上是进入中期阶段，劳动密集型为主的轻工业占有较高比重[31]，从 2000 年以来，能源及原材料消耗高的重化工工业不断扩张，重工业与轻工业之间的比重由 1998 年的 55∶45 上升到 2004 年的 65∶35[32]，因此产业结构的调整对于能源效率的改进由于自身的衰减效应以及区域选择的重工业路径而逐渐降低。

另外注意到，西部地区同东北老工业基地之间存在诸多类似之处，在第一阶段其影响系数为负，在第二阶段变为正。但后者的系数较小，仅为 0.1 且不显著。同样拥有较大国有比重的西部地区正是借助“西部大开发”战略的实施，通过第二产业自身的效率提升以及第三产业的逐渐发展，使得地区的产业调整对能源效率产生了积极影响（2000—2003 年影响系数为 1.02），由于“振兴东北老工业基地”战略实施较晚，因此可以预想该区域可能会同西部地区的发展相类似，今后的产业调整会产生更大的能源效率提升。

（2）随着市场化进程的加快，政府对能源效率的负面影响在减少。尤其是市场化程度较高的沿海地区，到 2000 年之后政府对于能源效率的影响仅为−0.05 且不显著。这也验证了中国政府在能源问题上的改革正在逐步取得成效，随着对能源价格的管制逐步放松，部分能源领域已经建立起了一定的市场机制，但是当前政府对于主要能源，如煤、石油和天然气以及相关产业，如需煤量最大的电力产业的价格干预仍然较多①，能源价格无法反映出正常的供需状况以及能源生产、消费过程中所产生的负外部成本，从而使得在这一领域市场化机制仍然无法有效运转。

（3）对外开放对不同地区的能源效率的双重影响较为复杂。从全国范围来说，对外开放对能源效率的负面影响在逐渐减少，也就是说各省份之间由于对外开放所导致的同前沿曲线之间差异正在缩小，沿海地区和中部地区同全国的趋势一致，但是对于东北老工业基地和西部地区而言，对外开放的负面影响在加大，这可能和各地区自身对外开放程度有关以及所处阶段有关，如果由于地区间吸收、利用外资程度的差异所导致的相对能源效率降低大于由于吸收、利用了先进的技术、管理和设备所带来的效率提升，则对外开放将负向影响能源效率。否则将有助于其效率提升。这也对当前部分地区盲目引进外资敲响了警钟：究竟引进来外资对本地经济是利是弊？我们从中真的学到了先进的技术吗？还是只是沦为外资的加工厂？

（4）制度变量的解释结果可能同其他关于 TFP 的结论有一定差异，从全国来看，在 2000 年以后，工业中国有经济比重增加 1%，能源效率将提升 0.16%，沿海地区同中部地区一样，在 2000 年前后由负转为正向影响，西部地区的相应系数在增加，只有东北老工业基地随着国有经济比重的提升，能源效率由正面转变为负面影响。这些结果，虽然有些并不显著，似乎可以产生两个猜想：在能源效率上，国有经济成分不一定无效率；国有经济较高的地区对能源效率可能有负向影响。当然对于这一变量的选取也是有一定的争议，在此只是用作对比说明。

5 结论与启示

本文运用 DEA 方法构建出一个相对前沿的能源效率指标，将能源效率同传统的能源生产率指标进行了比较，并结合中国省级层面 1995—2004 年的数据计算了各省能源效率和四个区域的地区能源效率，此外对可能影响能源效率的几个影响因素进行计量检验，主要得到以下几点结论和启示：

（1）传统的能源生产率（能源投入—GDP）指标不能完全刻画出能源效率，两者存在诸多差异。本文通过 DEA 方法定义的能源效率是在全要素生产框架下度量当前能源投入与最优可实现的能源投入，综合考虑了其他要素对产出的影响，是一个相对更优的指标。

（2）省级能源效率的计算表明，全国能源效率最高的四个省份为黑龙江、上海、云南、海南；能源效率最低的四个省分别为山西、贵州、宁夏、甘肃；从能源效率的变化趋势上看，大多数省份能源效率符合“先上升，再下降”的特征，转折点一般出现在 1999—2002 年之间。在 1999 年之后，省级之间的能源效率差距逐渐扩大，不具有趋同性。

（3）区域能源效率比较的结果发现：能源效率最高的地区为东北老工业基地，其次为东部沿海地区、中部和西部。地区之间的能源效率差异基本上是逐渐减少的，其能源效率存在一定的趋同性。

---

① 在煤炭行业，煤炭价格形成机制的改革曾经出现过多次反复，尽管当前煤炭市场政府管制较少，但由于电力市场价格仍由政府控制，使得煤炭价格也受到其影响，无法充分显示出其稀缺性；石油价格虽然已经同国际市场接轨，但定价机制仍在完善中，仍由发改委来计划决定；天然气价格则一直都是以政府定价为主。

（4）利用截距变动的固定效应模型检验发现，产业结构的调整对于能源效率具有逐渐增加的正向影响，如果第三产业在 GDP 中所占比重每上升 1%，能源效率将增长约 0.44%，但由于产业结构调整潜力的逐渐下降以及当前中国选择的重工业路径，使得不同地区的产业结构的影响不同。

（5）政府对于市场经济的干预对能源效率具有负面影响，但影响程度在逐渐减少。政府财政支出比重每增加 1%，能源效率将会下降 0.46%左右，能源领域仍然存在着价格管制和社会性管制，这些都进一步阻碍了市场机制的运作，从而降低了能源效率。

（6）在考察期内，进出口所占比重每增加 1%，能源效率将降低 0.18%。对外开放程度对能源效率具有双重影响，一方面可以通过引进先进的技术、设备和管理经验来提高地区的能源效率，但另一方面，外商直接投资、跨国公司的进入加剧了各个地区企业间技术水平的差异，从而降低了整个地区相对前沿的平均水平；这使得对外开放对能源效率的最终影响同各地区自身对外开放程度以及所处阶段有关。

（7）制度变量对能源效率影响不显著，这可能是由于工业经济中国有经济比重这一指标无法代表整个经济中的制度水平，但对于地区间的分段回归产生了两个猜想：国有经济的能源效率不一定低；国有经济比重高低可能同能源效率负相关。

这些结论对于能源领域的政策意义在于：政府应该在进一步优化产业结构的同时要着力于提高重化工业的能源效率；在深化能源价格市场化改革、加强社会性管制的基础上，尽量减少对能源市场的干预；对外开放要适度，要根据自身的发展基础选择能够从中获取技术或知识的高质量外资。此外，各个地区要根据自身所处的阶段和实际情况来决定产业结构调整的方向、政府进出的领域和对外开放的程度。

本文不足之处在于：受模型限制，无法分解出规模效率以及对能源效率的影响，此外也没有考虑人力资本和技术进步因素，这些有望在进一步的研究中得到解决。

参考文献

[1] 王庆一. 中国的能源效率及国际比较[J]. 节能与环保，2005（6）：10-13.

[2] 蒋金荷. 提高能源效率与经济结构调整的策略分析[J]. 数量经济技术经济研究，2004（10）：16-23.

[3] 史丹. 我国经济增长过程中能源利用效率的改进[J]. 经济研究，2002（9）：49-56，94.

[4] RICHARD G N，ADAM B J，ROBERT N S. The Induced Innovation Hypothesis and Energy-saving Technological Change[J]. The Quarterly Journal of Economics，1999，114（3）：941-975.

[5] 吴巧生，成金华. 中国能源消耗强度变动及因素分解：1980—2004[J]. 经济理论与经济管理，2006（10）：34-40.

[6] 史丹，张金隆. 产业结构变动对能源消费的影响[J]. 经济理论与经济管理，2003（8）：30-32.

[7] 王玉潜. 能源消耗强度变动的因素分析方法及其应用[J]. 数量经济技术经济研究，2003（8）：30-32.

[8] FISHER VANDEN K，JEFFERSON G H，JINGKUI M，et al.. Technology development and energy productivity in China[J]. Energy Economics，2006，28（5-6）：690-705.

[9] 李廉水，周勇. 技术进步能提高能源效率吗——基于中国工业部门的实证检验[J]. 管理世界，2006（10）：82-90.

[10] KHAZZOOM J D. Economic implications of mandated efficiency in standards for household appliances[J]. Energy Journal，1980，1（4）：21-40.

[11] BOYD G A，PANG J X. Estimating the linkage between energy efficiency and productivity[J]. Energy Policy，2000，28（5）：289-296.

[12] 高振宇，王益. 我国能源生产率的地区划分及影响因素分析[J]. 数量经济技术经济研究，2006（9）：46-55.

[13] 史丹. 中国能源效率的地区差异与节能潜力分析[J]. 中国工业经济，2006（10）：49-58.

[14] HU J L，WANG S C. Total-factor energy efficiency of regions in China[J]. Energy Policy，2006，34（17）：3206-3217.

[15] RASCHE R H，TATOM J A. Energy resources and potential GNP[J]. Review，1977（6）：10-24.

[16] 赵丽霞，魏巍贤. 能源与经济增长模型研究[J]. 预测，1998（6）：32-34.

[17] FARRELL M J. The Measurement of Productive Efficiency[J]. Journal of the Royal Statistical Society. Series A （General），1957，120（3）：253-290.

[18] FARE R，GROSSKOPF S，LOVELL C A，et al.. Derivation of Shadow Prices for Undesirable Outputs：A Distance Function Approach[J]. The Review of Economics and Statistics，1993，75（2）：374-380.

[19] PATTERSON M G. What is energy efficiency：Concepts，indicators and methodological issues[J]. Energy Policy，1996，24（5）：377-390.

[20] WILSON B，TRIEU L H，BOWEN B. Energy efficiency trends in Australia[J]. Energy Policy，1994，22（4）：287-295.

[21] JENNE C A，CATTELL R. Structural change and energy efficiency in industry[J]. Energy Economics，1983，5（2）：114-123.

[22] RENSHAW E F. Energy efficiency and the slump in labour productivity in the USA[J]. Energy Economics，1981，3（1）：36-42.

[23] CHARNES A，COOPER W W，RHODES E. Measuring the efficiency of decision-making units[J]. European Journal of Operational Research，1979，3（4）：338-339.

[24] BANKER R D，CHARNES A，COOPER W W. Some Models for Estimating Technical and Scale Inefficiencies in Data Envelopment Analysis[J]. Management Science，1984，30（9）：1078-1092.

[25] COELLI T.A Guide to DEAP Version 2.1：a data envelopment analysis（Computer）program，1996.

[26] RAO D S，COELLI T J. A Cross-country Analysis of GDP Growth Catch-up and Convergence in Productivity and Inequality[N]. Centre for Efficiency and Productivity Analysis（CEPA）Working Paper 1998（5）：98.

[27] FARE R，LOVELL C A K. Measuring the technical efficiency of production[J]. Journal of Economic Theory，1978，19（1）：150-162.

[28] FERRIER G D，LOVELL C A. Measuring Cost Efficiency in Banking：Econometric and Linear Programming Evidence[J]. Journal of Econometrics，1990，46（1-2）：229-245.

[29] 王志刚，龚六堂，陈玉宇. 地区间生产效率与全要素生产率增长率分解：1978—2003[J]. 中国社会科学，2006（2）：55-68.

[30] 涂正革，肖耿. 中国工业增长模式的转变——大中型企业劳动生产率的非参数生产前沿动态分析[J]. 管理世界，2006（10）：57-68.

[31] 徐康宁，王剑. 自然资源丰裕程度与经济发展水平关系的研究[J]. 经济研究，2006（1）：78-89.

[32] 蔡昉. 发展阶段判断与发展战略选择[J]. 经济学动态，2005（9）：15-19.

应用旅行费用法评估黄山风景区游憩价值*

Evaluating Recreation Value of Mount.Huang Using Travel Cost Method*

谢贤政
（安徽省环境保护局，合肥 230061）
Xie Xianzheng
（Anhui Environmental Pollution Bureau，Hefei 230061）

[摘 要] 旅行费用法是相对成熟的游憩价值评价方法。本文以旅游市场发展相对成熟的黄山风景区作为研究案例，讨论了 TCM 问卷设计与抽样调查。同时，在客源市场分析的基础上，确定每个客源省份(出游小区)的典型出游方式，并以此作为分摊多目的地旅行费用的依据，建立 ZTCM 模型，计算黄山风景区的游憩价值。通过与相关研究成果的比较分析，可以认为，旅游景点的市场影响力、多目的地旅行的处理方法及计算方法对游憩价值的消费者剩余的计算结果影响很大。通过与相关研究比较，可以认为本文的多目的地旅行费用分摊方法符合实际情况，计算出来的游憩价值基本合理。

[关键词] 旅行费用法 游憩价值评估 黄山风景区

Abstract：Valuing environment and natural resources with Travel Cost Method （TCM） in China is still at the stage of exploration.There is a longway to go for us to use the method to provide a consultation service for economic valuation of regional development and policy decision-making.With gradual improvement of the market economic system，especially for the purpose of environmental cost auditing，it seems urgent and important to develop non-market valuation techniques.

TCM is a relative mature approach to value the recreation use. The paper discusses TCM questionnaire design and sampling.An on-the-site survey in the form of random sampling was conducted in Yellow Mountain in 2004.A pilot survey was conducted in August 2004 to test the validity of the questionnaire.The formal survey was conducted from September to November 2004 with three different types of locations：in the field （mainly the entrance gate，scenic spots and along the roads），at cable-car stations，and in the hotels in the mountain. 1 032 were judged to be valid and used for the study. Based on the tourists market analysis，a typical travel mode of every original province （zone） is decided. According to the travel mode，the joint cost of multi-destinations is divided and a zonal TCM （ZTCM） model is established to estimate the value of the recreation use of Yellow Mountain.The paper also

* 原文发表在《资源科学》，2006 年第 3 期，128-136 页，略作修改。

analyzes some key factors that affect the results.Compared with other related studies，the authors think that the approach to dividing the joint cost is practical and the estimated value of recreation use is reasonable.

Key words：Travel Cost Method，Valuing Recreation Use，Yellow Mount

环境与资源价值评估是资源与环境经济学的一个非常活跃且发展迅速的领域。在众多的环境资源价值方法中，属于揭示偏好法的旅行费用法（Travel Cost Method，TCM）是目前较为流行的游憩价值评价方法，被广泛地应用于休闲娱乐场所、国家公园、旅游景点、具有休闲娱乐功能的森林和湿地，以及兼有娱乐及其他用途的水库、大坝等地的价值评估。虽然还存在着不完善的地方，但 TCM 已经为资源与环境经济学广泛接受，并被美国有关部门的水开发项目评估和自然资源损失评价的指南所采用[1]。

20 世纪 80 年代以来，我国学者应用 TCM 陆续开展了一些案例研究。但是，总体来说，我国在该领域的研究还相对薄弱，处于探索阶段，距离为区域开发项目进行经济评估、为环境政策与措施提供决策咨询，为时尚远。因此，就现阶段而言，积累研究案例，探讨 TCM 存在问题的解决办法，显得十分重要[2]。

黄山风景区是相对成熟的旅游市场。本研究以黄山风景区为案例，利用黄山风景区历史数据完整、市场影响范围大、现场调查相对容易等优势，探讨解决 TCM 存在的方法学和实际应用方面的共性问题，对于丰富我国的环境价值评估理论研究和应用实践，具有重要意义。同时，研究结果也可作为黄山风景区的旅游资源管理的参考依据。

1 TCM 方法简介

TCM 的设想最早是美国经济学家霍特林（Harold Hotelling）于 1947 年提出的。他认为，可以应用经济学的需求理论，按照游客到达国家公园的旅行距离和对国家公园的访问率之间的经验关系，估计出人们对国家公园的需求，进而计算国家公园对游客产生的总效益，总效益应该等于游客的旅行费用支出加上消费者剩余。过去 50 年的所有有关 TCM 的研究，都是试图从理论上和实证上阐述霍特林的假设[1]。一些学者对 TCM 方法的研究进展进行了综述[1-4]。

1.1 TCM 模型分类

分区旅行费用模型（zonal TCM，ZTCM）与个人旅行费用模型（individual TCM，ITCM）是 TCM 的两种基本模型。

ZTCM 是最早发展起来的模型，它是根据游客的来源地划定出游区域，建立出游区域的出游率与各区域到旅游目的地的平均旅行成本、社会经济特征向量及区域旅游者的替代旅游地的特征向量的函数关系；ITCM 是 20 世纪 70 年代发展起来的一种新的 TCM 模型，其中因变量是个体或家庭在每个时期内旅行的次数，自变量是个体到达旅游目的地的旅行成本、对旅游地的感知质量的向量、可能替代地的特征向量、家庭收入等。

传统的 ZTCM 存在着的缺陷。首先是把游客按区域划分的，并假设来自同一区域游客对某个旅游点具有相同的偏好，并且旅行费用是相同的，但这个假设在现实中很难成立；其次是在确定一些需求决定因子时，通常用于估计区域值、特别是那些统计不显著的社会经济变量，需要进行必要的聚合和平均化，这将导致信息的丢失[1]。而ITCM比ZTCM具有更多的优点：一是更多地考虑了数据的内在变化，而不是依靠对区域数据的聚合，因而在统计上更有效率；二是应用较少的调查数据就可以推导出旅行函数[3]。但是，ITCM也存在着一些计量经济学问题：如导致样本截尾问题、存在“零访问”（zero trips）样本删失（ensoring）现象等[4]。但是，Hellerstein[5]应用Monte Carlo模拟技术对这两种模型的福利测定结果进行比较后认为，在很多情况下，ZTCM 的福利估计值比应用 ITCM 产生的偏差更小，尤其是当ZTCM的自变量反映了区内差异时更是如此。

为克服 ZTCM 和 ITCM 自身的缺陷，出现了把 ZTCM 和 ITCM 相结合的模型。如Moeltner[6]把统计数据中人均收入的分布信息纳入加总需求函数，对 ZTCM 进行了改进，以反映个体游客之间内生差异性，从而减少了参数估计时产生聚合偏差的风险。

在 ZTCM 和 ITCM 两种基本模型的基础上，又发展出随机效用模型（random utility model，RUM）、内涵旅行费用模型（hedonicTCM，HTCM）等。究竟要建立什么样的模型，要结合旅游景区的实际情况来决定。

1.2 模型函数形式与统计检验

从现有的研究结果来看，TCM 模型的函数形式多种多样。选择合适的模型是建模的关键。一般可以通过散点图来确定模型形式，或者结合经济学知识背景来确定模型形式。

选择模型通常 R^2 的大小被看做是唯一的标准，但这并不合适[3]。可以从以下几个方面进行比较：首先，从经济学角度考虑。因为数据分析的目的是解释经济现象，所以要重视经济学理论和行为规律提供的理由；其次，从统计分析的角度比较，最重要的是残差分析。如果模型的残差平方和最小，并且看起来残差最随机化，那么，这样的模型应当被选择[7]。此外，还要对多元线性回归分析中多重共线形、异方差性等问题，进行检验与消除。

线性、指数函数（semi-log）和幂函数（log-linear）是 3 种常见的单地点模型函数形式。但是，文献中很少看到 TCM 线性模型。幂函数和指数形式的需求函数看来与数据更适合[1]。

2 黄山风景区 TCM 问卷设计与抽样调查

黄山风景名胜区位于安徽省黄山市境内，面积 154 km^2，1982 年被国务院列为首批国家级重点风景名胜区，1990 年 12 月被联合国教科文组织确定为世界文化和自然遗产，2000 年 12 月成为国家 4A 级旅游区，2004 年 2 月被联合国教科文组织确认为世界地质公园。

自 1979 年实施旅游开发以来，黄山风景区的游客人数呈逐年上升趋势，由 1978 年的不足 10×10^4 人上升到 2004 年的 160×10^4 人，旅游收入大幅提高，营业收入和利润总额也稳步上升。

2.1 模型选择

旅游市场调查表明，在黄山市及周边范围内，黄山风景区处于绝对的地位。2004 年，91%的国内游客以黄山风景区为主要出游目的地，除九华山、杭州、千岛湖等少数景点外，游客顺访概率较高的景点多数都在黄山市境内，与黄山风景区相去不远。而且，1995 年以来，游客平均游览 1.36 次，说明游客的重游率很低[8]。因此，本研究将建立 ZTCM。

2.2 问卷设计

ZTCM 函数的基本形式示为[3]：

$$V_{hj}/N_h = f(P_{hj},\ SOC_h,\ SUB_h)$$

式中：V_{hj}——根据抽样调查结果推算出的一定时间内从 h 区域到 j 旅游地旅游的总人数；

N_h——h 区域的人口总数；

P_{hj}——h 区域游客到 j 旅游地的平均旅行成本；

SOC_h——h 区域的社会经济特征向量；

SUB_h——h 区域旅游者的替代旅游地的特征向量。

问卷设计的关键是要获得建立上述函数关系的数据、信息，主要是客源地、旅行费用、旅行时间、多目的地旅行、人口统计变量等。

（1）客源地。建立 ZTCM 的首要问题就是要确定出游小区。到底需要划分多少小区才是合理的，并没有一个定论。从统计上讲，一般认为合理的分区至少是 20～30 个[1]。

国内的一些学者如薛达元等[9]、张茵和蔡运龙[10]等在进行 TCM 研究时，把景区所在地省份按照地级市（区、州）行政区划确定出游小区，其余的小区以省级行政区划确定。一般来说，省内游客的出游率相对较高，不同地市的出游率也有一定的差别，把景区所在地省份按地级市（区、州）行政区分区更为细致，估计出来的模型的统计可靠性可能更好。

黄山风景区位于安徽的南端，与浙江、江西接壤。如果安徽省按照市级行政区划确定出游小区，那么，从严格的意义上讲，浙江、江西也应如此，但这样做工作量将很大。黄山风景区客源地几乎包括全国所有省份，分区的数目符合上述的合理分区数目要求。因此，为节约相关社会统计数据的收集、样本数据整理与分析的时间和成本，本研究对全国所有省份均以省级行政区划为出游小区的分区依据。

（2）旅行费用。旅行费用是 TCM 研究需要调查的重要的自变量。考虑游客接受调查时间有限以及提供数据的准确性，问卷重点调查游客往来黄山风景区的旅行方式，了解游客是通过旅行社组织旅行的，还是自己驾车、乘坐汽车、火车或飞机。要求通过旅行社组织来黄山的游客提供他们交付居住所在地旅行社的总费用；要求自己驾车的游客提供起点、随行人员、单向里程等方面的信息；要求乘坐汽车、火车、飞机的游客提供起点站、终点站。这些将用于计算游客的旅行费用和旅途时间。

（3）旅行时间。包括旅途时间和现场时间。旅途时间可以通过前述的游客的旅行方式来推算。现场时间是游客在景区的停留时间和游览时间之和。

（4）多目的地旅行。以往调查显示，黄山风景区的客源地包括国内的所有的省份。很多远道而来的游客在访问黄山风景区时，也可能顺道访问了其他景点，这样，将不可避免地产生多目的地旅行问题。为此，选择黄山风景区附近及游客主要中转地附近的部分重要景点，供受访游客选择，并且询问黄山风景区是否是游客的主要目的地，作为分析游客的多目的地旅行的依据。

人口统计变量。人口统计特征主要包括游客的性别、年龄、文化程度、职业、收入等。人口统计特征数据调查是 TCM 调查的一个重要组成部分。因为一些人对诸如收入、教育水平这样的问题很敏感，所以本研究根据 Ward 和 Beal[1]的建议，把这部分内容的调查放在问卷的最后部分。

除性别外，对其他人口统计特征的调查采用的是封闭式问卷调查，即分成几类或几个范围，供游客选择。收入指标指的是游客家庭平均每月实际收入。

在问卷结束时，提供标有 1～5 等 5 个数字的李克特量表（Likert scale），让游客对问卷的理解和回答进行评估（1 表示很不确定，5 表示很确定），作为判断问卷有效性的一个依据。

需要说明的是，问卷调查的人口统计数据主要用于本研究的游客人口特征统计分析。在建立 ZTCM 模型时，进入模型的人口统计变量，用的是统计年鉴数据。

2.3 抽样调查

抽样调查委托黄山市统计局组织进行。根据以往对黄山风景区的旅游调查经验，并参照国内相关研究的旅游调查情况，期望获得 1 000 份有效问卷。

正式调查从 2004 年 9 月 8 日开始，11 月月底结束，分 9 月、“十一”黄金周和 11 月 3 个不同时段进行。9 月是黄山风景区的旺季，“十一”黄金周是游客最为集中的时期之一，而 11 月则是旅游淡季的开始。通过这样的分段调查，希望综合不同典型时段的游客特征，从而相对全面地反映黄山风景区的游客整体情况。2004 年 8 月，在黄山风景区主要宾馆共发放了 100 份问卷，进行了一次预调查。

正式调查共发放 1 130 份问卷，其中，9 月抽样（发放问卷）510 份，“十一”黄金周抽样 310 份，11 月抽样 310 份。实际回收 1 087 份。由于是面对面的访问调查，因此，问卷回收率很高（96%）。

正式调查分别在 3 个不同类型的地点进行：野外（主要是黄山大门、主要景点、沿路）、索道站及山上主要宾馆。在野外和索道站，调查人员说明来意，请求受访游客填写问卷或者调查人员根据游客的回答自己填写；在宾馆调查采取的方式是，在游客办理入住手续时，请游客自愿填写，调查人员给予必要的解释。

在回收的 1 087 份问卷中，391 份（36%）是在野外调查获得的，326 份（30%）是在索道站调查获得的，370 份（34%）是在宾馆调查获得的。

55 份问卷被判定无效，其中包括 15 份由香港、澳门、台湾游客及旅居海外的华人填写的问卷，原因是样本太少，没有代表性。这次没有调查外国游客，即调查只针对国内的中国游客。

实际用于分析的样本为 1 032 个。其中，9 月 472 份（46%），“十一”黄金周 291 份（28%），11 月 269 份（26%）。

3 黄山风景区游憩价值评估

3.1 数据处理

为了建立符合黄山风景区实际情况的 ZTCM 模型，最重要的是计算旅行费用、确定游客的旅行时间（路途时间和游览时间）、解决多目的地旅行费用分离等问题。

（1）多目的地旅游问题的处理。抽样调查分析结果表明，每个客源地省份都有一定比例的游客顺访沿途的其他景区，因此，存在一定程度的多目的地旅行问题。

到目前为止，理论上还没有一个可以接受的方法来分配这样的成本。因此，任何把合成成本分配到某个单一地方的方法都是有一定的主观性[1]。有 3 种常用方法：①把费用按照目的地平均分配。但这种方法可能产生最大的问题是，来自更远地区游客的旅行费用可能比来自较近地区游客的旅行费用低，从而违背 TCM 的方法学基础；②把邻近的一些普遍受欢迎的地方合并起来，作为一组地点。但需要首先定义这样的一组地点；③在样本调查时，把“漫游者”从“有目的地参观者”中区分开来，只计算“有目的地参观者”的旅行费用[2]。

过去，我国的案例研究中，一般忽略多目的地旅行问题，或者把旅行成本在多地点进行均分。近年来，学者们开始关注这个问题，进行了一些尝试。如张茵和蔡运龙[10]在评估九寨沟的游憩价值时，将游客的主要目的地进行组合，以九寨沟门票占组合地点的门票之和的百分比作为分摊因子，计算游客去九寨沟的旅行费用；郭剑英和王子昂[11]研究敦煌的旅游价值时，以游客在各目的地的停留夜数占旅行总停留夜数的比例作为权重和应用层次分析法确定敦煌在各目的地中所占的权重，处理多目的地旅行费用问题。

本研究在分析抽样调查数据的基础上，对每个客源省份找出一种最为普遍的旅游方式（包括交通工具、旅行路线、顺访景点等），然后根据旅行社组团信息资料（黄山某旅行社资料表明，约 80%的游客是通过旅行社组团出游的），确定代表该省的典型旅行方式，以此作为估算每个客源省份旅行费用的依据。对于中、远距离的省份，典型旅行方式一般都包含了一定的顺访景点。

合理分摊黄山游客多目的地旅行费用的办法应该是，从整个行程的旅行费用中，扣除在顺访景点的直接消费和一定比例的交通费用。但是，获得这些准确数据比较困难。为此，本研究采用的方法是，以每个客源省份典型旅行方式为基础，用游客交给居住所在地旅行社的整个旅行行程的总费用，减去从黄山到主要顺访景点的组团费用。黄山到主要顺访景点的组团费用按照黄山某旅行社提供的资料，游客交给居住所在地旅行社的整个旅行行程的总费用，可以从相关旅行社网站查找。

采用这种方法是基于以下假设：游客在访问黄山风景区的途中顺访其他景点，等同于游客首先访问黄山风景区，然后再从黄山市（屯溪）随旅行社组团访问这些顺访景点，最后从黄山返回客源地。游客往来的旅行线路不变。

这样处理等于把由黄山市（屯溪）往返顺访景点的交通费用看做是整个行程分配给顺访景点的交通费用。这会产生一定的误差。但是，考虑到绝大部分游客是以黄山风景区为主要目的地这个事实，而且，顺访景点更靠近黄山，这样做的效果就是把整个行程的大部分交通费用作为游客以黄山风景区为唯一访问目的地的交通费用。应该说，这样做比较符合实际情况。

（2）旅行费用估算。我国近年来的研究大都以游客交给居住地旅行社的组团费用作为旅行费用。交给旅行社的费用一般包括交通费、门票、食宿费等。本文也按旅行社组团费用作为计算旅行费用的基础。计算出游小区（即客源省份）游客的旅行费用时，假定游客来自相应省份的省会城市，随旅行社组团出游。

若涉及多目的地旅行问题，则按照前述的多目的地旅行处理方法计算旅行费用。

（3）时间成本折算。从文献来看，按工资率的 1/3～1/2 的比例对旅途时间和现场时间进行折算，仍然十分普遍。我国学者对时间价值的估算大都按工资收入的 1/3 赋值，薛达元等[9]在研究长白山自然保护区生物多样性旅游价值时按 40%计算。本文选择 1/3 工资率作为时间成本的赋值系数。旅途时间折算。以汽车、火车或飞机的实际运行时间（包括中转停留时间）作为游客的旅途时间。现场时间折算。现场时间指游客到达黄山至离开黄山的时间，包括停留在黄山风景区和黄山市境内的时间。屯溪是游客的主要集散地，因此，对于大部分游客来说，现场时间也就是他们到达和离开屯溪之间的时间。根据问卷调查计算，游客在黄山市境停留的现场时间平均为 1.7 天。

以每年工作时间为 250 天计，则旅行时间的价值折算公式为：

$$TC_t = S \times D / 750 \quad (1)$$

式中：TC_t——时间的机会成本；

S——各客源省份 2004 年职工年度平均工资，来源于《中国统计年鉴》(2004)；

D——旅行时间，是旅途时间和现场时间之和。

建立 ZTCM 时，把时间成本加到上述的旅行费用中，作为模型的（总）旅行费用变量。

（4）小区出游率计算。以省级行政区划作为游客出游小区。调查样本涉及除西藏以外的 30 个内陆省份，即共有 30 个出游小区。每个小区的出游率为该小区每年每 1 000 人中到黄山风景区的游览人次。计算公式为：

$$Vr_i = 1\,000 \times n_i \times Ny_m / \left(N \times P_i\right) \quad (2)$$

式中：Vr_i——第 i 小区的出游率（千分比）；

n_i——抽样中第 i 小区实际样本数；

N——抽样样本总数；

Ny_m——黄山风景区年旅游总人次（国内游客）；

P_i——第 i 小区人口总数。

本文抽样样本总数 N 是 1 032；黄山风景区年旅游总人次按 Ny_m 2004 年境内游客总数，为 155.20×10^4 人次；由于农民只占总样本的 0.59%，因此，第 i 小区的人口总数 P_i 按 2000 年第五次全国人口普查的各省城镇人口数据计算[12]。

（5）职工平均工资。以各省份的职工平均工资作为客源小区游客的平均收入水平，资料来源于《中国统计年鉴》(2004)。一些研究在计算游憩价值时，先以不包括时间成本的旅行费用计算消费者剩余，然后再加上时间价值。但是，更为常见的是把时间的机会成本与通常意义上的旅行费用合并成总旅行费用。本文就是采用这种方法。

3.2 黄山风景区游憩价值

假定各出游小区的总人口、人均年收入、旅行时间等都保持恒定，只考虑旅行费用对旅游人次的影响。根据表 1 公式，计算不断追加旅行费用时各小区的出游率，再根据公式（2）计算出该小区的出游人次。所有小区的出游人次之和就是与追加旅行费用相对应的总出游人次。随着追加旅行费用越来越高，出游率将越来越低，总出游人次越来越少，旅行费用增加大到一定数目时，总旅行人次降低为 0（对于指数、对数形式，总人次下降，但不会降低为 0，可以指定一个较小的数值代替），从而，得出追加旅行费用和总出游人次之间的系列对应数据组。

表 1　4 种不同函数形式的回归方程及其统计指标

函数表达式		统计检验
指数	LOG（Vr）=0.005 486−0.000 646*TC+0.000 193*INC （0.011 7）（−5.793 7）***　（5.678 8）***	调整 R^2　0.58 残差平方和　12.49 D-W 检验　2.07 F-检验　20.67
线性	Vr=−0.832 296−0.001 300*TC+0.000 697*INC （−0.390 5）（−2.285 8）**　（4.557 5）***	调整 R^2　0.59 残差平方和　89.65 D-W 检验　1.85 F-检验　21.01
幂函数	LOG（Vr）=−8.178 252−1.052 273*LOG（TC）+1.816 109*LOG（INC） （−2.373 1）**（−6.020 8）***　（−6.020 8）***	调整 R^2　0.62 残差平方和　11.39 D-W 检验　2.00 F-检验　23.89
自变量为对数	Vr=−33.720 78−2.626 045*LOG（TC）+6.171 698*LOG（INC） （−1.846 2）*（−3.181 2）***　（4.056 7）***	调整 R^2　0.69 残差平方和　66.93 D-W 检验　1.93 F-检验　32.56

注：括号内为自变量的 t 检验值，其中：*表示显著水平为 10%；**表示显著水平为 5%；***表示显著水平为 1%。

根据这个系列对应数据组，拟合黄山风景区客流量与追加旅行费用的函数关系曲线，计算总消费者剩余。按照表 1 公式，重新计算海南小区的出游率，并据此计算海南游客的实际旅行费用支出。实际总旅游支出加上总消费者剩余，就是黄山风景区的总游憩价值。当然这样计算出来结果，包括了西递/宏村、花山谜窟等景点的部分价值。根据黄山风景区 2004 年国内游客量，可以计算出每个游客的消费者剩余和游憩价值。应用不同的模型计算出来的结果汇总如表 2 所示。

表 2　4 种建模方法计算结果比较

	总消费者剩余/亿元	人均消费者剩余/（元/人）	总休憩价值/10^8 元	人均休憩价值/（元/人）
指数	19.61	1 263	35.32	2 275
线性	22.34	1 439	38.05	2 451
幂函数	25.84	1 665	41.55	2 677
对数（自变量为对数）	28.32	1 818	43.95	2 830

从表 2 可以看出，4 个模型计算出来的消费者剩余有一定的差异。两种被认为拟合较好模型中，幂函数模型的计算结果较高，而指数函数模型的计算结果最低。可以认为 2004 年黄山风景区的总消费者剩余在（19.61～28.22）×10^8 元之间，游客平均消费者剩余在 1 263～1 818 元之间；总游憩价值在（35.32～43.95）×10^8 元之间，游客人均 2 275～2 830 元之间。

4 结果分析与讨论

20 世纪 80 年代以来，我国陆续开展了 TCM 案例研究。笔者对相关研究的结果进行了归类，与本研究的结果一起，汇总如表 3 所示。

表 3 相关研究结果比较

资料来源	研究地点	评估年	有效样本数	客流量/万人	实际支出/（元/人）	消费者剩余/（元/人）	TCM 建模方案
薛达元[9]	长白山	1996	3 131	11	1 176（含时间价值）		二次曲线
艾运盛[13]	武夷山	1995	210	30		2 113.00	线性
陈浮[14]	九寨沟	1997	342	17.03		7 616	二次曲线
李巍[15]	九寨沟	2000	800	82		421.11 4 324.00 11 490.00	指数 线性 半对数
张茵[10]	九寨沟	2002	970	125.34		375.92	线性
郭剑英[11]	敦煌	2001	488	54.20			二次曲线
戴光翠[16]	黄山	1995		78.95		1 064.00	

上述研究中，艾运盛[13]评估 1995 年武夷山风景区的总游憩价值；陈浮[14]在研究九寨沟风景区的游憩价值时，均没有考虑多目的地旅行问题，从理论上讲，这样做会高估游憩价值。

黄山风景区、武夷山、九寨沟、敦煌都是旅游资源品位很高的世界遗产地；黄山风景区、武夷山、九寨沟还是旅游资源类型比较接近的山岳旅游景区。由于计算方法的差异，很难从数字上直接比较各家的研究成果。但笔者认为，可以从以下几个方面定性地评估游憩消费者剩余的影响因素，进而对本研究结果进行评判：

表 4 中国部分世界遗产地的出游力场

	所在省份	出游力场
敦煌莫高窟	甘肃	12.2
峨眉山——乐山大佛	四川	631.8
黄龙风景名胜区	四川	598.7
九寨沟风景名胜区	四川	333.7
青城山——都江堰	四川	247.3
武夷山风景名胜区	福建	1 018.2
黄山风景名胜区	安徽	1 757.6
皖南古村落	安徽	1 825.4
全国平均		1 192.2

（1）旅游景点市场影响力决定了游憩价值消费者剩余的差异。吴必虎等[17]在研究中国世界遗产地保护和旅游需求关系时，计算了各世界遗产地的城市叠加“出游力场”。相关世界遗产地的出游力场摘录如表 4 所示。从表 4 可以看出，黄山风景名胜区和皖南古

村落面临的来自城市的压力，比九寨沟、黄龙、峨眉山——乐山大佛要大得多，比武夷山也大很多。这恰恰说明黄山风景区和皖南古村落的市场范围比九寨沟、黄龙、峨眉山——乐山大佛、甚至武夷山大得多。敦煌莫高窟的市场范围比较小。

结合表 3 和表 4，可以大致推断，出游力场大的景区，游客市场范围大，游客人均消费者剩余也大。旅游市场影响范围的差异是导致各景点游憩价值消费者剩余不同的一个重要原因。

（2）多目的地旅行问题导致游憩消费者剩余的差异。在多目的地旅行问题上，黄山风景区与九寨沟有很大的差别。从张茵[10]的分析看，2002 年九寨沟游客中，绝大部分游览了黄龙、峨眉山、乐山。四川省是旅游资源丰富、旅游资源品位很高的省份，九寨沟、黄龙、峨眉山—乐山大佛和青城山—都江堰是世界遗产地。从地理位置看，它们都分布在游客主要集散地——成都的周围；从旅游资源类型来看，黄龙、峨眉山、乐山等对九寨沟具有很强的空间竞争力。因此，九寨沟的多目的地旅行问题十分突出，九寨沟游客的旅行费用的相当多部分被黄龙、峨眉山、乐山等景点分摊了，而且分摊比例较高。

对黄山来说，目前与黄山风景区构成空间竞争的景点主要有九华山、千岛湖、杭州等，它们基本上都是游客在中转地的顺访景点，带有很强的客源地域特征[8]。因此，黄山风景区的多目的地旅行问题没有九寨沟那么突出。较之九寨沟，分摊给黄山风景区旅行费用比重应该高些。

可见，多目的地旅行费用的分摊比重对游憩消费者剩余的影响很大。

（3）计算方法的不同导致游憩消费者剩余差异。李巍[15]在应用旅行费用区间分析方法（travel cost interval analysis，TCIA）的同时，也利用一些现有 TCM 模型计算了九寨沟的游憩价值，而且，不同方法计算的结果呈现数量级的差异。本研究四种模型的计算结果虽然也有一定的差异，但不是数量级的。由于将旅行费用均摊在不同的目的地，李巍[15]的线性模型计算出来的消费者剩余比陈浮[14]的小许多，但远远大于本研究结果。在考虑多目的地旅行问题的线性模型中，李巍[15]的结果最大，张茵[10]的最小，本研究结果居中。

综合上述分析结果，可以认为，黄山风景区游憩价值（包括西递/宏村的部分价值）的计算结果是基本合理的。需要指出的是，表 3 的一些应用二次曲线模型的案例中，旅行费用变量没有包含时间价值成本；时间价值是单独计算，然后加到总游憩价值中的。由于在计算消费者剩余的时候，时间价值没有包括在旅行费用里，这样根据模型计算出来的消费者剩余应该偏低。

5 结语

旅行费用法是目前较为流行的游憩价值评价方法。但是，对该方法尚待解决的普遍存在的问题，我国的案例研究对此的探讨还比较少，如时间成本的折算一般沿用国外的折算方法；对多目的地旅行成本分摊问题，也是近几年才予以关注，且合理性还有待进一步验证。就我国现阶段而言，积累研究案例，探讨解决 TCM 存在的方法学和实际应用方面的共性问题，对于提升环境资源价值评估技术的整体水平，十分必要。

本文以旅游市场发展相对成熟的黄山风景区作为研究案例，讨论了 TCM 问卷设计与抽样调查，讨论了几种常用 TCM 函数形式和模型评价标准；同时，在客源市场分析的基础上，确定每个客源省份（出游小区）的典型出游方式，并以此作为分摊多目的地旅行费用的依据，建立 ZTCM 模型，计算黄山风景区的游憩价值。

由于游客对西递/宏村和花山谜窟的顺访率高，故把西递/宏村和花山谜窟与黄山风景区一起纳入游憩价值评估范围。因此，计算的游憩价值比真正的黄山风景区的游憩价值要高一些。以省级行政区划单位出为游小区，以常见的四种函数形式，建立了模型，因变量与自变量关系拟合得均较好，旅行费用、职工平均工资回归系数的符号符合经济学理论。

通过与相关研究成果的比较分析，可以认为，旅游景点的市场影响力、多目的地旅行的处理方法，以及计算方法的差异，对游憩价值的消费者剩余的计算结果影响很大。通过与九寨沟等相关研究比较，可以认为本文的多目的地旅行费用分摊方法是符合实际情况的，计算出来的游憩价值基本合理。

但是，本研究在以下方面有待进一步完善：

（1）本研究依据的是 2004 年 9～11 月的抽样调查数据，由于数据不能完全反映全年的实际情况，分析与计算难免有偏差。因此，收集不同时段数据开展对现有研究成果的后续检验，将有利于提高 TCM 建模质量。

（2）本研究把西递/宏村作为黄山风景区的附属景点考虑。实际上，作为世界文化遗产，西递/宏村的市场影响力也很大。可以把西递/宏村作为黄山风景区的替代景点考虑，探讨建立更适合的模型。

（3）多目的地旅行问题是 TCM 研究的一个国际性难题，无论采用哪种方法，都带有一定的主观性，本文采用的方法也不例外。因此，需要进一步探讨本文采用的方法的合理性。

参考文献

[1] WARD F A，BEAL D.Valuing Nature With Travel Cost Model[M].UK：Edward Elgar Publishing，2000.

[2] 谢贤政，马中. 应用旅行费用法评估环境资源价值的研究进展[N]. 合肥工业大学学报：自然科学版，2005（7）：730-737.

[3] GARROD G，WILLIS K G. Economic Valuation of the Environment：Methods and Case Studies[M]. UK：Edward Elgar Publishing，1999.

[4] KLING C L，CROOKER J R. Recreation demand models for environmental valuation. In：van den Bergh，Jeron C. J. M. ed. Handbook of Environmental and Resources Economics[R]. UK：Edward Elgar Publishing，1999.

[5] HELLERSTEIN D. Welfare estimation using aggregate and individual-observation models：A comparison using monto carlo techniques[J]. American Journal of Agricultural Economics，1995（77）：620-630.

[6] MOELTNER，K. Addressing aggregation bias in zonal recreation models[J]. Journal of Environmental Economics and Management，2003（45）：128-144.

[7] 易丹辉. 数据分析与 EViews 应用[M]. 北京：中国统计出版社，2003.

[8] 谢贤政. 旅游资源经济价值评估[D]. 北京：中国人民大学博士学位论文，2005.

[9] 薛达元，包浩生，李文华. 长白山自然保护区生物多样性旅游价值评估研究[N]. 自然资源学报，1999（2）：140-145.

[10] 张茵，蔡运龙. 基于分区的多目的地 TCM 模型及其在游憩资源价值评估中的应用——以九寨沟自

然保护区为例[N]. 自然资源学报，2004（5）：651-661.
[11] 郭剑英，王子昂. 旅游资源的旅游价值评估[N]. 自然资源学报，2004（6）：811-817.
[12] 中华人民共和国国家统计局. 2000 年全国第五次人口普查数据（地方人口）[EB/OL]. [2005-11-23] http：//www.stats.gov.cn/tjgb/rkpcgb/.
[13] 艾运盛，高岚，邱俊齐. 武夷山国家风景名胜区游憩效益的评价[N]. 北京林业大学学报，1996（3）：89-97.
[14] 陈浮，张捷. 旅游价值货币化核算研究——九寨沟案例分析[N]. 南京大学学报：自然科学版，2001（3）：296-304.
[15] 李巍，李文军. 用改进的旅行费用法评估九寨沟的游憩价值[N]. 北京大学学报：自然科学版，2003（4）：548-555.
[16] 戴广翠，高岚，艾运盛. 对森林游憩价值经济评估的研究[J]. 林业经济，1998（2）：65-74.
[17] 吴必虎，李咪咪，黄国平. 中国世界遗产地保护与旅游需求关系研究[J]. 地理研究，2002（5）：617-626.

Environmental and Distributional Impacts of Conservation Targeting Strategies*

JunJie Wu[1] David Zilberman[2] Bruce A. Babcock[3]

(1 Department of Agricultural and Resource Economics, Oregon State University, Corvallis OR 97331;
2 Department of Agricultural and Resource Economics, University of California, Berkeley, CA 94720;
3 Department of Economics, Iowa State University, AmesIA 50011)

Abstract: Resource purchasing funds have become a major tool for environmental protection and resource conservation. These funds use various strategies to target resources for conservation, the choice of which may lead to striking differences in environmental performance. This paper develops an analytical framework to analyze the impact of alternative targeting strategies on different interest groups, including consumers, producers, labor, and environmentalists. We show that ignoring the output price effect of purchasing funds reduces environmental gain and in some cases, may make a purchasing fund counterproductive and argue that the optimal design of targeting criteria must consider the price feedback effect.

Key words: Conservation Funds, Distributional Effects, Environmental Benefits, Targeting Strategies

0 Introduction

Resource purchasing funds have become a major tool for environmental protection and resource conservation. Total federal expenditures on resource conservation and environmental programs were estimated to be \$6.7 billion in fiscal year 1996 [22]. Examples of purchasing funds abound. A major reform of U.S. agricultural policy in 1996 was the transformation of the Conservation Reserve Program from a supply control program to a conservation fund with a current annual budget of over \$1.7 billion. Recently, the U.S. government purchased the prime forestland in the Headwaters of California, with an acquisition cost of \$380 million. National park systems around the world are often established by purchasing "crown jewel" tracts of land. Debt for nature swaps are becoming an increasingly popular method of preserving biodiversity in developing countries. The Nature Conservancy has protected more than 11 million acres of environmentally valuable land in the United States through purchase and donation.

Existing conservation funds do not use identical strategies for targeting purchases. The Conservation Reserve Program (CRP) enrolled highly erodible land based mainly on cost before

* 原文发表在《Journal of Environmental Economics and Management》，2001 年第 41 期，333-350 页。

1990 [12, 21]. This strategy maximizes the amount of the resource acquired（land or water）①. Benefit targeting acquires resources with the highest per-unit environmental value regardless of the per-unit cost. The U.S. Fish and Wildlife Service tends to target wetlands and other water resources based primarily on biological criteria. Benefit-cost targeting obtains resources according to the ratio of environmental benefit to economic cost. There is a growing tendency to employ this criterion in environmental purchasing activities②.

The choice of a targeting strategy for a conservation fund may be determined by both political and economic considerations③. Several interest groups are potentially affected by conservation funds, including resource owners, consumers, and environmentalists. As purchasing funds become more widely used, the question naturally arises as to which targeting scheme will be preferred by affected groups. Should environmentalists prefer benefit targeting? Should resource owners prefer cost targeting? Should consumers prefer benefit-cost targeting?

In this paper, we attempt to address these questions by comparing the effects of alternative targeting strategies on consumer surplus, producer surplus, and environmental benefits. Our framework assumes a heterogeneous resource base where resource units have a joint distribution of fixed coefficients of output and environmental benefit. This assumption was used by Houthaker [12] and Johansen [13] to provide the theoretical foundation for aggregate neoclassical production functions and was expanded by Hochman and Zilberman [11], Just and Antle [14], and Opaluch and Segerson [16] to environmental policy analysis④. Consistent with these studies, we abstract from information problems and assume that the policymaker has full information about resource productivity and environmental benefits⑤. The increased availability of detailed micro-level data combined with GIS techniques make this approach empirically tractable and it has been applied in recent policy debates⑥.

---

① Targeting criteria for a conservation program are often determined by a political process and may change over time. For example, at the outset of the CRP in 1986, environmental quality improvements were viewed as synonymous with a reduction in soil erosion. This view led to program rules that restricted eligibility primarily to highly erodible croplands, a notion that is consistent with benefit targeting. However, this focus on soil erosion was changed in the implementation process. The first nine signups of the CRP, conducted under authority of the 1985 Food Security Act, were subject to a mandatory minimum annual enrollment level. In an effort to meet these enrollment levels, bids were accepted as long as land eligibility criteria were met and the rental rate requested by the producer did not exceed a maximum acceptable rental rate. Thus, the initial CRP sign-ups were consistent with acreage maximization. This targeting criterion was criticized for its poor environmental performance. So, in recent years, the CRP rule has moved toward benefit-cost targeting, where the benefit is measured using an Environmental Benefits Index that reflects the multiple environmental attributes of land.

② Several U.S. Department of Agriculture programs, including the Environmental Quality Incentives Program and the Conservation Reserve Program, now have an explicitly stated objective of maximizing the quantity of environmental benefit per dollar expended.

③ The competing public choice view of governments maintains that government develops policies in response to special interest groups' demands [19]. The special interest groups attempt to seek rents through influencing government policies, and the government's objective is to maximize political support from interest groups receiving rents.

④ There is significant evidence to support the assumption of fixed coefficient technology at the micro level. Studies show that the von Liebig production function (which assumes fixed coefficient technology) is very effective in explaining yields of agricultural crops [6], [15], [17].

⑤ There have been significant efforts at addressing issues of asymmetric information and uncertainty in bidding for resources [8], [10], [23].

⑥ Babcock, et al. [2, 3] applied this framework for redesigning the Conservation Reserve Program. Sunding et al [20].. used it to assess the economic and environmental impact of alternative designs of the Central Valley Improvement Act in California.

We show that groups differ in their preference ordering of the conservation strategies. Producers should prefer cost targeting; consumers, labor and input suppliers should prefer benefit targeting; and environmental groups should prefer benefit-cost targeting when output demand is perfectly elastic. We consider price feedback effects associated with negatively sloped output demand. This feedback reduces the effectiveness of the purchasing fund and may change the preference of environmentalists over benefit or benefit-cost targeting. We show that when output demand is not perfectly elastic benefit-cost targeting no longer maximizes total environmental benefits for a given budget. We obtain conditions under which ignoring the feedback from increased output price leads to an overall decline in environmental quality and argue that optimal design of purchasing strategies should incorporate output market considerations.

The next section discusses alternative targeting strategies for conservation funds. Section 3 compares the economic, environmental, and distributional effects of these strategies for the case of a fixed output price. Section 4 considers the "slippage" of environmental benefits associated with possible increases in output prices. Section 5 derives the targeting criterion that maximizes total environmental benefit when output demand is not perfectly elastic. Section 6 compares the performance of all targeting strategies for the case of negatively sloped output demand. Section 7 concludes the paper with a discussion of the results.

1 Targeting strategies

Consider a competitive industry producing an output using a resource that also generates environmental benefit. The quality of the resource is differentiated by the output and environmental benefit per unit of resource, both of which are assumed to be fixed (the putty-clay assumption). Let y be output per unit of resource, and let b be the environmental benefit per unit of resource if the resource is preserved. Let $s(y, b)$ be the resource distribution function, where y varies from 0 to $\bar{y}$ and b varies from 0 to $\bar{b}$. Production cost per unit of resource is assumed to be constant and is denoted by c. In many cases the resource is land and y is output per unit of land, and b is the environmental benefit provided by one unit of land when it is removed from production. For example, b may represent biodiversity benefit or reduction in soil erosion.

The difficulty of accurately measuring the social value of environmental benefits creates a formidable obstacle to determining the optimal budget①. Governments in many cases set a budget for the purchasing fund and then design a criterion to target resources for purchase. In this paper we accommodate this procedure and consider four popular targeting criteria. Let i be an index of targeting criteria, with $i=0$ representing the resource situation before the establishment of the conservation fund. Cost targeting ($i=1$) purchases the least expensive resources, where the cost is defined in terms of output forgone. Benefit targeting ($i=2$) purchases the resources with the highest environmental benefit, regardless of cost. Benefit-cost

① Even if the optimal budget can be determined, the use of conservation funds to purchase resources out of production may not be the best way to achieve the optimal resource allocation when conservation funds are raised through taxation. There are deadweight losses associated with taxation due to both administrative costs of tax collection and economic costs of market distortions [1], [9].

targeting（i=3）purchases resources with the highest ratio of environmental benefit to economic cost. Benefit-maximizing targeting（i=4）maximizes total environmental benefit for a given budget.

Each targeting strategy corresponds to selecting a subset of（y, b）from the base resource set $R \equiv \{(y,b);\ 0 \leqslant y \leqslant \bar{y};\ 0 \leqslant b \leqslant \bar{b}\}$. Let X be a subset of R. The total number of resource units in X is

$$Q\ (X) = \iint_X s(y,b)\,\mathrm{d}y\mathrm{d}b \qquad (1)$$

The total output Y（X）and the total environmental benefit $B(X)$ are

$$Y(X) = \iint_X ys(y,b)\,\mathrm{d}y\mathrm{d}b \text{ and } B(X) = \iint_X bs(y,b)\,\mathrm{d}y\mathrm{d}b \qquad (2)$$

Short-term profit or quasi-rent from using the resource is

$$\prod(X) = \iint_X (py - c)s(y,b)\,\mathrm{d}y\mathrm{d}b = pY(X) - cQ(X) \qquad (3)$$

where p is the output price. To compare the economic and environmental impacts of alternative targeting strategies, it is important to identify both the resources in production and resources in conservation under each strategy.

Let U_I be the set of resources[（y, b）combinations] in production under strategy i①.

$$U_i \equiv U_i^{ru} + U_i^{ac} \qquad (\ i=1,\ 2,\ 3,\ 4) \qquad (4)$$

where U_i^{ru} is the set of reused resources - resources utilized both before and after the introduction of the conservation fund, and U_i^{ac} is the set of activated resources - previously idle resources to be used in production after the establishment of the conservation fund because of a possible increase in output prices.

Let I_i be the set of resources in conservation under strategy i.

$$I_i \equiv I_i^{rt} + I_i^{rn} + I_i^{lp} \qquad (\ i=1,\ 2,\ 3,\ 4) \qquad (5)$$

where I_i^{rt} is the set of retired resources - previously utilized resources purchased by the fund, I_i^{rn} is the set of retained resources - previously idle resources purchased by the fund, which would be used in production if not purchased because of an output price increase, and I_i^{lp} is the set of low productivity resources - resources in preservation both before and after the intro-

① Any plus sign in set operations represents union, i.e., $X_1 + X_2 = X_1 \cup X_2$.

duction of the conservation fund.

By using these notations and the functions defined by equations (1) through (3), the number of resource units in production under strategy i is $Q(U_i)$ [①], and the number of resource units in conservation under strategy i is $Q(I_i)$. The key performance measures for strategy comparison are: i) total output $Y_i=Y(U_i)$; ii) total profit from production $\Pi_i=\Pi(U_i)$; iii) total producer surplus from both production and the conservation fund $PS_i=\Pi(U_i^{ru}+U_i^{ac}+I_i^{rt}+I_i^{rn})=\Pi_i+M$; iv) consumer surplus CS_i v) total environmental benefit $B_i=B(I_i)$; and vi) the net gain in environmental benefit $\Delta B_i \equiv B(I_i^{rt})-B(U_i^{ac})$. If $\Delta B_i<0$, the conservation fund is said to be counterproductive. In the next section, we compare the performance of the four targeting strategies, assuming the output price is fixed.

2 Comparing Targeting Strategies: Fixed Output Price

When output demand is perfectly elastic, no idle resources will be activated by the conservation fund.In this case, benefit-cost targeting is identical to benefit-maximizing targeting. Under cost targeting ($i=1$), there is a critical output level $y*$ such that all resources with output lower than $y*$ will be preserved. The retired resources under this strategy are $I_1^{rt}=\{(y,b);c/p_0\leqslant y<y*\}$, where $y*$ is defined by $\Pi(I_1^{rt})=\bar{G}$, and $\bar{G}$ is the total budget of the conservation fund. Under benefit targeting ($i=2$), there is a critical level of environmental benefit $b*$ such that all utilized resources with $b>b*$ will be preserved. Under benefit-cost targeting, there is a critical benefit-cost ratio, $r*$, such that all utilized resources with $b/(p_0y-c)>r*$ will be preserved.

These three targeting strategies are illustrated in Figure 1. The resources in conservation under these targeting strategies are $I_1=O+H+I+J+K$, $I_2=O+J+K+L+M$, and $I_3=O+I+J+L$.The resources in production under these strategies are $U_1=L+M+N$, $U_2=H+I+N$ and $U_3=H+K+M+N$. The performance of these targeting strategies is compared in proposition 1.

Proposition 1: If the conservation fund has no effect on the output price, then

(i) $Q(I_1)\geqslant Q(I_3)\geqslant Q(I_2)$, (ii) $Q(U_1)\leqslant Q(U_3)\leqslant Q(U_2)$,

(iii) $Y_2\geqslant Y_3\geqslant Y_1$, (iv) $PS_1=PS_2=PS_3=\Pi_0$,

(v) $B_3\geqslant B_1,B_2$.

Proof: From Figure 1, the difference in the amount of resource in conservation under benefit targeting and benefit-cost targeting is

$$Q(I_2)-Q(I_3)=Q(K+M)-Q(I) \tag{6}$$

---

① Based on the definition of $Q(X)$ and properties of integration, for any X_1 and $X_2\subset R$, $Q(X_1)-Q(X_2)=Q(X_1-X_1\cap X_2)-Q(X_2-X_1\cap X_2)$, $Q(X_1\cup X_2)=Q(X_1)+Q(X_2)-Q(X_1\cap X_2)$. Thus, if $X_1\cap X_2=0$, then $Q(X_1\cup X_2)\equiv Q(X_1+X_2)=Q(X_1)+Q(X_2)$. The same properties hold for functions $Y(X),\Pi(X)$, and $B(X)$.

Because resources in $K+M$ are more productive and therefore more expensive than resources in I, a given budget can purchase more resources in I than in $K+M$. Thus,

$$Q(I_2)-Q(I_3)\leqslant 0. \tag{7}$$

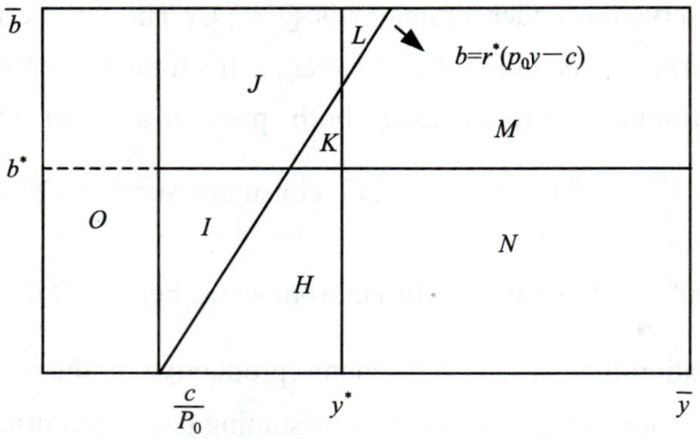

FIG. 1 A comparison of alternative targeting strategies for fixed output price

Under cost targeting, least expensive resources are purchased first. As a result, more resources will be purchased under cost targeting than under benefit or benefit-cost targeting. This result along with (7) implies the relationships in (*i*). Because $I_i+U_i=R$ is fixed, (*i*) implies (*ii*).

To prove $Y_2\geqslant Y_3\geqslant Y_1\geqslant$, notice that the resources in production under the three targeting strategies are $U_1=L+M+N$, $U_2=H+I+N$ and $U_3=H+K+M+N$. Thus,

$$Y_2-Y_3=Y(H+I+N)-Y(H+K+M+N)=Y(I)-Y(K+M) \tag{8}$$

$$Y_3-Y_1=Y(H+K+M+N)-Y(L+M+N)=Y(H+K)-Y(L) \tag{9}$$

To determine the sign of the difference, note that

$$\Pi\left(I_2^{rt}\right)=\bar{G}=\Pi\left(I_3^{rt}\right) \text{ and } \Pi\left(I_3^{rt}\right)=\bar{G}=\Pi\left(I_1^{rt}\right) \tag{10}$$

By using (2), we obtain

$$p_0Y\left(I_2^{rt}\right)-cQ\left(I_2^{rt}\right)=p_0Y\left(I_3^{rt}\right)-cQ\left(I_3^{rt}\right) \tag{11}$$

$$p_0Y\left(I_3^{rt}\right)-cQ\left(I_3^{rt}\right)=p_0Y\left(I_1^{rt}\right)-cQ\left(I_1^{rt}\right) \tag{12}$$

Result (*i*) implies that $Q\left(I_1^{rt}\right)\geqslant Q\left(I_3^{rt}\right)\geqslant Q\left(I_2^{rt}\right)$. Thus, from (11) and (12), we have

$$Y\left(I_2^{rt}\right)\leqslant Y\left(I_3^{rt}\right) \text{ and } Y\left(I_3^{rt}\right)\leqslant Y\left(I_1^{rt}\right) \tag{13}$$

Substituting $I_1^{rt}=H+I+J+K$, $I_2^{rt}=J+K+L+M$, and $I_3^{rt}=I+J+L$ into (13) gives

$$Y(K+M)\leqslant Y(I) \text{ and } Y(L)\leqslant Y(H+K) \tag{14}$$

By substituting (14) into (8) and (9), we obtain the relationship in (*iii*).

To compare producer surplus under these targeting strategies, note that when the output price is fixed resources that are profitable to use are the same under the three targeting criteria. Specifically, $U_i^{ru} + I_i^{rt} = U_0 = \{(y,b); y \geq c/p_0\}$ for $i=1, 2, 3$. Thus,

$$PS_i = \prod(U_i^{ru} + I_i^{rt}) = \prod(U_0) \tag{15}$$

Because $\prod_i = PS_i - M = \prod(U_0) - M$, total profits from production under the three targeting strategies are also identical. Finally, because benefit-targeting and benefit-maximizing targeting are identical in this case, we have $B_3 \geq B_1$, B_2. *Q.E.D.*

The differences in output, environmental benefits and the amount of resources in conservation under the three targeting strategies depend on the correlation between productivity and environmental benefits. When they are negatively correlated, resources that cost less are also more likely to offer larger environmental benefits. In this case, all three strategies are likely to target the same resources. For example, the differences in the amount of resources in conservation and the total output under benefit and cost targeting are

$$I_1 - I_2 = Q(H+I) - Q(L+M) \text{ and } Y_1 - Y_2 = (c/p_0)[Q(L+M) - Q(H+I)] \tag{16}$$

which would be relatively small when productivity and environmental benefits are negatively correlated because there are few resources in $H+I$ and $L+M$. Intuitively, a negative correlation between b and y implies that, on average, resources that cost less are also more likely to offer larger benefits. As a result, cost targeting and benefit targeting are more likely to target the same resources (resources in $J+K$). On the other hand, when costs and benefits are positively correlated, resources that cost less are also more likely to offer fewer benefits. As a result, most resources purchased under cost ranking will be in $H+I$, whereas most resources purchased under benefit ranking will be in $L+M$. Because resources in $H+I$ are less expensive than resources in $L+M$, more resources will be purchased under cost targeting than under benefit targeting. As a result, both differences in (16) are relatively large.

Proposition 1 suggests that environmentalists should prefer benefit-cost targeting because it results in the largest environmental benefits. Groups that are interested in maintaining higher production levels, such as labor, would prefer benefit targeting because benefit targeting takes the smallest amount of resource out of production and results in the highest output level[①]. Producers should be indifferent among the three targeting strategies because producer surplus is constant across these strategies.

In the next three sections, we compare alternative targeting strategies for the case of negatively sloped demand. We first identify conditions under which the targeting strategies may be counterproductive and then compare their economic, environmental, and distributional impacts.

① From a political economic perspective, it is very important to consider the number of jobs lost as a result of resource conservation because it affects the preference of labor. However, to analyze the unemployment effect and the associated social cost, a general equilibrium approach would be needed.

3 Endogenous Output Price and Slippage

With a downward sloping demand curve, a conservation fund will increase output prices as resources are diverted from production. This may cause two types of "slippage". First, some previously idle resources may become profitable to use. These resources would be used in production if not purchased, reducing total environmental benefits. If these resources are purchased, less money is available for preserving other resources. Second, the increase in output prices makes resources more valuable in production. As a result, fewer resources will be purchased with a given budget.

The amount of slippage can be quite large. For example, Wu [25] estimates that for each one hundred acres of cropland retired under the Conservation Reserves Program (CRP) in the central U.S., 37 acres of non-cropland were converted to cropland, offsetting 18 percent of CRP soil erosion benefits. Berck and Bentley [5] estimate that governmental takings of old-growth redwood for inclusion in the Redwood National Park have significantly increased the redwood price. The 1978 taking alone increased the redwood price by 26%. Ironically, these price increases lead to increased incentive to harvest old-growth redwood on other, unprotected, lands. In this section, we show that slippage reduces the effectiveness of conservation funds and, in some cases, may lead to lower environmental quality.

To analyze the likelihood of the counterproductive outcome, define the benefit intensity of resources in X, $\delta(X)$, as the ratio of average benefit to average output of resources in X, $E(b|X)/E(y|X)$. Counterproductive outcomes are likely to occur as the ratio of the benefit intensity of the activated resources to the benefit intensity of the retired resources increases. Let $\eta = -D'(p_0)(p_0/Y_0)$ be the demand elasticity for the output. In most cases, inelastic demand increases the likelihood of counterproductive outcomes. Finally, define average profit divided by average output in set X as $E(\pi y|X) \equiv p - c / E(y|X)$ and the change in output price under strategy i as $\Delta p_i \equiv p_i - p_0$.

We consider two policy designs in response to slippage. One is unrestricted targeting, where targeting is not restricted to resources in production. In this case, some of the previously idle resources that become profitable to use are purchased. The other is restricted targeting, where a purchasing fund is designed to purchase only resources in production. The CRP, for example, targets only cropland currently in production. In this case, some low quality resources that were idle before will be utilized because of the price increase. Thus, six policy scenarios are evaluated below.

i. Unrestricted Cost Targeting: This case is depicted in Figure 2a, where I_{1a}^{rm} is retained resources, I_{1a}^{rt} and I_{1a}^{lp} are retired and low productivity resources, and U_{1a}^{rn} is the reused resources. Because all previously idle resources are either purchased or still unprofitable to use, there are no activated resources (i.e., $U_{1a}^{ac}=0$). The total environmental gain under the strategy is $\Delta B_{1a}=B\left(U_{1a}^{rt}\right)$, which is positive except when output demand is perfectly inelastic. With a perfectly inelastic demand, the environmental gain will disappear, and the conservation fund is fully transferred to owners of low-quality resources.

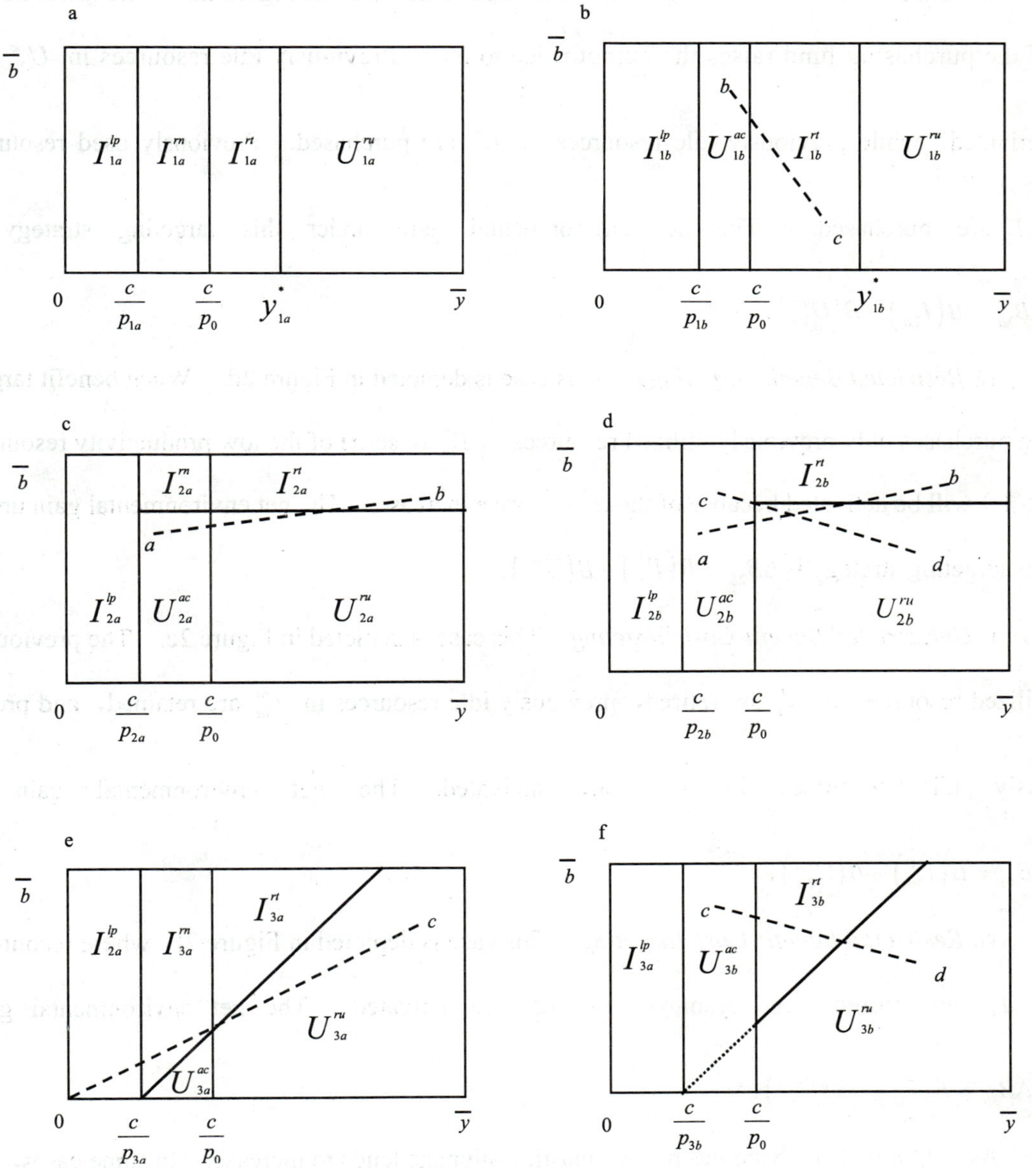

FIG. 2 A comparison of alternative targeting strategies for negatively sloped output demand

a. Unrestricted cost targeting; b. Restricted cost targeting; c. Restricted benefit targeting; d. Restricted benefit targeting; e. Unrestricted benefit-cost targeting, and restricted benefit-cost targeting.

ii. Restricted Cost Targeting: This case is depicted in Figure 2b. In this case, some previously idle resources are activated because of the output price increase from P_0 to P_{1b}. Production resources in I_{1b}^{rt} are purchased, and previously idle resources in U_{1b}^{ac} are activated and used. The net environmental gain is $\Delta B_{1b} = B\left(I_{1b}^{rt}\right) - B\left(U_{1b}^{ac}\right)$.

iii. Unrestricted Benefit Targeting: This case is depicted in Figure 2c. The introduction of the purchasing fund raises the output price to P_{2a}. Previously idle resources in U_{2a}^{ac} are activated, while previously idle resources in I_{2a}^{rn} are purchased. Previously used resources in I_{2a}^{rt} are purchased. The net environmental gain under this targeting strategy is $\Delta B_{2a} = B\left(I_{2a}^{rt}\right) - B\left(U_{2a}^{ac}\right)$.

iv. Restricted Benefit Targeting: This case is depicted in Figure 2d. When benefit targeting purchases only previously utilized resources （I_{2b}^{rt}）, some of the low productivity resources （U_{2b}^{ac}）will be activated because of the output price increase. The net environmental gain under this targeting strategy is $\Delta B_{2b} = B\left(I_{2b}^{rt}\right) - B\left(U_{2b}^{ac}\right)$.

v. Unrestricted Benefit-Cost Targeting: This case is depicted in Figure 2e. The previously utilized resources in I_{3a}^{rt} are retired, previously idle resources in I_{3a}^{rn} are retained, and previously idle resources in U_{3a}^{ac} are activated. The net environmental gain is $\Delta B_{3a} = B\left(I_{3a}^{rt}\right) - B\left(U_{3a}^{ac}\right)$.

vi. Restricted Benefit-Cost Targeting: This case is depicted in Figure 2f, where resources in I_{3b}^{rt} are retired, and resources in U_{3b}^{ac} are activated. The net environmental gain is $\Delta B_{3b} = B\left(I_{3b}^{rt}\right) - B\left(U_{3b}^{ac}\right)$.

As output demand becomes more inelastic, slippage tends to increase. In some cases, the introduction of a purchasing fund may be counterproductive from an environmental perspective.

Proposition 2: All restricted targeting criteria and unrestricted benefit targeting may re-

duce environmental quality. The conditions for the counterproductive outcome are listed in Table 1. However, the net environmental gain is always nonnegative for unrestricted cost targeting and unrestricted benefit-cost targeting.

Table 1. The Conditions for a Counterproductive Environmental Outcome under Alternative Targeting Criteria

Targeting Criteria [a]	Condition
Restricted C-Targeting	$\Delta B_{1b} \leqslant 0 \quad iff \quad \frac{\delta(I_{1b}^{rt})}{\delta(U_{1b}^{ac})} \leqslant \frac{Y(U_{1b}^{ac})}{Y(I_{1b}^{rt})} = 1 - \eta \frac{\Delta p_{1b} Y_0 E\left(\pi_y \middle| I_{1b}^{rt}\right)}{p_0 M}$
Unrestricted B-Targeting	$\Delta B_{2a} \leqslant 0 \quad iff \quad \frac{\delta\left(I_{2a}^{rt}\right)}{\delta\left(U_{2a}^{ac}\right)} \leqslant \frac{Y\left(U_{2a}^{ac}\right)}{Y\left(I_{2a}^{rt}\right)} = 1 - \eta \frac{\Delta p_{2a} Y_0 E\left(\pi_y \middle| I_{2a}^{rt}\right)}{p_0\left[M - Y\left(I_{2a}^{rn}\right) E\left(\pi y / I_{2a}^{rt}\right)\right]}$
Restricted B-Targeting	$\Delta B_{2b} \leqslant 0 \quad iff \quad \frac{\delta\left(I_{2a}^{rt}\right)}{\delta\left(U_{2a}^{ac}\right)} \leqslant \frac{Y\left(U_{2a}^{ac}\right)}{Y\left(I_{2a}^{rt}\right)} = 1 - \eta \frac{\Delta p_{2b} Y_0 E\left(\pi_y \middle| I_{2a}^{rt}\right)}{p_0 M}$
Restricted B/C-Targeting	$\Delta B_{3b} \leqslant 0 \quad iff \quad \frac{\delta\left(I_{3b}^{rt}\right)}{\delta\left(U_{3b}^{ac}\right)} \leqslant \frac{Y\left(U_{3b}^{ac}\right)}{Y\left(I_{3b}^{rt}\right)} = 1 - \eta \frac{\Delta p_{3b} Y_0 E\left(\pi_y \middle| I_{3b}^{rt}\right)}{p_0 M}$
Unrestricted C-Targeting	$\Delta B_{1a} = \frac{\delta\left(I_{1a}^{rt}\right) M}{E\left(\pi_y \middle| I_{1a}^{rt}\right)} \geqslant 0$
Unrestricted B/C-Targeting	$\Delta B_{3a} = Y\left(I_{3a}^{rt}\right) \delta\left(U_{3a}^{rt}\right) \left[\frac{\delta\left(I_{3a}^{rt}\right)}{\delta\left(U_{3a}^{ac}\right)} + \frac{\eta \Delta p_{3a} Y_0}{p_0 Y\left(I_{3a}^{rt}\right)} - 1\right] \geqslant 0$

[a] C-Targeting=Cost Targeting, B-Targeting=Benefit Targeting, B/C-Targeting=Benefit-Cost Targeting

Proof: Because the proofs for all conditions in Table 1 are similar, we only prove the first condition here. By definition,

$$Y_0 = Y\left(I_{1b}^{rt} + U_{1b}^{ru}\right) = D\left(p_0\right) \tag{17}$$

$$Y_{1b} = Y\left(U_{1b}^{ac} + U_{1b}^{ru}\right) = D\left(p_{1b}\right) \tag{18}$$

The difference between (17) and (18) is

$$Y\left(I_{1b}^{rt}\right) - Y\left(U_{1b}^{ac}\right) = D\left(p_0\right) - D\left(p_{1b}\right) \cong D'\left(p_0\right)\left(p_0 - p_{1b}\right) = \eta \frac{\Delta p_{1b} Y_0}{p_0} \tag{19}$$

Also the budget constraint implies

$$M = pY\left(I_{1b}^{rt}\right) - cQ\left(I_{1b}^{rt}\right) = Y\left(I_{1b}^{rt}\right)E\left(\pi_y / I_{1b}^{rt}\right) \tag{20}$$

$$Y\left(I_{1b}^{rt}\right) = M / E\left(\pi_y / I_{1b}^{rt}\right) \tag{21}$$

Divide（19）by（21）and then rearrange terms,

$$\frac{Y\left(U_{1b}^{ac}\right)}{Y\left(I_{1b}^{rt}\right)} = 1 - \eta \frac{\Delta p_{1b} Y_0 E\left(\pi_y / I_{1b}^{rt}\right)}{p_0 M} \tag{22}$$

By definition,

$$\Delta B_{1b} = B\left(I_{1b}^{rt}\right) - B\left(U_{1b}^{ac}\right) = \delta\left(I_{1b}^{rt}\right)Y\left(I_{1b}^{rt}\right) - \delta\left(U_{1b}^{ac}\right)Y\left(U_{1b}^{ac}\right) \tag{23}$$

Thus, $\Delta B_{1b} \leqslant 0$ if and only if

$$\frac{\delta\left(I_{1b}^{rt}\right)}{\delta\left(U_{1b}^{ac}\right)} \leqslant \frac{Y\left(U_{1b}^{ac}\right)}{Y\left(I_{1b}^{rt}\right)} \tag{24}$$

Substituting（22）into（24）gives the first condition in Table 1. *Q.E.D.*

Proposition 2 shows that except the unrestricted cost and benefit-cost targeting, all other criteria may result in a counterproductive environmental outcome. The condition for a counterproductive outcome under the restricted cost targeting is shown in Table 1. The LHS of the condition is the ratio of the benefit intensity of the retired resources（I_{1b}^{rt} in Figure 2b）to the activated resources（U_{1b}^{ac}）. The RHS of the condition is the ratio of the output of the activated resources to the output of the retired resources, which is less than one because the retired resources produce more output than the activated resources（output price increases with the purchasing fund）. This suggests that if the purchasing fund has a counterproductive effect, the benefit to output ratio of activated resources must be larger than the benefit to output ratio of retired resources（i.e., $\delta\left(U_{1b}^{ac}\right) > \delta\left(I_{1b}^{rt}\right)$）. To satisfy this condition, environmental benefits must be negatively correlated with productivity. This happens, for example, when most resources are concentrated along line *bc* in figure 2b. However, a negative correlation between *y* and *b* is only a necessary condition since it guarantees the LHS of the condition is less than one. For a counterproductive outcome to occur, the output demand has to be sufficiently inelastic so that the RHS of the condition is larger than the LHS.

Unrestricted benefit targeting will result in a counterproductive outcome under the second condition in Table 1. This condition suggests that the smaller the ratio of the benefit intensity of retired resources（I_{2a}^{rt} in Figure 2c）to the activated resources（U_{2a}^{ac}）, the more likely a counterproductive outcome is to occur. A counterproductive outcome will not occur when benefits and productivity are negatively correlated and the LHS > 1. The RHS is the ratio of the output of the activated resources to the output of the retired resources. A counterproductive outcome is more likely as the RHS is closer to one, which occurs when the output demand is inelastic (η is small) .

With unrestricted benefit targeting, much of the money will be spent to purchase high productivity resources in I_{2a}^{rt} in Figure 2c. Significant price increases (for small η) will activate low productivity resources in U_{2a}^{ac}. More resources may be activated than retired (even though activated resources produce less output) . If productivity has a much larger variation than environmental benefits, and environmental benefits are positively correlated with productivity (for example, when most resources are concentrated along line *ab* in Figure 2c), then the purchasing fund may be counterproductive.

Restricted benefit targeting will result in a counterproductive environmental outcome under the third condition in Table 1. This condition is likely to hold when (a) output demand is quite inelastic, (b) environmental benefits and productivity are negatively correlated, and/or (c) the variation in productivity is much larger than the variation in environmental benefits. Under (a), η is very small and the RHS is close to one. Unlike the case of unrestricted benefit targeting, negative correlation between *y* and *b* will increase the likelihood of counterproductive effect of restrictive benefit targeting. With negative correlation (for example, when resources are concentrated along *cd* in Figure 2d), the resource intensity of activated resources is greater than that of the retired resources, and the LHS is more likely to be less than one. When variation of productivity is large, much of the budget will be spent on purchasing some highly productive resources under benefit targeting. Thus, as output price increases, more resources may be activated than retired. Condition (c) is especially important if the correlation is positive because it makes the LHS smaller (for example, when resources are concentrated along *ab*) . In this case, when environmental benefits do not vary greatly, the environmental loss from activating low productivity resources may be greater than the gains from preserving previously utilized ones.

Restricted benefit-cost targeting will result in a counterproductive environmental outcome under the fourth condition in Table 1. The LHS of the condition is the ratio of the benefit intensity of the retired resources to the benefit intensity of the activated resources. It is likely to be less than one if the correlation between *b* and *y* is negative (for example, when most resources are concentrated along *cd* in figure 2f) . As in previous cases, the negative correlation is not sufficient to cause the counterproductive effect. It also requires relatively inelastic demand.

The last two expressions in Table 1 show that the net environmental gain under the unrestricted cost and benefit-cost targeting depends on the budget, the benefit intensity of the retired resources, and the demand elasticity. The per-unit cost of the retired resources increases as demand gets more inelastic, reducing the amount of resources that can be purchased with a given budget. Figure 2e provides the intuition for the result. Clearly, all points in I_{3a}^{rt} are above *oc*, where as all points in U_{3a}^{ac} are below this line. Thus, the benefit intensity of the activated resources in U_{3a}^{ac} is lower than the benefit intensity of the retired resources in I_{3a}^{rt}.

In summary, the results of this section suggest that slippage reduces the effectiveness of conservation funds and, sometimes, may lead to counterproductive environmental outcomes. In the next section, we show that because of slippage, cost-benefit targeting no longer maximizes total environmental benefit for a given budget.

4 Benefit-maximizing Targeting Strategies

When output demand is perfectly elastic, cost-benefit targeting maximizes total environmental benefit for a given budget. This result does not, however, hold for a negatively sloped output demand curve.

Proposition 3: If output demand is not perfectly elastic, total environmental benefits will be maximized for a given budget if resources are ranked and purchased from high to low according to

$$\frac{b}{(1+\rho)\,p_4 y - c}$$

where $\rho > 0$ if $\eta < \infty$ and $\rho = 0$ if $\eta = \infty$. This benefit-maximizing targeting criterion puts a larger weight on output than the unrestricted benefit-cost targeting:

$$p_4 \leqslant p_{3a} \leqslant (1+\rho)\,p_4$$

The proof of the proposition is given in [24], which is available upon request. Proposition 4 shows that only when output demand is perfectly elastic (i.e, $\eta = \infty$ and $\rho = 0$), does benefit-cost targeting maximize total environmental benefit. When demand is not perfectly elastic, the price feedback must be considered in designing targeting criteria to maximize total environmental benefits. Specifically, output price must be adjusted by $(1+\rho)$ when the benefit-cost ratio is calculated. This adjustment will effectively put a larger weight on output and a relatively smaller weight on environmental benefits than benefit-cost targeting when deciding which resources to purchase. This adjustment aims to reduce the price feedback effect and is achieved by purchasing more high-benefit and high-output resources than the unrestricted benefit-cost targeting. This counter-intuitive result holds because highly productive resources have a larger profit margin per unit of output. As a result, a given budget would reduce total output by a smaller amount if more high-benefit and high-output resources are purchased.

The effect of negatively sloped demand on targeting is illustrated in Figure 3. Under benefit maximization, resources are ranked and purchased according to $b/\left[(1+\rho)\,p_4 - c\right]$, and resources in areas A and E are purchased. Under the unrestricted benefit-cost targeting, resources are ranked and purchased according to $b/\left(p_{3a}y - c\right)$, and resources in areas H, E, and D are purchased. r_{3a}^* and r_4^* in Figure 3 are determined by the budget. By purchasing resources in area H instead of resources in area A, the unrestricted benefit-cost targeting causes a greater price increase. As a result, it has to purchase resources in area D, which would otherwise enter into production. It also has to pay a higher price for resources in area E. In addition, it causes more slippage than benefit-maximizing targeting by area C. This suggests that unrestricted benefit-cost targeting spends too much money on low-output and low-benefit resources and too little money on high-output and high benefit resources.

The purchasing fund agency is in essence acting like a monopotist. It realizes that it can affect the price of resources it purchases and, therefore, will modify its purchasing strategy to reduce the opportunity cost of benefit obtained. By purchasing more high-benefit and high-output resources than benefit-cost targeting, the agency can reduce the output price increase, which will reduce the purchasing cost and slippage.

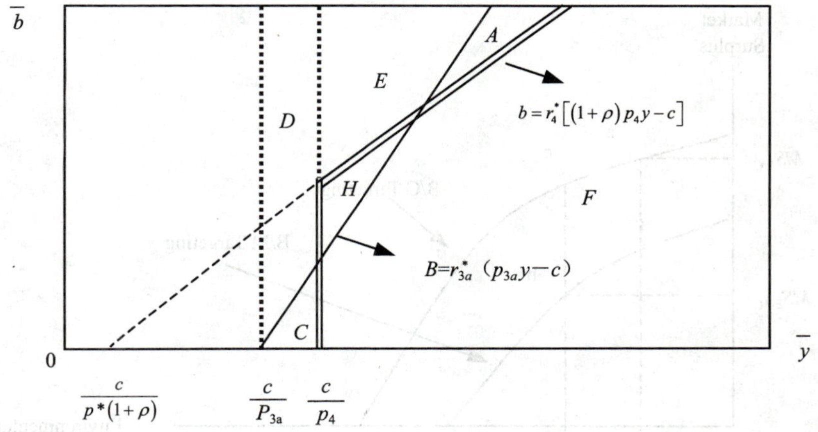

FIG. 3 Unrestricted benefit-cost targeting vs benefit-maximizing targeting

As output demand becomes increasingly inelastic, more and more high-benefit and high-output resources will be purchased in order to reduce the slippage. Graphically, the line $b=r_4^*\left[(1+\rho)p_4y-c\right]$ becomes flatter and benefit-maximizing targeting becomes more like benefit targeting. However, it will never become identical to benefit targeting because as the demand elasticity η_c approaches zero, ρ approaches a positive number instead of infinity [24]. On the other hand, as output demand becomes increasingly elastic, more and more low-benefit and low-output resources will be targeted for conservation under benefit-maximizing targeting. Slippage will disappear and benefit-maximizing targeting becomes identical to benefit-cost targeting as the demand elasticity approaches infinity and ρ approaches zero.

The relative efficiency of benefit-cost targeting and benefit-maximizing targeting is illustrated in figure 4. Previous studies [4], [11] suggest that benefit-cost targeting maximizes total environmental benefit for a given level of market surplus (i.e., the sum of consumer, producer and government surpluses) and thus is efficient. However, a fund manager is often subject to a budget constraint instead of a market-surplus constraint. By switching from benefit-cost targeting to benefit-maximizing targeting, the fund manager would be able to achieve a higher level of environmental benefit, but with the loss of market surplus as a cost. Graphically, the manager moves from *a* to *b* in Figure 4a or from *a'* to *b'* in Figure 4b, trading market surplus for environmental benefits. The value of the additional environmental benefits is smaller than the loss of market surplus, resulting in a net social loss (point b is located inside the frontier curve). The fund manager cannot move along the frontier curve because of the budget constraint. To achieve the level of environmental benefit $B_{B/M}$ by using benefit-cost targeting, the fund manager would need a larger budget ($\bar{G}'$). By using benefit-maximizing targeting, the manager can "stretch" the purchasing power of the budget by reducing the increase in the output price through purchasing some high-benefit and high-output resources.

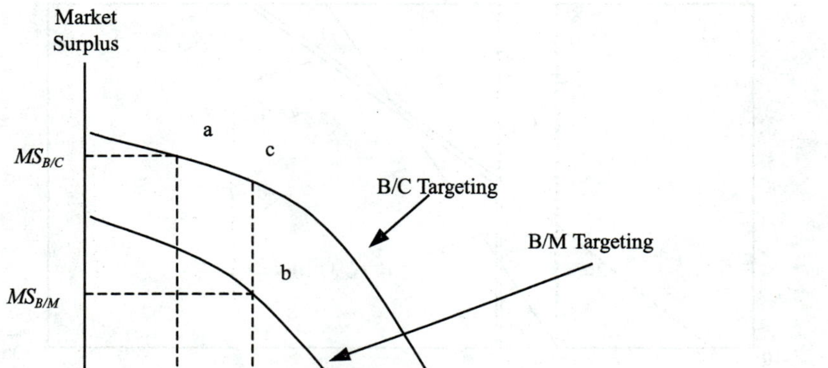

FIG. 4 The relative efficiency of benefit-cost (B/C) targeting vs benefit-maximizing (B/M) targeting

5 Comparing Targeting Strategies with Downward Sloping Output Demand

This section compares the economic, environmental, and distributional effects of the four targeting strategies for the case of downward sloping output demand. The analysis focuses on only unrestricted targeting criteria because they are less likely to cause counterproductive environmental outcomes.

Proposition 4: If the distribution function s(y,b) is continuous in y and b and targeting is unrestricted, then

(*i*) $Y_2 \geqslant Y_4 \geqslant Y_3 \geqslant Y_1$, (*ii*) $p_1 \geqslant p_3 \geqslant p_4 \geqslant p_2$,

(*iii*) $CS_2 \geqslant CS_4 \geqslant CS_3 \geqslant CS_1$, (*iv*) $PS_1 \geqslant PS_3 \geqslant PS_4 \geqslant PS_2$,

(*v*) $Q(U_2) \geqslant Q(U_4) \geqslant Q(U_3) \geqslant Q(U_1)$, (*vi*) $Q(I_1) \geqslant Q(I_3) \geqslant Q(I_4) \geqslant Q(I_2)$,

(*vii*) $B_4 \geqslant B_3 \geqslant B_1$, $B_4 \geqslant B_2$

The proof of proposition 4 is presented in [24], which is available upon request. Proposition 4 suggests that benefit targeting results in the largest amount of resource used in production and the smallest amount of resource in conservation. As a result, output is highest and output price is lowest under benefit targeting. Consumers who do not care much about the environment should prefer benefit targeting to the other strategies because consumer surplus is highest under this targeting strategy. Other groups that may support benefit targeting include labor and input suppliers because this strategy has the smallest impact on production. Benefit targeting should be the least preferred strategy of the resource owners because it results in the lowest producer surplus.

With cost targeting, more resources are diverted from production than the other strategies, resulting in the largest reduction in output and the largest price increase. Cost targeting also results in the largest increase in producer surplus because resource owners receive the highest prices and have the lowest production cost (the number of resources utilized under this strategy is smallest). Essentially, cost targeting is most preferred by resource owners because it is most effective in reducing supply and enables them to take advantage of market power. Indeed, the Conservation Reserve Program used cost targeting before 1992 to provide environmental benefit and farm income support.

When output price is fixed, benefit-cost targeting maximizes total environmental benefit for a given budget. It is also efficient because it maximizes total environmental benefit for a given level of market surplus. However, when the output demand is not perfectly elastic, benefit-cost targeting no longer maximizes total environmental benefit for a given budget. To maximize total environmental benefits, the price feedback must be considered in designing targeting criteria. Specifically, output must be given a larger weight than in the case of benefit-cost targeting when deciding which resources to purchase. Without this adjustment, benefit-cost targeting may even provide fewer environmental benefits than benefit targeting. Indeed, when the output demand is not perfectly elastic, benefit-cost targeting should not be the most preferred strategy of any group.

6 Conclusions

New efforts aimed at increasing environmental quality have led to establishment of funds to purchase environmental goods and to conserve natural resources. These funds use various purchasing strategies，the choice of which may lead to striking differences in environmental performance. This paper develops an analytical framework that recognizes spatial heterogeneity of resources in providing output and environmental benefits. We show that the performance of a purchasing strategy depends on the variability of and correlation between productivity and environmental benefits of resources.

We show that ignoring the output price effects of purchasing funds may have severe consequences. A purchasing fund should foresee the possible activation of previously idle resources as a result of output price increases，and purchase those that provide large environmental benefits. Limiting purchases only to resources currently in production，as the CRP has been implemented，may reduce environmental gain from the purchasing fund and，in some cases，may make a purchasing fund counterproductive.

A purchasing strategy that targets resources with the highest environmental benefits may be counterproductive even if the possibility of slippage is recognized. This strategy，however，has the smallest impact on output prices and overall resource use among all strategies considered and should be favored by consumers and input providers. A strategy that targets low-cost resources results in the largest reduction in production and the largest output price increase，and should be favored by resource owners. A strategy that targets resources with the highest benefit-to-cost ratio is efficient and provides more environmental benefits than cost or benefit targeting when the output price is fixed. However，when output demand is negatively sloped，benefit-cost targeting no longer maximizes total environmental benefit for a given budget. This criterion tends to target too many units of low-benefit and low-cost resources.

This paper abstracts from several important modeling issues. For example，it does not model the information asymmetry and the bargaining process between the program manager and resource owners. Since resources are purchased，some kind of bargaining between the program manager and resource owners may be involved. Likewise，if future prices are uncertain，there is an option value in the irreversible decisions of producers to sell their resources. Further research is needed to expand the model to incorporate price uncertainty and irreversibility. Other important extensions include modeling the political economic equilibrium and multiple benefit targeting. Since different interest groups prefer different targeting strategies，the issue of whether a political economic equilibrium exists arises. Finally，several conservation funds may target the same resources for different environmental goods. The analysis of outcomes under different assumptions about the operations of multiple funds should be pursued.

References

[1] ALSTON J, HURD B H. Some neglected social costs of government spending in farm programs, Amer J Agricul[J]. Econom, 1990（72）: 149-156.

[2] BABCOCK B A, LAKSHMINARAYAN P G, WU J J, ZILBERMAN D. The economics of a public fund for environmental amenities, Amer J Agricul[J]. Econom, 1996（78）: 961-971.

[3] BABCOCK B A, LAKSHMINARAYAN P G, WU J J, ZILBERMAN D.Targeting tools for the purchase of environmental amenities[J]. Land Econom, 1997（73）: 325-339.

[4] BAUMOL W J, OATES W E. The Theory of Environmental Policy, Cambridge Press[J], Cambridge, 1988.

[5] BERCK P, BENTLEY W R. Hotelling's theory, enhancement, and the taking of the redwood national park, Amer J Agricul [J]. Econom, 1997（79）: 287-298.

[6] BERCK P, HELFAND G. Reconciling the von Liebig and Differentiable Crop Production Functions, Amer J Agricul[J]. Econom, 1997（79）: 287-298.

[7] BERCK P, HELFAND G. Reconciling the von liebig and differentiable crop production functions, Amer J Agricul[J]. Econom, 1990（72）: 986-996.

[8] DASGUPTA P, HAMMOND P J, MASKIN E. A note on imperfect information and optimal pollution control, Rev[J]. Econom. Stud, 1980（47）: 857-860.

[9] FULLERTON D. Reconciling recent estimates of the marginal welfare costs of taxation[J]. American Economic Review, 1991（81）: 302-308.

[10] GROVES T. Incentive in teams[J]. Econometrica, 1973（41）: 617-631.

[11] HOCHMAN E, ZILBERMAN D. Examination of environmental policies using production and pollution microparameter distribution[J]. Econometrica, 1978（46）: 739-760.

[12] HOUTHAKKER H S. The pareto distribution of the cobb-douglas production function in activity analysis, Rev[J]. Econom. Stud, 1955（23）: 27-31.

[13]JOHANSEN L. Production Functions: An Integration of Micro and Macro, Short Run and Long run Aspects[J]. North Holland Publishing Company, Amsterdam, 1972.

[14] JUST R, ANTLE J. Interactions between agricultural and environmental policies: a conceptual framework, Amer[J]. Econom. Rev., 1990（80）: 197-202.

[15]LETEY J, VAUX H J, FEINERMAN E. Optimum crop water application as affected by uniformity of water infiltration[J]. Agronomy J, 1984（76）: 435-441.

[16] OPALUCH J J, SEGERSON K. Aggregate analysis of site-specific pollution problems: the case of groundwater contamination from agricultural pesticides, Northeastern J Agricul. Resour[J]. Econom, 1991（20）: 83-97.

[17] PARIS Q, KNAPP K. Estimation of von Liebig response functions, Amer J Agricul[J]. Econom, 1989（71）, 178-186.

[18] REICHELDEFER K, BOGGESS W G. Government decision making and program performance: the case of the conservation reserve program, Amer J Agricul[J]. Econom, 1988（70）: 1-11.

[19] STIGLER G. The economic theory of regulations[J]. Bell J Econom, 1971（5）: 3-21.

[20] SUNDING D, ZILBERMAN D, MACDOUGALL N, HOWITT R, Dinar A. Modeling the impacts of

reducing agricultural water supplies：lessons from california’s bay/delta problem，in Decentralization and Coordination of Water Resource Managemen[M]. PARKER D D，Tsur Y，Eds.，Kluwer Academic Publishers，1997.

[21] THURMAN W N，Assessing the Environmental Impact of Farm Policies[M]. The AEI Press，Washington，D.C.，1995.

[22] Department U S of Agriculture，Economic Research Service，Agricultural Resources and Environmental Indicators，1996-1997[M]. Washington DC：U.S. Department of Agriculture，Economic Research Service，Natural Resources and Environment Division，Agricultural Handbook，1998：712..

[23] WEITZMAN M L. Optimal rewards for economic regulation，Amer. Econom. Rev. 1978（68）：683-691.

[24] WU J，ZILBERMAN D，BABCOCK B A. Environmental and distributional impacts of conservation targeting strategies，Working Paper 99-WP230，Center for Agricultural and Rural Development[J] Iowa State University，1999.

[25] WU J. Slippage effects of the Conservation Reserve Program，Amer J Agri[J]. Econom.，in press.